リアルタイム音声認識

Real-time Speech Recognition

安藤彰男　著

社団法人 電子情報通信学会編

まえがき

　最近の計算機技術の進展に伴い，夢の技術の一つであった音声認識も，実用化への期待が高まってきている．音声認識は，いまだ研究途上の技術であり，実際には，自由に話された音声がうまく認識できるわけではない．しかしながら，用途をうまく制限することにより，音声認識が実用化された例も幾つか存在する．

　現在の音声認識では，事前に集められたデータから確率パラメータを推定し，このパラメータを用いて認識を行う方法が主流である．実は，この基本的な枠組みは，既に1970年代に確立されていた．これが，現在のレベルに至ったのは，一つには，多くの研究者の努力による理論的進展によって，音声信号をより詳細かつ効果的に表現できる枠組みが確立されたためである．特に，本書でも紹介するHMM（hidden Markov model）が，当初の離散型から，連続型，混合分布連続型と発展したことは，音声認識技術の進展に大きく貢献している．音声認識技術を発達させたもう一つの要因は，いうまでもなく計算機技術の進歩であり，これによって，大量のデータから信頼性のある統計量が抽出できるようになった．これらの二つの要素が出そろった20世紀末において，音声認識は，実用化可能なレベルに到達した．

　本書は，このようなレベルに到達した音声認識技術を概観するために書かれたものである．この際，単に，音声認識の実用化例を紹介するだけでなく，実用化を支える技術をなるべく正確に伝えることを主眼とした．特にHMMに関する技術を正確に伝えるためには，線形代数や確率論に基づく数式は不可欠であり，結果として，極めて読みにくい書物ができ上がる可能性がある．そこで，本書では，分かりやすさと正確さとの両立を図るため，全体を三つの部分に分けることとした．

　第1の部分は，第1章である．ここでは，音声認識の仕組みを，可能なか

ぎり分かりやすく解説することとした．その結果，正確さはやや損なわれているが，御容赦頂きたい．

　第2の部分は，第2章から第6章で構成する．ここでは，音声認識で用いるそれぞれの技術を，正確に記述することを主眼として執筆した．式の展開も，なるべく省略せずに記述したため，数式が多くなってしまったが，趣旨を御理解頂ければ幸いである．なお，第4章を読むには，ある程度の数学的知識と，それにもまして根気が必要である．最初は読み飛ばしておいて，後でじっくり読むのも一つの方法かと思う．

　第3の部分は，第7章と第8章からなる．第7章では，リアルタイム音声認識の実用化例として，テレビの生放送番組に対する字幕放送を実現するため，筆者らが開発した音声認識システムを紹介した．また，第8章では，現状の音声認識技術がどこまでできて，どの部分が未解決かを示すことができるよう心がけた．

　本会出版委員会から「リアルタイム音声認識」という題を頂いたとき，音声認識に関する書物が多くある中で，「リアルタイム」というだけで今更何を書くのかと悩んだ次第であったが，上記のような特色をもたすことで，何とか解決を図ることとした．読者からの厳しい御叱責を賜れば幸いである．なお，筆者は，2002年に日韓で開催されたFIFAワールドカップサッカーの生放送において，リアルタイム音声認識システムによる字幕放送を実施したのを機に，音声認識の分野を離れ，新たに，音響機器，音響信号処理の研究を行うこととなった．音声認識における最後の仕事である本書が，読者の方々に少しでも役立てばと願っている．

　NHKにおいてリアルタイム音声認識システムを開発するにあたっては，多くの方々の御支援を頂いた．白井克彦早稲田大学総長，古井貞熙東京工業大学教授，中川聖一豊橋技術科学大学教授には，NHK放送技術研究所の研究顧問・客員研究員として，システム開発にあたり，多くの御指導，御助言を頂いた．特に，中川教授に御指導頂いた筆者の学位論文は，本書のベースとなっている．その他，尾関和彦電気通信大学教授，John Makhoul氏を中心とするBBN Technologiesの方々，そして既に解散してしまったが，Chin-Hui Lee教授が率いていたベル研究所音声認識グループの方々には，

様々な議論を通して，多くのことを学ばせて頂いた．松岡達雄氏をはじめとするNTTの方々にも，多くの御議論を頂いた．これらの方々に，心から感謝の意を表すものである．最後に，本書の出版の機会を与えて下さった本会出版委員会，執筆が遅れても辛抱強く待って下さった本会会誌出版課の稲川弘明氏，今までいろいろと御指導，御支援を頂いた三宅誠NHK放送技術研究所所長，久保田啓一同次長，岡野文男同立体映像音響部長をはじめとするNHK及びNHK OBの関係者の方々に深く感謝するとともに，本書の校正に御協力頂いた今井亨NHK放送技術研究所ヒューマンサイエンス副部長，及びNHK放送技術研究所の音声認識グループのメンバーにも御礼を申し上げる次第である．

2003年8月

安藤　彰男

目　　次

第1章　音声認識入門

1.1　音声認識とは……………………………………………………… 1
1.2　音声認識の現状……………………………………………………… 2
1.3　音声認識技術の概要………………………………………………… 4
1.4　音　響　分　析……………………………………………………… 6
1.5　音響モデルの学習…………………………………………………… 6
1.6　言語モデルの学習…………………………………………………… 7
1.7　音声認識の技術的特徴……………………………………………… 8
1.8　ま　と　め…………………………………………………………… 9

第2章　音　響　分　析

2.1　音声生成モデル ………………………………………………………10
2.2　窓　関　数……………………………………………………………11
2.3　ケプストラム分析……………………………………………………13
2.4　線形予測分析…………………………………………………………15
2.5　聴覚フィルタに基づく分析…………………………………………28
2.6　動的特徴量……………………………………………………………30
2.7　ベクトル量子化………………………………………………………33

第3章　音響モデル概要

3.1　ベイズの識別規則 ……………………………………………………39
3.2　hidden Markov model（HMM） ……………………………………41
　3.2.1　マルコフ連鎖 ……………………………………………………41
　3.2.2　HMMの定式化 …………………………………………………42

3.2.3 確率値の計算例 ………………………………………………… 45
3.3 確率値の計算アルゴリズム ………………………………………… 46
　3.3.1 前向きアルゴリズム ………………………………………… 46
　3.3.2 後ろ向きアルゴリズム ……………………………………… 48
　3.3.3 ビタビアルゴリズム ………………………………………… 50
3.4 HMMの分類 ………………………………………………………… 50
　3.4.1 離散型HMM ………………………………………………… 50
　3.4.2 連続型HMM ………………………………………………… 51
　3.4.3 離散型HMMと連続型HMMの統合化
　　　　（半連続HMMとtied mixture HMM）……………………… 53
3.5 環境依存HMM ……………………………………………………… 56

第4章　音響モデルの学習と適応化

4.1 最尤推定と最大事後確率推定 ……………………………………… 59
　4.1.1 最　尤　推　定 ……………………………………………… 59
　4.1.2 最大事後確率推定（MAP推定）…………………………… 61
4.2 EMアルゴリズム …………………………………………………… 63
4.3 HMMパラメータの推定 …………………………………………… 66
　4.3.1 離散型HMMのパラメータ推定 …………………………… 72
　4.3.2 連続型，混合分布連続型HMMのパラメータ推定 ……… 76
4.4 前向き確率，後ろ向き確率のスケーリング ……………………… 86
4.5 環境依存HMMの学習 ……………………………………………… 88
4.6 HMMの適応化 ……………………………………………………… 90
　4.6.1 MAP法 ……………………………………………………… 90
　4.6.2 MLLR法 …………………………………………………… 114
　補足　ウィシャート分布と逆ウィシャート分布 …………………… 120

第5章　言語モデル

5.1 形態素解析 …………………………………………………………… 125
5.2 n-gram言語モデル ………………………………………………… 126

5.3 バックオフスムージング……………………………………128
5.4 線形補間………………………………………………………131
5.5 発音辞書………………………………………………………134
5.6 n-gram 言語モデルの適応化………………………………135
5.7 その他の言語モデル…………………………………………137
　5.7.1 句構造文法………………………………………………138
　5.7.2 有限オートマトン………………………………………140
5.8 テストセットパープレキシティ……………………………141

第6章 サーチ

6.1 木の探索………………………………………………………144
　6.1.1 縦型探索と横型探索……………………………………145
　6.1.2 最良優先探索……………………………………………146
　6.1.3 ビームサーチ……………………………………………147
　6.1.4 音声認識における探索…………………………………148
6.2 A^* 探索とスタックデコーダ………………………………148
　6.2.1 A^* 探索アルゴリズム…………………………………149
　6.2.2 スタックアルゴリズム…………………………………150
　6.2.3 マルチスタックアルゴリズム…………………………152
　6.2.4 ファーストマッチ………………………………………155
6.3 時間同期ビタビビームサーチ………………………………158
　6.3.1 線形辞書の利用…………………………………………161
　6.3.2 木構造辞書の利用………………………………………163
6.4 マルチパスサーチ……………………………………………165
　6.4.1 Nベストサーチ…………………………………………166
　6.4.2 2パスデコーダ…………………………………………167
6.5 クロスワードトライフォン…………………………………169

第7章 リアルタイムシステム

7.1 音声認識の実用化……………………………………………171

7.2 ニュース音声認識システム …………………………………………… 174
　7.2.1 音 響 分 析 ……………………………………………………… 175
　7.2.2 音響モデル ……………………………………………………… 175
　7.2.3 言語モデル ……………………………………………………… 176
　7.2.4 デ コ ー ダ ……………………………………………………… 176
　7.2.5 逐次2パスデコーダ …………………………………………… 178
　7.2.6 言語モデルの適応化 …………………………………………… 180
　7.2.7 性 能 評 価 ……………………………………………………… 184
　7.2.8 ニュース音声認識システムの実用化状況 …………………… 184
7.3 生中継番組用音声認識システム ……………………………………… 185
　7.3.1 リスピーク方式 ………………………………………………… 187
　7.3.2 音響モデル ……………………………………………………… 188
　7.3.3 言語モデル ……………………………………………………… 189
　7.3.4 性 能 評 価 ……………………………………………………… 191
7.4 音声認識結果の修正 …………………………………………………… 193
　7.4.1 音声サーバ ……………………………………………………… 193
　7.4.2 修正サーバ ……………………………………………………… 194
　7.4.3 修正サブシステム ……………………………………………… 194
　7.4.4 簡易修正システム ……………………………………………… 196
7.5 ま と め ………………………………………………………………… 197

第8章　今後の課題

8.1 現状の音声認識性能 …………………………………………………… 200
　8.1.1 ニュース解説音声の認識 ……………………………………… 202
　8.1.2 スポーツ音声の認識 …………………………………………… 205
　8.1.3 ニュース番組全体に対する認識結果のまとめ ……………… 208
8.2 今後に向けて …………………………………………………………… 208

付　　録：本書で用いた重要語句対訳 ……………………………………… 211
索　　引 ………………………………………………………………………… 215

第 1 章

音声認識入門

1.1 音声認識とは

音声認識（speech recognition）とは，計算機技術を利用して，人間の声を文字に自動変換する技術である．計算機へのコマンド入力のように，単語ごとに区切って話された音声を認識する技術のことを，単語音声認識（isolated word speech recognition）と呼ぶ．これに対して，単語ごとに区切らず，普通に話された音声の認識のことを，連続音声認識（continuous speech recognition）と呼ぶ．本書では，連続音声認識のうち，数千以上の単語を扱う大語彙連続音声認識（large vocabulary continuous speech recognition）のみを対象とし，これを，単に音声認識と呼ぶこととする．

代表的な音声認識手法として，確率理論に基づく統計的な方法と，言語的な規則に基づく方法がある．統計的な音声認識手法は，極めて強力な方法として知られている．計算機技術の進展によって大量のデータが処理可能になった結果，認識精度が向上し，部分的に実用化の域にまで到達した．ただし，このような認識方法を実現するためには，大量のデータベース（database）を用意する必要がある．例えば，原稿を読み上げた音声を認識する場合，最低でも100時間を超える音声データと，100万文を超える電子化された原稿を用意する必要がある．より話し言葉に近い音声の認識では，更に多量のデータが必要とされる．このようなデータを収集するためには，当然ながら，多くのコストが必要である．

大量のデータを用意できない場合に有効な方法として，文法などの言語的な規則を利用して音声認識を行う方法も試みられてきた．この場合には，高い認識性能を得るため，辞書・文法等の言語的な情報を用いて仮説を生成した後，これらの仮説と入力音声とを照合することにより大域的な認識を行うトップダウン的認識手法が用いられる．しかしながら，トップダウン処理だけに頼った認識では，語彙の大きさや文法の複雑さなどに制限を加えない限り，正解候補を探索する空間が巨大なものとなって実現が難しい．この「制限」が，認識できる発話への制限となっており，言語的規則を利用する方法の実用化を阻んでいた．また，規則に基づく方法は，データベースが整備されれば，統計的方法に置き換えられてしまう可能性がある．

　本書では，主に統計的な認識手法について解説する．

1.2　音声認識の現状

　音声認識の技術は，人間と機械とのコミュニケーション手段として期待されることが多いが，統計的な認識手法はデータ量の不足が，そして言語的規則を用いる認識手法では文法の複雑さなどへの制限が問題となるため，いずれの方法を用いても，自由自在に発声した音声を，十分な精度で認識できるまでには至っていない．現状で，高い精度で認識できるのは，文法などの言葉としての構造がしっかりした内容を，はっきりと発話した場合のみである．一般の会話のように，文法に従っていない発話が含まれている場合や，口をしっかり動かさず，はっきりと話されていない場合には，認識性能は著しく低下する．

　音声認識は，扱う発話のスタイルから，原稿読み上げ音声の認識（ディクテーション：dictation），講演・対談音声の認識，そして自由会話音声の認識に分類できる．このうち，実用化のレベルに到達しているのは，言葉としての構造がしっかりとしている，ディクテーションのみである．講演・対談音声の認識については，まだ大規模なデータベースが整備されていないため，十分な認識性能が得られていない．講演・対談音声は，原稿を読み上げる場合と比べ，言語的には，扱う言葉や言い回しなどが変化に富んでおり，また，音響的にも，発話速度の変化が大きいなど，音響的にも言語的にも広がりを

もった対象である．したがって，講演・対談音声の認識では，ディクテーションの場合よりも，更に大量なデータベースの整備が必要になると思われる．

ディクテーションの研究は，計算機技術の進展と，データベースの整備に支えられ，1990年から10年間程度で，飛躍的な発展を見た．米国では，DARPA (defense advanced research projects agency) が音声認識のプロジェクトを主催した．特に，1991年から実施されたWall Street Journalの読み上げ音声を対象としたプロジェクト (Hub3)[*] では，各研究機関に性能を競わせるコンテスト形式が功を奏して，短期間で大幅な性能向上を実現し，後で述べるHMM (hidden Markov model) とn-gram言語モデルを用いた統計的手法が，大語彙連続音声認識に有効であることを示した[1]．Hub3では，新聞を読み上げるという，やや不自然なタスクを扱っていたが，1995年からの放送ニュース音声を認識するプロジェクト (Hub4)[**] では，より自然な音声を対象とした場合でも，統計的音声認識手法が有効であることを示した[2]．

我が国でも，DARPAの活動に刺激されて，日経新聞読み上げ音声の認識が研究され[3]，日本語の大語彙連続音声認識に対しても統計的な手法が有効なことを示しただけでなく，形態素解析の利用によるn-gram言語モデル構築の枠組みを提供した．1997年から，情報処理振興事業協会 (information-technology promotion agency: IPA) の支援のもとで活動した「日本語ディクテーション基本ソフトウエア」開発のプロジェクトでは，音声認識エンジンJuliusをはじめとする音声認識用のツールを開発した[4]．これらのツールは，無償で配布され，音声認識の研究のために，広く利用されている．1997年に，日本IBMが日本語ディクテーションソフトウエアVia Voice[5]を製品化・販売したことも，我が国の研究者に大きな刺激を与えた．また，第7章で述べるように，2000年3月からは，音声認識を用いたニュース字幕放送が開始されている[6]．

---

[*] DARPA-HUB3は，1991年から1996年まで実施された．
[**] DARPA-HUB4は，1995年から1999年まで実施された．

1.3 音声認識技術の概要

以下，音声認識技術の入門編として，ディクテーションで用いられている技術の全体像を示す．わかりやすさを優先するため，やや正確さを欠く部分もあるが，ご容赦頂きたい．厳密な記述は，第2章以降で述べる．

音声認識では，二つのモデル（音響モデル，言語モデル）と，発音辞書を利用して，音声を文字に変換していく．ここでの"モデル"とは，「対象の性質を簡略化して表現したもの」という意味である．音響モデル（acoustic model）は，母音や子音などの発音記号ごとに，声の音響的な特徴を，簡潔に表現する．一方，言語モデル（language model）は，文の最初にどのような単語がよく現れるか，あるいは，ある単語の後ろには，どのような単語がよく使われるかなどを表すモデルであり，発話内容の言語的な性質を表す．発音辞書（pronunciation dictionary）は，これらの二つのモデルの掛け橋となるものであり，各単語に対して，その発音記号が示されている．

音声認識の処理の流れを，図1.1に示す．言語モデルを利用して，文頭に現れやすい単語の候補をリストアップし，入力音声の最初の部分とを照合する．次に，文頭の単語に接続し得る単語の候補を，言語モデルからリストアップし，入力音声と照合する．このような処理を，入力音声の最後まで行い，認識結果を確定する．音声認識では，言語モデルを参照しながら，音響モデルを用いた照合を繰り返して，認識結果を確定していく処理を，サーチ（search）と呼ぶ．

図1.1に基づいて，サーチの処理内容をより詳しく述べる．まず，言語モデル中の，文頭に現れやすい単語「次」などの各単語ごとに，以下の処理で行う．
（1）発音辞書を利用して，単語を発音記号に変換
（2）各発音記号ごとに用意された音響モデルをつなげて，単語ごとの音響モデルを生成
（3）単語の音響モデルを用いて，入力音声とその単語との音の類似スコア（確率）を計算

言語モデルによって，「次」が現れるスコア（確率）は0.3,「つまり」が

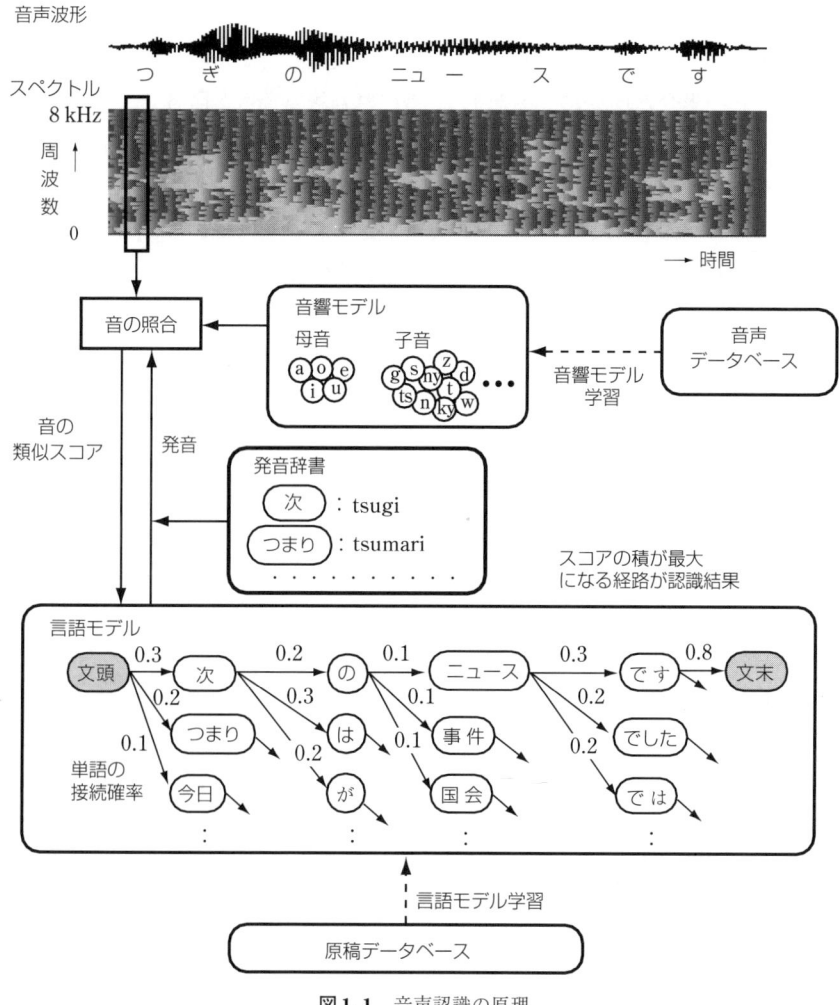

図1.1 音声認識の原理

現れるスコアは0.2というように，各単語が文の先頭にくるスコアが求まる．これと，音の類似スコアを掛け合わせて，各候補のスコアとする．例えば，「次」に対する音の類似スコアが0.2，「つまり」に対する音の類似スコアが0.15であった場合には，「次」という候補のスコアは，$0.3 \times 0.2 = 0.06$，「つ

まり」という候補のスコアは，$0.2 \times 0.15 = 0.03$である．単語「次」の後ろには，言語モデルにより，「の」「は」などが接続し得るから，これらの単語を，「次」の場合と同様に，上記1)～3)の方法で音声と照合し，音の類似スコアを求める．この結果，「の」の音の類似スコアが0.4だった場合，言語モデルより，「次」と「の」の接続確率は0.2であるので，候補「次の」のスコアは，$0.3 \times 0.2 \times 0.2 \times 0.4 = 0.0048$ となる．このような処理を，音声の終わりまで行い，スコアが最大となる候補を認識結果として出力する．

以下，本書では，言語モデルによって定まる単語のスコアを言語スコア，音響モデルによって求まる音の類似スコアを音響スコアと呼ぶ．

1.4 音響分析

入力音声の信号（音声波形）から，音声認識で必要な情報のみを取り出すことを，音響分析という．音声認識では，母音の「あ」と「い」などをうまく区別することが必要とされる．我々は，発声の際に，口の形などを変化させて，「あ」と「い」を区別する．したがって，音声認識で必要な情報は，声帯の振動に起因する声の高さではなく，口や鼻からのどまでの，いわゆる声道の形に関する情報である．音響分析では，音声波形が，どのような周波数成分をもつかを分析し，スペクトル情報を得る（図1.1参照）．スペクトルから，声道の形に関する情報を取り出したものを，認識パラメータと呼ぶ．詳しくは，第2章で述べるが，認識パラメータは，20～25 msの音声波形に対して40次元程度のベクトルで表現される．なお，上述のように，音声認識では，声の高さの情報は基本的に用いないため，一般に，イントネーションになまりのある音声でも，標準語で発話された音声と同様に認識される．

1.5 音響モデルの学習

音声データベース（speech database）から，音響モデルを作成することを，音響モデルの学習と呼ぶ．音声データベースは，一般に，声の波形データと，その声の発話内容を発音記号（phonetic symbols）で表したものから構成される．発音記号は，母音「あ」を /a/，「が」行の子音を /g/ で表すなど，ローマ字表記で示される．音響モデルの学習時には，音の波形と，発

音記号との対応をとり，発音記号ごとに波形を分割する．例えば，「ジャンプの団体戦です」という音声波形がある場合には，これを発音記号 /j/, /a/, /N/, /p/, /u/, /n/, /o/‥に対応する部分に分ける．このような操作を，音声データベース中のすべての波形に対して行い，発音記号ごとに，対応する波形を集める．集められた波形を音響分析して，その発音記号に対応する認識パラメータの平均値と分散を求めたものが音響モデルである．認識パラメータの平均値は，その発音記号の標準的なスペクトルに対応し，分散は，発話されたスペクトルが，標準的なスペクトルからどの程度ばらつくかを示す．

なお，実際の音声では，同じ発音記号に相当する部分でも，そのスペクトルは，時間とともに変化していくため，音響モデルは，スペクトルがどのように変化していくかを表現する必要がある．そこで，音響モデルとして，スペクトルの時間的遷移を表すことができるHMMがよく用いられる．詳しくは，第3章で論じる．

1.6 言語モデルの学習

集められた原稿から言語モデルを作ることを，言語モデルの学習と呼ぶ．まず，原稿を形態素解析（morpheme analysis）し，単語（形態素）単位に分解する．形態素（morpheme）とは，意味をもつ最小の言語単位のことで，文を品詞ごとに分けた単位に相当する．例えば，「次のニュースです．」という文では，「次」「の」「ニュース」「です」という四つの形態素からなる．本書では，以降，形態素のことを，単に単語と呼ぶ．単語ごとに分割された原稿から，文頭，すなわち，原稿の最初，あるいは，句点（.）の次の単語をリストアップし，それぞれの回数を，文の個数で割り算する．これによって，各単語が，文頭で出現する確率が求まる．また，原稿中に現れた各単語ごとに，その単語と，その次に現れた単語の接続確率を求める．例えば，原稿中に「次」が1,280回現れ，「次」という単語の後ろに，「の」が256回，「は」が384回現れた場合には，「次」と「の」との接続確率が，256/1280 = 0.2,「次」と「は」の接続確率は，384/1280 = 0.3 というように，「次」の後ろに，「の」や「は」が現れる確率を求める．言語モデルは，単語と単語の接続関

係を表しており，図1.1のように，単語の接続ネットワークで表現できる．

　原稿の量が多いほど，上記の接続確率の推定精度が向上するため，通常，言語モデルの学習用として，大量の原稿を収集する．ところが，原稿の量が多いと，その原稿の中で1回しか現れない単語の数も増えていき，音声認識で考慮すべき単語の数も増大する．原稿中の出現頻度の少ない単語については，接続確率の推定精度も期待できないため，通常，このような単語は扱わないこととし，語彙（vocabulary）を制限する（詳しくは，第5章で述べる）．

　制限された語彙に含まれる単語について，その発音を付与したのが，発音辞書である．単語の発音は，ある程度自動的に定めることが可能であるが，誤りがないよう，人間が最終確認する必要がある．

1.7　音声認識の技術的特徴

　音声認識で特徴的な事柄を，三つほど挙げる．第1に，音声認識処理は，まず平仮名で認識して，その後に仮名漢字変換を行っているのではなく，音声を，漢字仮名交じりで登録された言葉に直接変換する．第2に，発音辞書に登録されていない単語は認識できない．第3に，入力された音声の中に，登録されていない単語があった場合でも，それを自動的に見つけるのは難しい．音声認識は，あくまで，登録されている単語のうち，音が似た単語をつなぎ合わせて，認識結果とする処理である．そのほか，音声認識では，残念ながら認識率100%の達成は極めて困難であり，認識結果中には誤りが含まれる．

　音声認識に関するよくある質問で，同音異義語をどう扱うのかというものがある．例えば，「記者が，汽車で帰社した」はどのように認識するのかという質問である．同音異義語は，基本的に音響モデルでは区別できないため，言語モデル，すなわち，言葉の前後関係に基づいて区別される．したがって，前後関係が異なる文脈で用いられる同音異義語については，区別可能である．同じ前後関係で用いられる同音異義語については，言語モデルの学習で利用する原稿に，多く出現した単語の方が有利である．前述の「記者が，汽車で帰社した」の質問に対しては，このような文脈が，言語モデル学習用の原稿

にある程度の量が含まれていれば，正しく認識可能と答えるべきであろう．

1.8 まとめ

現在の音声認識技術は，人間の聴覚の性質を利用している部分はあるものの，基本的には，音響学などの物理的理論や，確率論などの数学的理論に基づくものである．その結果，人間が音声を認識するメカニズムとは，本質的に異なる方式で認識を行っている．最近の音声認識技術の進展は，計算機技術の進展により，大量のデータが処理できるようになったためであり，いわば，物量作戦が功を奏した感がある．このような力技に対する批判もあるかと思うが，いろいろと工夫を凝らした方法が，力技に負けたという例も少なくない．力技でいけるところまでいって，解決できず残された部分を，よりエレガントな方法で解決することが，今後の研究の進め方ではないかと考える．その残された部分を解決する際に，人間のメカニズムの解明に基づく方法などの必要性が，高まってくるものと思われる．

参 考 文 献

[1] Proc. the Spoken Language Systems Technology Workshop, Morgan Kaufmann, Jan. 1995.
[2] Proc. the DARPA Broadcast news Workshop, Morgan Kaufmann, Feb.–March 1999.
[3] 松岡達雄，大附克年，森　岳至，古井貞熙，白井克彦,"新聞記事データベースを用いた大語い連続音声認識," 信学論 (D-II), vol. J79-D-II, no. 12, pp. 2125–2131, Dec. 1996.
[4] 河原達也，李　晃伸，小林哲則，武田一哉，峯松信明，嵯峨山茂樹，伊藤克亘，伊藤彰則，山本幹雄，山田　篤，宇津呂武仁，鹿野清宏,"日本語ディクテーション基本ソフトウエア (99年度版)," 音響誌，vol. 57, no. 3, pp. 210–214, March 2001.
[5] 西村雅史，伊東伸泰,"単語を認識単位とした日本語ディクテーションシステム," 信学論 (D-II), vol. J81-D-II, no. 1, pp. 10–17, Jan. 1998.
[6] 安藤彰男，今井　亨，小林彰夫，本間真一，後藤　淳，清山信正，三島　剛，小早川　剛，佐藤庄衛，尾上和穂，世木寛之，今井　篤，中村　章，田中英輝，都木　徹，宮坂栄一，磯野春雄,"音声認識を利用した放送用ニュース字幕制作システム," 信学論 (D-II), vol. J84-D-II, no. 6, pp. 877–887, June 2001.

第2章

音響分析

音声認識では，音声信号に含まれているすべての情報を扱うのではなく，音韻性，すなわち話者が伝えようと意図した言語的な内容にかかわる情報のみを抽出することが一般的である．本章では，音声信号を分析して，音韻性にかかわる情報を抽出するための技術を述べる．

2.1 音声生成モデル

音声信号が生成される仕組みは，よく調べられている．肺から送られてきた空気は声帯（vocal cords）を通過する．その際，有声音の場合には声帯が振動するが，無声音の場合には，声帯は離れたままである．声帯を通過した音波が，声門（glottis）から唇に至る声道（vocal tract）を通る間に，共振あるいは反共振により，いくつかの周波数帯が強められたり，弱められたりして，口から音声として出ていく[1]．このような生成過程により，音声は，声道の伝達特性を表すフィルタに，声帯を通過した音波（音源）を入力した際の出力としてモデル化することができる（**図2.1**）．

我々は，口の形や舌の位置などを変化させ，声道の形を変えることによって言葉を言い分ける．したがって，音声の言葉としての情報は，図2.1のモ

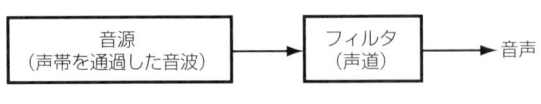

図 2.1 音声生成モデル

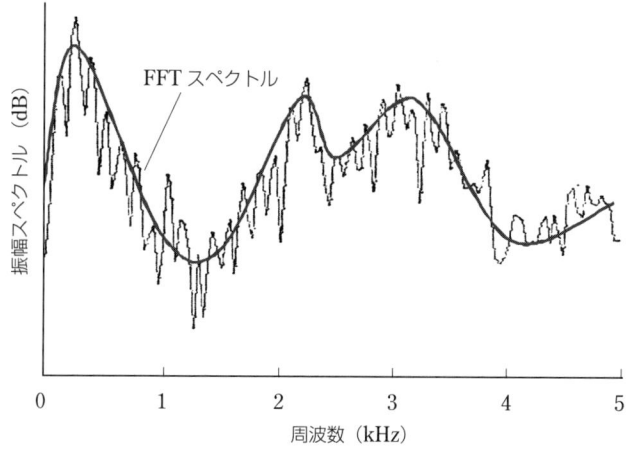

図2.2 音声スペクトルの例

デルにおけるフィルタの伝達特性に含まれていると考えられる．音声認識では，この声道情報（フィルタの伝達特性）を抽出して利用する．

音声をフーリエ変換（Fourier transform）によってスペクトル分析した例を，**図2.2**に示す．図中の細い線がスペクトル分析の結果であるが，この細い櫛の歯状の形状は，音源の周期性に依存するものである．一方，スペクトルのおおまかな形状（図中の太い線）は，主に図2.1のフィルタ部分で決まるものであり，言葉の主な情報は，このおおまかな形状が担っている．したがって，音声認識では，このおおまかな形状（スペクトル包絡：spectral envelope）だけを取り出すような分析法が望ましい．本章では，窓関数を紹介した後，スペクトル包絡を取り出す分析法として，ケプストラム分析について述べ，線形予測法に基づく方法と，聴覚フィルタに基づく方法の二つを紹介する．

2.2 窓関数

人間は，図2.1のフィルタ部分を変化させながら発話するため，音声は，その統計的性質が時間とともに変化する非定常信号（nonstationary signal）であるが，十分に短い時間区間内では，定常性を仮定できることが知られて

いる[2].一方,信号をスペクトル分析する場合には,信号に対して定常性(stationarity)を仮定するのが一般的である.音声の分析では,窓関数(window function)を用いて,音声波形を,その定常性が仮定できる程度の短い時間に分割する.

窓関数として,いくつかの関数が提案されている.各窓関数の式を,以下に示す[3].なお,以下において,窓の長さ(サンプル数)をNとした.

方形窓:

$$w(n) = 1, \ 0 \leq n \leq N-1 \tag{2.1}$$

バートレット(Bartlett)窓:

$$w(n) = \begin{cases} \dfrac{2n}{N-1}, & 0 \leq n \leq \dfrac{N-1}{2} \\ 2 - \dfrac{2n}{N-1}, & \dfrac{N-1}{2} \leq n \leq N-1 \end{cases} \tag{2.2}$$

ハニング(Hanning)窓:

$$w(n) = 0.5 - 0.5\cos\left(\frac{2\pi n}{N-1}\right), \ 0 \leq n \leq N-1 \tag{2.3}$$

ハミング(Hamming)窓:

$$w(n) = 0.54 - 0.46\cos\left(\frac{2\pi n}{N-1}\right), \ 0 \leq n \leq N-1 \tag{2.4}$$

ブラックマン(Blackman)窓:

$$w(n) = 0.42 - 0.5\cos\left(\frac{2\pi n}{N-1}\right) + 0.08\cos\left(\frac{4\pi n}{N-1}\right), \ 0 \leq n \leq N-1 \tag{2.5}$$

方形窓は,単に波形を切り取ったもので,窓の中心部における周波数分解能は良いが,窓の両端で不連続が生じることによって,もとの信号よりも広がったスペクトルが得られる.方形窓の不連続の解消を試みたのが,他の窓関数である.バートレット窓では,方形窓で見られた両端での波形の段差は改

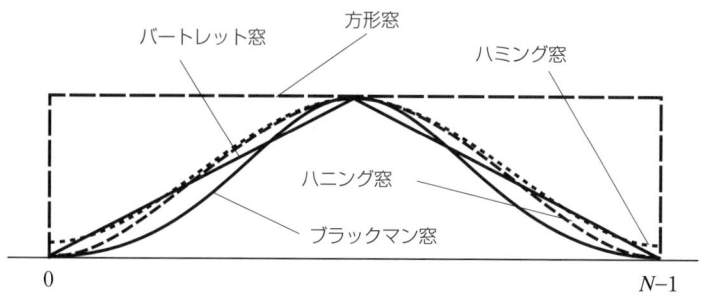

図 2.3 窓関数

善されているが,関数の1次微分をとると,中央及び両端で不連続が生じる.ハニング窓は,全体を滑らかにした窓関数であり,窓の中心部における周波数分解能は,方形窓より劣るが,窓関数を用いることによるスペクトルの広がりは抑えられている.ハミング窓は,周波数分解能はハニング窓より改善されているが,スペクトルの広がりはやや大きい.ブラックマン窓は,窓関数の利用によるスペクトルの広がりを,更に抑制した窓である.窓関数を,図 2.3 に示す.

信号を分析した後,合成するような場合には,方形窓,バートレット窓,ハニング窓のように,窓区間の半分の長さでシフトしながら重ね合わせていくと,$w(n) = 1$ を満たす窓関数の方が有利である.一方,楽器音の分析などでは,ブラックマン窓が用いられるが,音声認識では,ハミング窓が用いられることが多い.

通常,長さが 20〜25 ms 程度の時間窓を,5〜10 ms 程度シフトしながら短時間分析を行う.窓で切り出された区間をフレームと呼び,窓の長さをフレーム長,窓のシフト幅をフレーム周期と呼ぶ.なお,標本化周波数 16 kHz で,長さが 25 ms の時間窓を利用した場合の窓長 N は,400 サンプルとなる.

2.3 ケプストラム分析

音声信号を,短い時間区間内において時不変な線形システムの出力として

モデル化する．以下，音声信号やフィルタのスペクトルを表すために，z-変換（z-transform）を用いる．音声信号 $y(n)$ の z-変換 $Y(z)$ は，

$$Y(z) = \sum_{n=-\infty}^{\infty} y(n) z^{-n} \tag{2.6}$$

で与えられる．z-変換した結果を，z-平面（複素平面）の単位円上（$z = e^{j\omega}$）で考えることにより，フーリエ変換のスペクトル（信号の周波数特性）を得ることができる．ここに，j は虚数単位，ω は角周波数である．

図2.1のフィルタの伝達関数を $G(z)$，音源信号 $u(n)$ の z-変換を $U(z)$ とすると，音声信号 $y(n)$ の z-変換は，次式で与えられる[3]．

$$Y(z) = G(z) \cdot U(z) \tag{2.7}$$

式（2.7）の両辺の絶対値の対数を取ると，音声信号の振幅スペクトルを，音源の振幅スペクトルと声道フィルタの振幅スペクトルとの和として

$$\log|Y(z)| = \log|G(z)| + \log|U(z)| \tag{2.8}$$

あるいは，そのフーリエ変換表現

$$\log|Y(e^{j\omega})| = \log|G(e^{j\omega})| + \log|U(e^{j\omega})| \tag{2.8'}$$

で表すことができる．$\log|Y(e^{j\omega})|$ を逆フーリエ変換したものを，ケプストラム（cepstrum）と呼び，その変数をケフレンシー（quefrency）と呼ぶ[2]．ディジタル信号処理の分野では，式（2.7）の複素対数に基づいて，複素ケプストラム（complex cepstrum）などの準同形分析（homomorphic analysis）の理論が展開されている[3]．この場合には，位相スペクトルの情報も保存されているため，複素ケプストラムから，もとの信号を復元することが可能である．音声認識における分析では，通常，信号の位相スペクトルは考慮しないので，以下，式（2.8）に基づいて話を進める．

ケプストラム分析を用いると，スペクトル包絡など，スペクトル上の緩やかな変化は，低ケフレンシー部分に写像される．一方，スペクトルにおける

細い櫛の歯状の形状は，高ケフレンシー部分に写像される．したがって，低ケフレンシー部分のみをフィルタリングにより取り出せば，音声認識に必要なスペクトル包絡を抽出することができる．

2.4 線形予測分析[4], [5]

式 (2.7) の $G(z)$ は，一般に以下のような z の有理関数で近似される．

$$G(z) = K \cdot \frac{\sum_{k=0}^{q} b_k z^{-k}}{1 + \sum_{k=1}^{p} a_k z^{-k}} \tag{2.9}$$

式 (2.9) の分子が 0 となる z の値を零点（zero），式 (2.9) の分母が 0 となる z の値を極（pole）という．零点は，フィルタの反共振（どんなに大きな信号が入力されても出力が 0 となる z）に対応し，極は，フィルタの共振（小さな入力に対しても出力が ∞* となる z）に対応する．式 (2.9) において，分子を定数 K のみで近似した場合のモデルを，全極モデル（all pole model）と呼ぶ．全極モデルとは，フィルタの共振のみに着目したモデルである．以下，全極モデルについて考える．全極モデルでは，$G(z)$ を

$$G(z) = \frac{K}{1 + \sum_{k=1}^{p} a_k z^{-k}} \tag{2.10}$$

で表す．簡単化のため，以下，$K = 1$ とする．このとき，式 (2.7) より

$$\left(1 + \sum_{k=1}^{p} a_k z^{-k}\right) Y(z) = U(z) \tag{2.11}$$

であるから，フィルタは，自己回帰過程（autoregressive(AR) process）

$$y(n) + a_1 y(n-1) + \cdots + a_p y(n-p) = u(n) \tag{2.12}$$

---
* 理論的には ∞ であるが，実際には有限の大きな値にとどまる．

となる．式 (2.12) は，

$$y(n) = -\sum_{k=1}^{p} a_k y(n-k) + u(n) \tag{2.13}$$

と変形できるが，これは，現時点の出力 $y(n)$ が，過去の出力と現在の入力の線形関数で表されることを意味する．線形予測（linear prediction）という名は，「信号 $y(n)$ が過去の出力と現在の入力の線形結合で予測できる」ということに由来している[4]．

入力 $u(n)$ が未知の場合，信号 $y(n)$ は，$u(n) = 0$ として

$$\hat{y}(n) = -\sum_{k=1}^{p} a_k y(n-k) \tag{2.14}$$

で近似される．したがって，予測誤差（prediction error）は，

$$e(n) \equiv y(n) - \hat{y}(n) = y(n) + \sum_{k=1}^{p} a_k y(n-k) \tag{2.15}$$

である．いま，2乗誤差和

$$J \equiv \sum_{n} e^2(n) = \sum_{n} \left(y(n) + \sum_{k=1}^{p} a_k y(n-k) \right)^2 \tag{2.16}$$

の最小化を考える：

$$\frac{\partial J}{\partial a_i} = 0, \ 1 \le i \le p. \tag{2.17}$$

式 (2.16), (2.17) より，

$$\frac{\partial J}{\partial a_i} = 2\sum_{n} \left[\left(y(n) + \sum_{k=1}^{p} a_k y(n-k) \right) \cdot y(n-i) \right]$$

$$= 2\sum_{n} y(n) y(n-i) + 2 \sum_{k=1}^{p} a_k \left(\sum_{n} y(n-k) y(n-i) \right) = 0$$

であるから，正規方程式（normal equation）

$$\sum_{k=1}^{p} a_k \left(\sum_n y(n-k) y(n-i) \right) = -\sum_n y(n) y(n-i), \ 1 \leq i \leq p \quad (2.18)$$

が得られる．式 (2.18) は，未知数の個数と方程式の数がともに p 個の連立方程式であるので，J を最小にする予測係数 $\{a_k, 1 \leq k \leq p\}$ を解くことが可能である．式 (2.16) を展開すると，

$$\begin{aligned} J &= \sum_n \left(y^2(n) + 2y(n) \sum_{k=1}^{p} a_k y(n-k) + \left(\sum_{k=1}^{p} a_k y(n-k) \right) \left(\sum_{r=1}^{p} a_r y(n-r) \right) \right) \\ &= \sum_n \left(y^2(n) + 2y(n) \sum_{k=1}^{p} a_k y(n-k) + \sum_{k=1}^{p} a_k \left(\sum_{r=1}^{p} a_r y(n-k) y(n-r) \right) \right) \\ &= \sum_n y^2(n) + 2 \sum_{k=1}^{p} a_k \left(\sum_n y(n) y(n-k) \right) \\ &\quad + \sum_{k=1}^{p} a_k \left(\sum_{r=1}^{p} a_r \left(\sum_n y(n-r) y(n-k) \right) \right) \end{aligned} \quad (2.19)$$

を得る．2乗誤差和の最小値は，式 (2.19) に式 (2.18) を代入することにより得られる．

$$\min J = \sum_n y^2(n) + \sum_{k=1}^{p} a_k \left(\sum_n y(n) y(n-k) \right) \quad (2.20)$$

パラメータ推定法は，式 (2.16)，(2.18)，(2.19)，(2.20) の $\sum$ における n の範囲によって，数種に分類できる．そのうちの代表的なものとして，自己相関法（autocorrelation method）と共分散法（covariance method）について述べる．

（1） 自己相関法　　この方法では，2乗誤差和 J を無限区間 $(-\infty, \infty)$ にわたって最小化する*．このとき，正規方程式及び J の最小値は，

---

* 実質的には，窓区間以外の n に対して，$y(n) = 0$ である．

$$\sum_{k=1}^{p} a_k r(k-i) = -r(i), \ 1 \leq i \leq p \tag{2.21}$$

$$\min J = r(0) + \sum_{k=1}^{p} a_k r(k) \tag{2.22}$$

で表される．ここに，

$$r(i) \equiv \sum_{n=-\infty}^{\infty} y(n) y(n+i) = r(-i) \tag{2.23}$$

である．

（2）**共分散法**　ここでは，有限区間 $0 \leq n \leq N-1$ での J の最小化を考える．このとき，正規方程式及び J の最小値は，

$$\sum_{k=1}^{p} a_k \tilde{r}(k,i) = -\tilde{r}(0,i), \ 1 \leq i \leq p \tag{2.24}$$

$$\min J = \tilde{r}(0,0) + \sum_{k=1}^{p} a_k \tilde{r}(0,k) \tag{2.25}$$

となる．ただし，

$$\tilde{r}(k,i) \equiv \sum_{n=0}^{N-1} y(n-k) y(n-i) \tag{2.26}$$

である．

（3）**自己相関法と共分散法の確率的解釈**　信号 $y(n)$ を確率過程からのサンプルとする．このとき，$e(n)$ も確率変数となるため，最小2乗法では，誤差の2乗の期待値

$$J = E\left[e^2(n)\right] = E\left[\left(y(n) + \sum_{k=1}^{p} a_k y(n-k)\right)^2\right] \tag{2.27}$$

を最小化する．式（2.17）を（2.27）に適用すると，正規方程式

$$\sum_{k=1}^{p} a_k E[y(n-k)y(n-i)] = -E[y(n)y(n-i)], \quad 1 \le i \le p \qquad (2.28)$$

が得られる．最小化された平均2乗誤差は，

$$\min J = E[y^2(n)] + \sum_{k=1}^{p} a_k E[y(n)y(n-k)] \qquad (2.29)$$

である．

式 (2.28)，(2.29) で期待値をとるにあたって，$y(n)$の定常性を考慮する必要がある．定常的ならば，

$$E[y(n-k)y(n-i)] = R(k-i) \qquad (2.30)$$

であり，非定常的ならば，

$$E[y(n-k)y(n-i)] = \varphi_{n-k, n-i} \qquad (2.31)$$

となる．ここに，$R(k)$ は自己相関関数，$\varphi_{k,i}$ は共分散関数である．したがって，正規方程式は，$y(n)$が定常的な場合，

$$\sum_{k=1}^{p} a_k R(k-i) = -R(i), \quad 1 \le i \le p \qquad (2.32)$$

であり，非定常的な場合には

$$\sum_{k=1}^{p} a_k \varphi_{n-k, n-i} = -\varphi_{0, n-i} \qquad (2.33)$$

である．式 (2.21)，(2.24) と，式 (2.32)，(2.33) を比較するとわかるように，自己相関法と共分散法は，それぞれ，信号が確率変数の場合の定常過程と非定常過程の予測に対応している．したがって，自己相関法か共分散法かの選択は，信号を定常と仮定するか非定常と仮定するかに依存する．

（4） 予測係数の計算（高速アルゴリズム）　　自己相関法の場合，式 (2.21) より，正規方程式は，

$$Ta = c \tag{2.34}$$

と表される．ここに，

$$a^t = (a_1, a_2, \cdots, a_p)$$

$$c^t = (-r(1), -r(2), \cdots, -r(p))$$

であり，T は Toeplitz 行列である*：

$$T = \begin{bmatrix} r(0) & r(1) & \cdots & r(p-1) \\ r(1) & r(0) & \cdots & r(p-2) \\ \vdots & \vdots & \ddots & \vdots \\ r(p-1) & r(p-2) & \cdots & r(0) \end{bmatrix}. \tag{2.35}$$

また a^t はベクトル a の配置を表す．このような Toeplitz 正規方程式を解く効率的なアルゴリズムが，Levinson によって求められている[6]．ここでは，Durbin によって改良された巡回手法[7]を紹介する．

$y(n-i), y(n-i+1), \cdots, y(n-1)$ によって，$y(n)$ を予測した際の誤差を $e_i(n)$ とする．

$$e_i(n) \equiv y(n) - \hat{y}(n) = y(n) + \sum_{k=1}^{i} a_k^{(i)} y(n-k) = \sum_{k=0}^{i} a_k^{(i)} y(n-k) \tag{2.36}$$

ここに，$a_0^{(i)} \equiv 1$ とおいた．予測誤差の2乗和を最小化する予測係数 $a_k^{(i)}$ は，正規方程式

$$\begin{bmatrix} r(0) & r(1) & \cdots & r(i-1) \\ r(1) & r(0) & \cdots & r(i-2) \\ \vdots & \vdots & \ddots & \vdots \\ r(i-1) & r(i-2) & \cdots & r(0) \end{bmatrix} \begin{bmatrix} a_1^{(i)} \\ a_2^{(i)} \\ \vdots \\ a_i^{(i)} \end{bmatrix} = - \begin{bmatrix} r(1) \\ r(2) \\ \vdots \\ r(i) \end{bmatrix} \tag{2.37}$$

の解として求められる．いま，最小化された予測誤差の2乗和を E_i とすると，

---

* i 行 j 列の要素が，$|i-j|$ にのみ依存する行列を，Toeplitz 行列という．

式 (2.22) より,

$$E_i = r(0) + \sum_{k=1}^{i} a_k^{(i)} r(k) = \sum_{k=0}^{i} a_k^{(i)} r(k) \tag{2.38}$$

が成り立つ．また，変数 w_i を

$$w_i \equiv \sum_{k=0}^{i} a_k^{(i)} r(i+1-k) = r(i+1) + \sum_{k=1}^{i} a_k^{(i)} r(i+1-k) \tag{2.39}$$

で定義する．式 (2.37), (2.38), (2.39) より，連立方程式

$$r(0) + r(1) a_1^{(i)} + r(2) a_2^{(i)} + \cdots + r(i) a_i^{(i)} = E_i$$
$$r(1) + r(0) a_1^{(i)} + r(1) a_2^{(i)} + \cdots + r(i-1) a_i^{(i)} = 0$$
$$\cdots \quad \cdots \quad \cdots$$
$$r(i) + r(i-1) a_1^{(i)} + r(i-2) a_2^{(i)} + \cdots + r(0) a_i^{(i)} = 0$$
$$r(i+1) + r(i) a_1^{(i)} + r(i-1) a_2^{(i)} + \cdots + r(1) a_i^{(i)} = w_i$$

が成り立つ．これを，ベクトルと行列で表現すると,

$$\begin{bmatrix} r(0) & r(1) & \cdots & r(i) & r(i+1) \\ r(1) & r(0) & \cdots & r(i-1) & r(i) \\ \vdots & \vdots & \ddots & \vdots & \vdots \\ r(i) & r(i-1) & \cdots & r(0) & r(1) \\ r(i+1) & r(i) & \cdots & r(1) & r(0) \end{bmatrix} \begin{bmatrix} 1 \\ a_1^{(i)} \\ \vdots \\ a_i^{(i)} \\ 0 \end{bmatrix} = \begin{bmatrix} E_i \\ 0 \\ \vdots \\ 0 \\ w_i \end{bmatrix} \tag{2.40}$$

となる．一方，式の係数行列の対称性により,

$$\begin{bmatrix} r(0) & r(1) & \cdots & r(i) & r(i+1) \\ r(1) & r(0) & \cdots & r(i-1) & r(i) \\ \vdots & \vdots & \ddots & \vdots & \vdots \\ r(i) & r(i-1) & \cdots & r(0) & r(1) \\ r(i+1) & r(i) & \cdots & r(1) & r(0) \end{bmatrix} \begin{bmatrix} 0 \\ a_i^{(i)} \\ \vdots \\ a_1^{(i)} \\ 1 \end{bmatrix} = \begin{bmatrix} w_i \\ 0 \\ \vdots \\ 0 \\ E_i \end{bmatrix} \tag{2.41}$$

も成り立つ．いま，

$$k_{i+1} \equiv -\frac{w_i}{E_i}$$

とおき，式 (2.40)＋式 (2.41)×k_{i+1}を計算すると，

$$\begin{bmatrix} r(0) & r(1) & \cdots & r(i) & r(i+1) \\ r(1) & r(0) & \cdots & r(i-1) & r(i) \\ \vdots & \vdots & \ddots & \vdots & \vdots \\ r(i) & r(i-1) & \cdots & r(0) & r(1) \\ r(i+1) & r(i) & \cdots & r(1) & r(0) \end{bmatrix} \begin{bmatrix} 1 \\ a_1^{(i)}+k_{i+1}a_i^{(i)} \\ \vdots \\ a_i^{(i)}+k_{i+1}a_1^{(i)} \\ k_{i+1} \end{bmatrix} = \begin{bmatrix} E_i+k_{i+1}w_i \\ 0 \\ \vdots \\ 0 \\ w_i+k_{i+1}E_i \end{bmatrix} \tag{2.42}$$

が得られる．

式 (2.40) より，

$$\begin{bmatrix} r(0) & r(1) & \cdots & r(i) \\ r(1) & r(0) & \cdots & r(i-1) \\ \vdots & \vdots & \ddots & \vdots \\ r(i) & r(i-1) & \cdots & r(0) \end{bmatrix} \begin{bmatrix} 1 \\ a_1^{(i)} \\ \vdots \\ a_i^{(i)} \end{bmatrix} = \begin{bmatrix} E_i \\ 0 \\ \vdots \\ 0 \end{bmatrix} \tag{2.43}$$

である．一方，式 (2.42) は，k_{i+1} の定義より

$$\begin{bmatrix} r(0) & r(1) & \cdots & r(i) & r(i+1) \\ r(1) & r(0) & \cdots & r(i-1) & r(i) \\ \vdots & \vdots & \ddots & \vdots & \vdots \\ r(i) & r(i-1) & \cdots & r(0) & r(1) \\ r(i+1) & r(i) & \cdots & r(1) & r(0) \end{bmatrix} \begin{bmatrix} 1 \\ a_1^{(i)}+k_{i+1}a_i^{(i)} \\ \vdots \\ a_i^{(i)}+k_{i+1}a_1^{(i)} \\ k_{i+1} \end{bmatrix} = \begin{bmatrix} E_i+k_{i+1}w_i \\ 0 \\ \vdots \\ 0 \\ 0 \end{bmatrix} \tag{2.44}$$

となるから，式 (2.44) において，

$$\begin{aligned} a_j^{(i+1)} &\equiv a_j^{(i)}+k_{i+1}a_{i-j+1}^{(i)} \quad (j=1,\cdots,i) \\ a_{i+1}^{(i+1)} &\equiv k_{i+1} \\ E_{i+1} &\equiv E_i+k_{i+1}w_i = E_i-(k_{i+1})^2 E_i = (1-k_{i+1}^2)E_i \end{aligned} \tag{2.45}$$

とおくと，式 (2.44) は式 (2.43) の i を $i+1$ に拡張した式となっている．

したがって，正規方程式 (2.34) は，$i=1,2,\cdots,p$ に対して以下の式を求めることにより，巡回的に解くことができる．

$$E_0 = r(0) \tag{2.46a}$$

$$k_i = -\frac{r(i) + \sum_{j=1}^{i-1} a_j^{(i-1)} r(i-j)}{E_{i-1}} \tag{2.46b}$$

$$\begin{aligned}&a_i^{(i)} = k_i \\ &a_j^{(i)} = a_j^{(i-1)} + k_i a_{i-j}^{(i-1)}, \ 1 \leq j \leq i-1\end{aligned} \tag{2.46c}$$

$$E_i = \left(1 - k_i^2\right) E_{i-1} \tag{2.46d}$$

ここに，E_i は i 次の予測器における最小2乗誤差和 $\min J^{(i)}$ である（式 (2.38)）．方程式 (2.46a)，(2.46b)，(2.46c)，(2.46d) の最終的な解は

$$a_j = a_j^{(p)}, \ 1 \leq j \leq p \tag{2.46e}$$

で与えられる．Levinson は，予測器の次数の増加に対して，E_i が非増加（減少か同じ値のまま）であることを示した．E_i は2乗誤差であるため非負である．したがって，式

$$0 \leq E_i \leq E_{i-1}, \ E_0 = r(0) \tag{2.47}$$

が成り立つ．媒介量 k_i は，反射係数あるいは偏相関係数（partial correlation coefficient, PARCOR）として知られている．これは $y(n+1), y(n+2), \cdots, y(n+i-1)$ の影響を除いた $y(n)$ と $y(n+i)$ の相関係数である．

共分散法の場合，共分散行列が Toeplitz 行列となっていないため，正規方程式を解くことは，自己相関法の場合ほど容易でない．しかし，Morf らによって共分散法に対する高速アルゴリズムが求められている [8]．この方法は，共分散行列を，Toeplitz 行列の積で表すことで，計算時間の短縮を図っ

ている．

Levinsonアルゴリズムは，確率論的に見ると，Kalmanフィルタと密接な関係をもつことが知られている[9]．また，Kalman-Bucyフィルタの「利得行列」[10]を求めるための高速アルゴリズムが，Levinson型のアルゴリズムから導出されている[11]．これらの詳細については，参考文献を参照されたい．

(5) **LPCケプストラム係数とLPCケプストラム距離**　線形予測で推定されたスペクトルから得られたケプストラムを，LPCケプストラム係数（LPC cepstrum coefficient）と呼ぶ．LPCはLinear Predictive Codingの略である．線形予測による全極モデルのスペクトルを$G(z)$（式（2.10）），そのLPCケプストラム係数を$\{c_j\}$とすると，

$$\sum_{n=-\infty}^{\infty} c_n z^{-n} = \log \left| \frac{K}{1 + \sum_{k=1}^{p} a_k z^{-k}} \right| \tag{2.48}$$

あるいは，

$$\sum_{n=-\infty}^{\infty} c_n e^{-i\omega n} = \log \left| \frac{K}{1 + \sum_{k=1}^{p} a_k e^{-i\omega k}} \right| \tag{2.49}$$

が成り立つ．

いま，a_kを，新たに，

$$a_k = \begin{cases} 0; & k < 0, \\ 1; & k = 0, \\ a_k; & 1 \leq k \leq p, \\ 0; & k > p \end{cases} \tag{2.50}$$

と定義し直す．また，$A(z)$を

$$A(z) \equiv \sum_{k=-\infty}^{\infty} a_k z^{-k} \tag{2.51}$$

で定義する．このとき，

$$G(z) = \frac{K}{1 + \sum_{k=1}^{p} a_k z^{-k}} = \frac{K}{A(z)} \tag{2.52}$$

である．$\hat{G}(z)$を

$$\hat{G}(z) \equiv \log G(z) \tag{2.53}$$

で定義すると，

$$\hat{G}(z) = \log K - \log A(z) \tag{2.54}$$

であるから，

$$\frac{d}{dz}\hat{G}(z) = -\frac{d}{dz}(\log A(z)) = -\frac{1}{A(z)} \cdot \frac{d}{dz} A(z) \tag{2.55}$$

が成り立つ．式 (2.55) を変形すると，

$$-z\frac{d}{dz} A(z) = z\frac{d}{dz}\hat{G}(z) \cdot A(z) \tag{2.56}$$

を得る．$\hat{G}(z)$ の逆z変換は，LPC ケプストラム係数$\{c_j\}$であるから，z変換の公式

$$-z\frac{d}{dz} X(z) \longleftrightarrow nx_n, \quad X(z)Y(z) \longleftrightarrow \sum_{k=-\infty}^{\infty} x_n y_{n-k}$$

を利用し，式 (2.50) を考慮すると，式 (2.56) から，

$$na_n = \sum_{k=-\infty}^{\infty} -kc_n \cdot a_{n-k}$$

$$= \sum_{k=n-p}^{n} -kc_n \cdot a_{n-k}$$

$$= -n \cdot c_n + \sum_{k=n-p}^{n-1} -kc_n \cdot a_{n-k} \tag{2.57}$$

が得られ，最終的に，式

$$c_n = -a_n - \sum_{k=n-p}^{n-1} \frac{k}{n} c_k a_{n-k} \tag{2.58}$$

が成り立つ．よって，LPC ケプストラム係数は，線形予測係数より，

$$c_n = 0 \quad (n \leq 0) \tag{2.59}$$

$$c_1 = -a_1 \tag{2.60}$$

$$c_n = -a_n - \sum_{k=n-p}^{n-1} \frac{k}{n} c_k a_{n-k} \quad (n > 1) \tag{2.61}$$

と再帰的に求めることができる．

　LPC ケプストラム距離（LPC cepstrum distance）は，線形予測で推定された二つのスペクトル間のユークリッド距離から導かれる．いま，$v(n)$の（離散）フーリエ変換を$V(e^{i\omega})$とする．すなわち，

$$V(e^{i\omega}) = \sum_{n=-\infty}^{\infty} v(n) e^{-i\omega n} \tag{2.62}$$

が成り立つ．このとき，Parsevalの等式[3]により，

$$\frac{1}{2\pi} \int_{-\pi}^{\pi} \left| V(e^{i\omega}) \right|^2 d\omega = \sum_{n=-\infty}^{\infty} v^2(n) \tag{2.63}$$

である．一方，$c_1(n)$，$c_2(n)$のフーリエ変換を$C_1(e^{i\omega})$，$C_2(e^{i\omega})$とすると，フーリエ変換の線形性により，

$$v(n) = c_1(n) - c_2(n) \tag{2.64}$$

のとき，

$$V(e^{i\omega}) = C_1(e^{i\omega}) - C_2(e^{i\omega}) \qquad (2.65)$$

が成り立つ．したがって，式 (2.64)，(2.65) を式 (2.63) に代入すると，式

$$\frac{1}{2\pi}\int_{-\pi}^{\pi}\left|C_1(e^{i\omega}) - C_2(e^{i\omega})\right|^2 d\omega = \sum_{n=-\infty}^{\infty}(c_1(n) - c_2(n))^2 \qquad (2.66)$$

を得る．さて，二つのスペクトル $C_1(e^{i\omega})$，$C_2(e^{i\omega})$ 間のユークリッド距離 d を，

$$d \equiv \sqrt{\frac{1}{2\pi}\int_{-\pi}^{\pi}\left|C_1(e^{i\omega}) - C_2(e^{i\omega})\right|^2 d\omega} \qquad (2.67)$$

で定義する．式 (2.67) の右辺の C_1, C_2 を，線形予測分析によって得られた対数スペクトルとする（式 (2.49) の右辺）．このとき，式 (2.66) より，スペクトル間のユークリッド距離 d の 2 乗は，対数スペクトルに対応する二つの LPC ケプストラム係数 $\{c_1(n)\}$，$\{c_2(n)\}$ によって，

$$d^2 = \frac{1}{2\pi}\int_{-\infty}^{\infty}\left|C_1(e^{i\omega}) - C_2(e^{i\omega})\right|^2 d\omega = \sum_{n=-\infty}^{\infty}(c_1(n) - c_2(n))^2 \qquad (2.68)$$

と表される．対数スペクトルは実関数であるから，そのフーリエ逆変換は偶関数となる．したがって，式 (2.68) は，

$$d^2 = (c_1(0) - c_2(0))^2 + 2\sum_{n=1}^{\infty}(c_1(n) - c_2(n))^2 \qquad (2.69)$$

と変形される．LPC ケプストラム距離 d_{cep} は，式 (2.69) の右辺第 2 項において，n に関する総和を p までで打ち切ったものとして

$$d_{cep}^2 \equiv (c_1(0) - c_2(0))^2 + 2\sum_{n=1}^{p}(c_1(n) - c_2(n))^2 \qquad (2.70)$$

で定義される．式 (2.70) で，ケプストラムの高次の項（$n>p$）を無視したのは，スペクトル包絡の間の距離に着目するためである．p を LPC ケプストラム係数の次数（order）と呼ぶ．

2.5 聴覚フィルタに基づく分析

ケプストラム分析法は，音声の生成機構をモデル化したものである．本節では，このケプストラム分析に，聴覚機構のモデルを加味した，MFCC係数について紹介する．

Stevensらは，聴覚心理に関する研究の一環として，物理的な周波数と心理的な音の高さの感覚の数量的な関係を求めるための実験を行い，音の高さの感覚を表す尺度として，メル尺度（mel scale）を提案した[12]．メル尺度とは，1,000 Hzの純音の高さの感覚を1,000メル（mel）と決めた上で，1,000メルの半分の高さに感じた音を500メル，1,000メルの2倍の高さに感じた音を2,000メルという要領で定めたものである．これらの実験により，人間の音の高さの感覚（メル尺度）は，音の周波数に対して，ほぼ対数に近い非線形の特性を示し，周波数分解能は，低い周波数に対しては細かく，高い周波数では粗いことが判明した．

一方，人間の聴覚にはマスキングという機能がある[13]．マスキング（masking）とは，ある音が，他の音の存在により聞こえにくくなったり，聞こえなくなったりする現象のことである．より厳密には，ある音に対する最小可聴値[*]（threshold of audibility）が，他の音の存在によって上昇する現象，あるいはその上昇量のことを，マスキングと呼ぶ．Fletcher[14]は，帯域雑音の存在により，純音に対する最小可聴値が上昇する現象を調べ，雑音の帯域幅を広げていくと，はじめのうちは純音の最小可聴値が上昇するが，ある一定の帯域幅（臨界帯域幅：critical bandwidth）以上になると，最小可聴値は変化しないという結果を得た．内耳の蝸牛の内部には，基底膜（basilar membrane）と呼ばれる膜が張られている．Fletcherは，実験結果から，基底膜上の各位置は限られた範囲の周波数だけに応答しており，基底膜全体としては，異なる中心周波数をもつ帯域フィルタ群に相当する働きをもつと考えた．更に，その後の研究により，前述のメル尺度が，基底膜上の座標とほとんど一致し，1,000メルが基底膜の1 cmに相当すること，臨界帯域幅とも一定の関係があること（臨界帯域幅は，約137メルに相当する）な

---

　　* 聞き取ることのできる最小の音圧レベル．

どが知られている[15].

これらの結果を用いると，聴覚末梢系を，聴覚フィルタ（auditory filter）と呼ばれる帯域通過フィルタ群でモデル化することができる．以下，このような聴覚フィルタに基づく音響分析法の1例として，MFCC（mel frequency cepstrum coefficient）分析を紹介する．聴覚フィルタを模擬するため，各帯域フィルタを，メルスケール上（対数周波数軸上）で等間隔に配置するフィルタバンクを構成する．このフィルタバンクを用いる際には，音声生成モデルも考慮して，ケプストラム分析を併用する．具体的には，

- 各帯域フィルタの出力を，整流・平滑化し，対数変換した後，一定の周期で標本化
- フィルタバンク出力を逆フーリエ変換し，低ケフレンシー部分のみを抽出という処理を行う．

この処理によって得られる係数をMFCC係数という．また，取り出された係数の個数をMFCCの次数と呼ぶ．

文献[16]に従って，MFCC算出の例を示す．図 **2.4** は，メルスケール上に等間隔に配置されたフィルタバンクである．ここに，メルスケールは，

$$\mathrm{Mel}(f) = 2595 \log_{10}\left(1 + \frac{f}{700}\right) \tag{2.71}$$

などで定義される．いま，各帯域フィルタの出力を m_i とする．このとき，

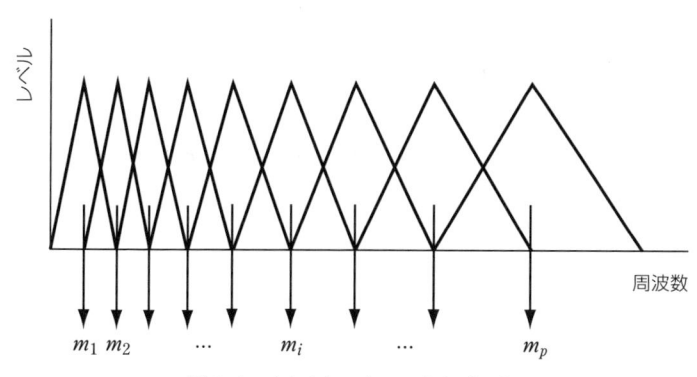

図 **2.4** メルスケールフィルタバンク

MFCC 係数は，DCT（discrete cosine transform）を用いて，

$$c_i = \sqrt{\frac{2}{N}} \sum_{j=1}^{N} m_j \cos\left(\frac{\pi \cdot i}{N}(j - 0.5)\right) \qquad (2.72)$$

で計算される．

　MFCC 係数は，線形・時不変な受動フィルタ群による聴覚のモデル化を近似的に利用しているに過ぎない．一方，最近の研究により，聴覚モデルを構成する際には，非線形性や時変性だけでなく，能動性ももったフィルタ群が必要であることが指摘されている．また，異なったフィルタ間の相互作用も検討する必要がある．聴覚モデルの研究進展と，その新しい成果を利用した音声析法の開発が望まれる．

2.6 動的特徴量

　前述した，LPC ケプストラム係数や，MFCC 係数などのパラメータは，ある分析フレームにおけるスペクトル包絡を表している．音声認識では，このほかに，スペクトル包絡の時間的変化に対応する，動的特徴と呼ばれるパラメータが用いられる．ここでは，線形回帰係数（linear regression coefficient）を用いた動的特徴[17]について説明する．

　まず，データ列 $\{y_i\}(i=1,\cdots,n)$ に対して，最小2乗法により，直線 $y = ai + b$ を当てはめる問題を考える．このとき，データ列 $\{y_i\}$ を直線で近似した際の誤差の平均2乗和は，

$$E = \frac{1}{n} \sum_{i=1}^{n} \{(ai + b) - y_i\}^2 \qquad (2.73)$$

である．いま，E を最小化する a，b を求めるため，E を a と b でそれぞれ偏微分し，0とおく．

$$\frac{\partial E}{\partial a} = \frac{2}{n} \sum_{i=1}^{n} \{(ai + b) - y_i\} \cdot i = 0 \qquad (2.74)$$

$$\frac{\partial E}{\partial b} = \frac{2}{n} \sum_{i=1}^{n} \{(ai + b) - y_i\} = 0 \qquad (2.75)$$

式 (2.74), (2.75) より

$$\left(\frac{1}{n}\sum_{i=1}^{n}i^2\right)a + \left(\frac{1}{n}\sum_{i=1}^{n}i\right)b = \frac{1}{n}\sum_{i=1}^{n}(i\cdot y_i) \tag{2.76}$$

$$\left(\frac{1}{n}\sum_{i=1}^{n}i\right)a + b = \frac{1}{n}\sum_{i=1}^{n}y_i \tag{2.77}$$

が成り立つ．式 (2.76), (2.77) から変数 b を消去すると，

$$\left[\left(\frac{1}{n}\sum_{i=1}^{n}i^2\right) - \left(\frac{1}{n}\sum_{i=1}^{n}i\right)^2\right]a = \frac{1}{n}\sum_{i=1}^{n}(i\cdot y_i) - \left(\frac{1}{n}\sum_{i=1}^{n}i\right)\left(\frac{1}{n}\sum_{i=1}^{n}y_i\right)$$

となるから，直線の傾き a は，

$$a = \frac{\dfrac{1}{n}\sum_{i=1}^{n}(i\cdot y_i) - \left(\dfrac{1}{n}\sum_{i=1}^{n}i\right)\left(\dfrac{1}{n}\sum_{i=1}^{n}y_i\right)}{\left(\dfrac{1}{n}\sum_{i=1}^{n}i^2\right) - \left(\dfrac{1}{n}\sum_{i=1}^{n}i\right)^2} \tag{2.78}$$

より求まる．

いま，LPC ケプストラム係数や MFCC 係数など，スペクトル情報を表すパラメータの，n フレームにおける i 番目の値を，$c_i(n)$ と記す．このとき，時刻 n を中心とした区間 $[n-\delta, n+\delta]$ における $c_i(n)$ の値に，直線を当てはめた場合の直線の傾きを $\Delta c_i(n)$ で表すと，式 (2.78) より，

$$\Delta c_i(n) = \frac{\dfrac{1}{2\delta+1}\sum_{k=-\delta}^{\delta}(n+k)\cdot c_i(n+k) - \left(\dfrac{1}{2\delta+1}\sum_{k=-\delta}^{\delta}(n+k)\right)\left(\dfrac{1}{2\delta+1}\sum_{k=-\delta}^{\delta}c_i(n+k)\right)}{\left(\dfrac{1}{2\delta+1}\sum_{k=-\delta}^{\delta}(n+k)^2\right) - \left(\dfrac{1}{2\delta+1}\sum_{k=-\delta}^{\delta}(n+k)\right)^2} \tag{2.79}$$

が成り立つ．ところで，

$$\sum_{k=-\delta}^{\delta} k = 0$$

より,

$$\frac{1}{2\delta+1}\sum_{k=-\delta}^{\delta}(n+k) = \frac{1}{2\delta+1}\sum_{k=-\delta}^{\delta}n + \frac{1}{2\delta+1}\sum_{k=-\delta}^{\delta}k = n \quad (2.80)$$

$$\frac{1}{2\delta+1}\sum_{k=-\delta}^{\delta}(n+k)^2 = \frac{1}{2\delta+1}\sum_{k=-\delta}^{\delta}n^2 + \frac{2n}{2\delta+1}\sum_{k=-\delta}^{\delta}k + \frac{1}{2\delta+1}\sum_{k=-\delta}^{\delta}k^2$$

$$= n^2 + \frac{1}{2\delta+1}\sum_{k=-\delta}^{\delta}k^2 \quad (2.81)$$

が成り立つから,式 (2.79) の分子,分母は,

$$\frac{1}{2\delta+1}\sum_{k=-\delta}^{\delta}(n+k)\cdot c_i(n+k) - \left(\frac{1}{2\delta+1}\sum_{k=-\delta}^{\delta}(n+k)\right)\left(\frac{1}{2\delta+1}\sum_{k=-\delta}^{\delta}c_i(n+k)\right)$$

$$= \frac{1}{2\delta+1}\sum_{k=-\delta}^{\delta}n\cdot c_i(n+k) + \frac{1}{2\delta+1}\sum_{k=-\delta}^{\delta}k\cdot c_i(n+k)$$

$$-n\cdot\frac{1}{2\delta+1}\sum_{k=-\delta}^{\delta}c_i(n+k)$$

$$= \frac{1}{2\delta+1}\sum_{k=-\delta}^{\delta}k\cdot c_i(n+k)$$

$$\left(\frac{1}{2\delta+1}\sum_{k=-\delta}^{\delta}(n+k)^2\right) - \left(\frac{1}{2\delta+1}\sum_{k=-\delta}^{\delta}(n+k)\right)^2$$

$$= n^2 + \frac{1}{2\delta+1}\sum_{k=-\delta}^{\delta}k^2 - n^2$$

$$= \frac{1}{2\delta+1}\sum_{k=-\delta}^{\delta}k^2$$

となる.したがって,

$$\Delta c_i(n) = \frac{\sum_{k=-\delta}^{\delta} k \cdot c_i(n+k)}{\sum_{k=-\delta}^{\delta} k^2} \tag{2.82}$$

が成り立つ．式 (2.82) の $\Delta c_i(n)$ は，$c_i(n)$ の時間的な変化量（動的特徴）を表すものである．LPCケプストラム係数やMFCC係数などのケプストラム係数に対して，式 (2.82) で得られたパラメータを，Δケプストラム（デルタケプストラム）係数と呼ぶ．更に，Δケプストラム係数に対して，式 (2.82) で得られたパラメータを，$\Delta\Delta$ケプストラム（デルタデルタケプストラム）係数と呼ぶ．また，$c_i(n)$ の代わりにそのフレームの対数パワーを利用して，式 (2.82) より求めたパラメータをΔ対数パワーと呼ぶ．音声認識では，通常，各フレームごとに，ケプストラム係数，Δケプストラム係数，$\Delta\Delta$ケプストラム係数，対数パワー，Δ対数パワー，$\Delta\Delta$対数パワーをまとめてベクトルとし，このベクトルに基づいて認識を行う．ケプストラム係数の次数をpとすると，このベクトルの次元は，$(3 \times p + 3)$次元となる．

2.7 ベクトル量子化

与えられたパターン（学習パターンと呼ぶ）を，分類する方法として，クラスタリング（clustering）法が知られている．一方，クラスタリングと同様の処理を，分類されたデータを代表する代表点を決めることを目的とすると，ベクトル量子化（vector quantization）アルゴリズム[18]が得られる．本書では，クラスタリングとベクトル量子化を特に区別せずに扱う．また，これらを合わせてベクトル量子化と呼ぶ．

パターン空間をp次元ユークリッド空間R^pとし（Rは実数の集合），パターンが属する集合を$V \subset R^p$とする．与えられたパターンの有限集合を$X \subset V$とする．ここでは，集合Xを複数個のクラスタ（cluster）に分割する問題を扱う．この際，クラスタ分割を，Xからクラスタ名の有限集合Γへの写像として定式化する．クラスタ名のことを単にクラスタとも呼ぶ．

各パターン（Xの要素）に対しそれがどのクラスタ（Γの要素）に属する

かを対応づける写像として，クラスタ分割の定義を与える．XからΓへの写像sが，

$$\forall c \in \Gamma : \{x | x \in X, s(x) = c\} \neq \phi \tag{2.83}$$

を満たすとき，sをXのクラスタ分割と呼ぶ．定義より，クラスタ分割sは，どのクラスタを選んでも，そのクラスタに対応づけられるパターンが必ず存在する（式(2.83)）という条件を満足する．sをクラスタ分割，$c_r \in \Gamma$をクラスタとするとき，集合

$$Y(s, c_r) \equiv \{x | x \in X, s(x) = c_r\} \tag{2.84}$$

はsのもとでc_rに属するパターンの全体である．

Xの部分集合Wと，$x \in V$に対して，$D(x, W)$を

$$D(x, W) \equiv \sum_{y \in W} d(x, y) \tag{3.85}$$

で定義する．ここに，$d(x, y)$はxとyのユークリッド距離である．$D(x, W)$は，Wの各要素とxとの距離の総和であり，W全体をxで代表させたときの「ひずみ（distortion）」に相当する数である．Wに対して，$D(x, W)$を最小にするxをWのセントロイド（centroid）と呼ぶ．Wのセントロイドの定義の仕方として，実際には，

(a) $D(x, W)$を最小にするXの要素（与えられたパターンそのもの）

(b) $D(x, W)$を最小にするVの要素（パターンが属する集合に含まれる点）

の2通りの方法が知られている．$V \supset X$より，

$$\min_{x \in V} D(x, W) \leq \min_{x \in X} D(x, W) \tag{2.86}$$

が成立することから，セントロイドの定義として，(b)の方が望ましい．このとき，$Y(s, c_r)$のセントロイド$t_r(s) \in \boldsymbol{R}^p$は，

$$t_r(s) = \frac{\sum_{x \in Y(s, c_r)} x}{|Y(s, c_r)|} \tag{2.87}$$

で与えられる．ただし，$|Y(s,c_r)|$ は集合 $Y(s,c_r)$ の要素の数を示す．また，式 (2.87) の $\sum$ は $\mathbf{R}^p$ における加法の演算を意味する．

以下，代表的なベクトル量子化である，LBGアルゴリズム[18]について述べる．クラスタ分割 s のもとで，X は，

$$X = \bigcup_{r=1}^{M} Y(s,c_r) \tag{2.88}$$

と直和分割*される（**図2.5**）．ここに M はクラスタの数（$M=|\Gamma|$）である．このとき，s で X をクラスタ分割した際の総ひずみ $D(s)$ を，

$$D(s) \equiv \sum_{r=1}^{M} D(t_r(s), Y(s,c_r)) \tag{2.89}$$

で定義する．$D(s)$ を最小にする s を見出す問題は，組合せ的最適問題であり，パターン集合 X の要素数やクラスタ集合 Γ の要素数が増加した場合には，枚

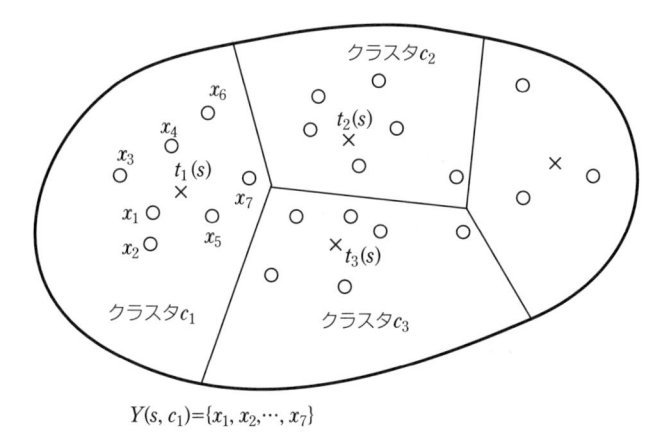

$Y(s, c_1) = \{x_1, x_2, \cdots, x_7\}$

○：パターン（データ）
×：セントロイド

図2.5 クラスタ分割の例

---

* 直和分割とは，ある集合を，互いに共通部分をもたない複数の部分集合で分割することを指す．

挙法で解くことが困難となる．LBGアルゴリズムは，この$D(s)$を小さくする「準最適な」クラスタ分割sを求める方法である．

クラスタ分割sによって得られたXの直和分割を$\{Y(s,c_1), Y(s,c_2), \cdots, Y(s,c_M)\}$とし（式(2.88)），$\{Y(s,c_1), Y(s,c_2), \cdots, Y(s,c_M)\}$のセントロイドを$\{t_1(s), t_2(s), \cdots, t_M(s)\}$とする（式(2.87)）．このとき，セントロイド集合

$$\tilde{T} \equiv \{t_1(s), t_2(s), \cdots, t_M(s)\} \tag{2.90}$$

を用いたXの分割$\{X_1, X_2, \cdots, X_M\}$を，

$$X_1 \equiv \left\{x \in X \,\middle|\, d(x, t_1(s)) = \min\left\{d(x,t)\,\middle|\, t \in \tilde{T}\right\}\right\}$$

$$X_2 \equiv \left\{x \in X \,\middle|\, d(x, t_2(s)) = \min\left\{d(x,t)\,\middle|\, t \in \tilde{T}\right\}\right\}$$

$$\cdots\cdots\cdots$$

$$X_M \equiv \left\{x \in X \,\middle|\, d(x, t_M(s)) = \min\left\{d(x,t)\,\middle|\, t \in \tilde{T}\right\}\right\} \tag{2.91}$$

とすると，式(2.91)より

$$\sum_{r=1}^{M} D(t_r(s), X_r) = \sum_{r=1}^{M} \sum_{x \in X_r} d(t_r(s), x)$$

$$\leq \sum_{r=1}^{M} \sum_{x \in Y(s, c_r)} d(t_r(s), x)$$

$$= \sum_{r=1}^{M} D(t_r(s), Y(s, c_r)) \tag{2.92}$$

が成り立つ*．そこで，新しいクラスタ分割$\tilde{s}$を

$$\tilde{s}(x) \equiv \begin{cases} c_1; & x \in X_1 \\ c_2; & x \in X_2 \\ \cdots \\ c_M; & x \in X_M \end{cases} \tag{2.93}$$

---

* 式(2.92)中の不等号は，式(2.91)の各X_rの定義において，距離の最小値をとっていることに由来する．

で定義すると，式 (2.92) より，$\tilde{s}$ は

$$D(\tilde{s}) \leq D(s) \tag{2.94}$$

を満たす．以上の処理を繰り返して，順次新しいクラスタ分割を求めていけば，より総ひずみの小さいクラスタ分割を得ることが期待できる．LBGアルゴリズムは，このような処理の繰返しにより，総ひずみの小さいクラスタ分割を求める方法である*．

参 考 文 献

[1] P. ラディフォギット（著），竹林 滋，牧野武彦（訳），音声学概説，大修館書店，1999.
[2] J. L. Flanagan, Speech Analysis Synthesis and Perception, 2nd ed. Springer, 1972.
[3] A. V. Oppenheim and R. W. Schafer（著），伊達 玄（訳），ディジタル信号処理，コロナ社，1978.
[4] J. Makhoul, "Linear prediction, a tutorial review," Proc. IEEE, vol. 63, pp. 561–580, 1975.
[5] J. D. Markel and A. H. Gray, Jr., Linear Prediction of Speech, Springer, 1976.
[6] N. Levinson, "The wiener RMS error in filter design and prediction," in Appendix B in Extrapolation, Interpolation and Smoothing of Stationary Time Series, ed. N. Wiener, John Wiley & Sons, 1949.
[7] J. Durbin, "The fitting of time-series models," Rev. Inst. Internat. Statist., vol. 28, pp. 233–244, 1960.
[8] M. Morf, B. Dickinson, T. Kailath, and A. Vieira, "Efficient solution of covariance equation for linear prediction," IEEE Trans. Acoust. Speech Signal Process., vol. ASSP-25, no. 5, pp. 429–433, Oct. 1977.
[9] A. S. Willsky, Digital Signal Processing and Control and Estimation Theory, M. I. T. Press, 1979.
[10] 有本 卓，カルマンフィルター，産業図書，1977.
[11] A. Lindquist, "On fredholm integral equation, toeplitz equation and Kalman-Bucy filtering," Applied Math. and Opt., vol. 1, pp. 355–373, 1975.
[12] S. S. Stevens, J. Volkmann, and E. B. Newman, "A scale for the measurement of a psychological magnitude: Pitch," J. Acoust. Soc. Am., vol. 8, pp. 185–190, 1937.

---

* クラスタリング法として知られているk-meansアルゴリズムでは，一つずつ取り出したデータに基づいて，逐次セントロイドを更新していく．これに対して，LBGアルゴリズムでは，全データに基づいて，クラスタ分割を更新し，新たなセントロイドを計算する．文献 [18] では，まず全データを一つのクラスタとし，次にクラスタ数を増やしながら，所望の初期クラスタ分割を得る方法も提案されており，この部分まで含めてLBGアルゴリズムと呼ばれることがある．

[13] B. C. J. ムーア (著), 大串健吾 (監訳), 聴覚心理学概論, 誠信書房, 1994.
[14] H. Fletcher, "Auditory patterns," Reviews of Modern Physics, vol. 12, pp. 47–65 Jan. 1940.
[15] 勝木保次, 三浦種敏 (編), 聴覚と音声, 電子通信学会, 1966.
[16] S. J. Young, J. Jansen, J. J. Odell, D. Ollason, and P. C. Woodland, The HTK Books.
[17] S. Furui, "Speaker-independent isolated word recognition using dynamic features of speech spectrum," IEEE Trans. Acoust. Speech Signal Process., vol. ASSP-34, no. 1, pp. 52–59, Feb. 1986.
[18] Y. Linde, A. Buzo, and R. M. Gray, "An algorithm for vector quantizer design," IEEE Trans. Commun., vol. COM-28, no. 1, pp. 84–95, Jan. 1980.

第3章

音響モデル概要

　音響モデルは，声の音響的な特徴を簡潔に表現するものである．音響モデルとしては，HMMを用いるのが一般的である．本章では，音声認識の基礎理論となっているベイズの識別規則について述べた後，HMMを用いた音響スコアの計算法について，概要を紹介する．なお，HMMのパラメータ推定（学習）については，HMM適応化の方法とともに第4章で解説する．

3.1 ベイズの識別規則

　現在主流となっている統計的な認識手法は，ベイズの識別規則（Bayes rule）に基づいている．ベイズの識別規則とは，単に認識誤り確率が最小となる識別規則のことであるから[1]，ベイズの識別規則として，複数の識別規則が存在可能である．いまパターンの集合をY，その要素（パターン）をyとし，パターンの属するカテゴリーを$\omega_1, \omega_2, \cdots, \omega_K$とする．このとき，属するカテゴリーが未知のパターンyに対して，このパターンの属するカテゴリー番号iを，

$$i = \underset{k \in \{1, \cdots, K\}}{\arg\max} \{P(\omega_k|y)\} \tag{3.1}$$

で与える識別規則を考えると，この識別規則は，ベイズの識別規則となる[2]．ここに，

$$\underset{x \in X}{\arg\max}\{f(x)\}$$

とは，集合 X の要素の中で，$f(x)$ を最大化する要素 x を意味する記法である．

いま，音声信号を分析して得られたパターン列の集合を Y，単語列の集合を W とする．音声認識装置への入力を $y \in Y$，認識結果としての単語列の候補を $w \in W$ とするとき，認識結果として次の単語列 $\hat{w}$ を出力する音声認識装置は，ベイズの識別規則に従う．

$$\hat{w} = \arg\max_{w \in W} \{P(w|y)\} \tag{3.2}$$

通常，$P(w|y)$ を直接求めることは難しい．条件付き確率の定義より，

$$P(w|y) = \frac{P(y|w) \cdot P(w)}{P(y)} \tag{3.3}$$

が成り立つので，式 (3.2) の $P(w|y)$ を最大化する代わりに，式 (3.3) の右辺を最大化する [3], [4]．式 (3.3) 右辺の $P(y)$ は，最適化しようとしている単語列 w とは無関係であるから，考慮しなくてよい．したがって，ベイズの識別規則に基づく音声認識システムは，

$$\hat{w} = \arg\max_{w \in W} \{P(y|w) \cdot P(w)\} \tag{3.4}$$

を求める．最大化すべき $P(y|w) \cdot P(w)$ のうち，$P(y|w)$ は音響モデルを用いて計算し，$P(w)$ は言語モデルから求める．

音響モデルとは，母音や子音などの発音記号ごとに，声の音響的な特徴を表現したモデルであり，入力音声と認識候補とを，音としての類似性に着目して照合する際に用いられる．音響モデルとしては，HMM (hidden Markov model) を用いることが一般的である．HMM は，観測信号に対して，それに対応した確率値を計算する道具である．例えば，母音 /a/ の HMM は，与えられた観測信号に対して，その発話内容が /a/ だったとした場合の確率値を計算する．その際，HMM パラメータと呼ばれる，初期状態確率，状態遷移確率，出力確率を利用する．HMM の作成時（学習時）では，対応する音声信号に対して，その HMM で計算される確率値がなるべく大きくなるように，これらのパラメータを設定する．例えば母音 /a/ の HMM の

学習では，母音/a/の音声信号に対して計算される確率値がなるべく大きくなるように，パラメータを設定する．これらのHMMの学習については，第4章で扱う．

3.2 hidden Markov model（HMM）[3], [5]

HMMは，音響スコアを計算するために利用される．最初に，文献[6]に従って，マルコフ連鎖（Markov chain）の定義を与える．次に，マルコフ連鎖に基づき，HMMを定義する．

3.2.1 マルコフ連鎖

時間の経過に従って状態（state）が変動していくシステムを考える．システムがとり得る状態は，たかだか加算個であるとし，これらに $1, 2, 3, \cdots$ という番号を付ける．番号 i のついた状態を単に「状態 i」，あるいは簡単に「i」と呼び，すべての状態の集合 $S = \{1, 2, \cdots\}$ を状態空間（state space）という．システムの時刻 n における状態を $X(n)(n \in N^+)$ とすると，$X(n)$ は S の中の値を実現値としてとる確率変数である．ここに $N^+ = N \cup \{0\}$ である（自然数の集合に0を加えたもの，すなわち非負の整数）．

任意の時点 n と任意の状態 $i_0, i_1, \cdots, i_n, i_{n+1}$ に対して，

$$P\{X(n+1) = i_{n+1} | X(0) = i_0, X(1) = i_1, \cdots, X(n) = i_n\}$$
$$= P\{X(n+1) = i_{n+1} | X(n) = i_n\} \tag{3.5}$$

が成り立つとき，すなわち，$X(n+1)$ がある状態をとる確率が，$X(n)$ の状態のみに依存し，それ以前の時点での状態に依存しないとき，$\{X(n)\}$ を S 上のマルコフ連鎖という．マルコフ連鎖において，状態数 $|S|$ が有限のとき，有限マルコフ連鎖（finite Markov chain）という．マルコフ連鎖 $\{X(n)\}$ に対して，

$$a_{ij}(n) \equiv P\{X(n+1) = j | X(n) = i\} \quad (i, j \in S, n \in N^+) \tag{3.6}$$

を i から j への遷移確率（transition probability）という．遷移確率の値は n にも依存するが，これが n に依存しないとき，$\{X(n)\}$ を一様なマルコフ連

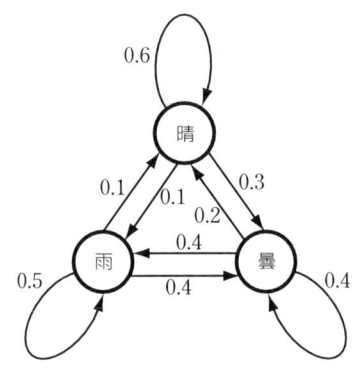

図3.1 マルコフ連鎖の例

鎖（temporally homogeneous Markov chain）*という．一様なマルコフ連鎖を論じる際は，遷移確率$a_{ij}(n)$を単にa_{ij}で表す．また，iからjへの遷移をα_{ij}で表す．マルコフ連鎖$\{X(n)\}$を構成している確率変数$X(n)$の確率分布を$(\pi_i(n))_{i \in S}$とする：

$$\pi_i(n) \equiv P\{X(n)=i\} \quad (i \in S). \tag{3.7}$$

特に$X(0)$の確率分布$(\pi_i(0))_{i \in S}$を初期分布（initial distribution）という．一様なマルコフ連鎖の初期分布は，単にπ_iで表す．一様なマルコフ連鎖は，図3.1のような有向グラフ（directed graph）で表すことができる．

3.2.2 HMMの定式化

一様なマルコフ連鎖を考える．集合Y_0を$Y_0 = Y \cup \phi$とする（パターン集合Yと記号ϕの和集合）．状態集合Sに値をとる確率変数$X(n)$，$X(n+1)$と，状態遷移$\alpha_{X(n)X(n+1)}$でパターン集合Y_0に値をとる確率変数$O(n)$とを組にしたものの列

$$(X(0),O(0)),(X(1),O(1)),(X(2),O(2)),\cdots \tag{3.8}$$

が，任意の時点nと，任意の状態$i_0,i_1,\cdots,i_n,i_{n+1}$，任意のパターン$y_0$, y_1,

---

* 定常なマルコフ連鎖と呼ばれることもある．

$\cdots, y_n$ に対して,以下の二つの条件を満たすとき,これを hidden Markov model (HMM) という [1].

$$P\{X(n+1) = i_{n+1} | X(0) = i_0, O(0) = y_0, X(1) = i_1, O(1) = y_1, \cdots,$$
$$X(n) = i_n, O(n) = y_n\}$$
$$= P\{X(n+1) = i_{n+1} | X(n) = i_n\} \tag{3.9}$$

$$P\{O(n) = y_n | X(0) = i_0, O(0) = y_0, X(1) = i_1, O(1) = y_1, \cdots,$$
$$O(n-1) = y_{n-1}, X(n) = i_n, X(n+1) = i_{n+1}\}$$
$$= P\{O(n) = y_n | X(n) = i_n, X(n+1) = i_{n+1}\} \tag{3.10}$$

式 (3.9) より,HHM は,式 (3.5) を満たす.したがって,状態列 $X(0)$, $X(1)$, $X(2)$, $\cdots$ だけに着目すると,HMM はマルコフ連鎖となっている.HMM に対して,

$$b_{ij}(n; y_k) \equiv P\{O(n) = y_k | X(n) = i, X(n+1) = j\} \tag{3.11}$$

を遷移 a_{ij} からの出力確率(output probability)と呼ぶ[*].遷移確率 $a_{ij}(n)$ と出力確率 $b_{ij}(n; y_k)$ の値がともに n に依存しないとき,一様な HMM という.音声認識では,通常一様な HMM を用いる.一様な HMM の場合には,初期状態確率,遷移確率,出力確率は以下の式で表される.

$$\pi_i = P\{X(n) = i\}$$
$$a_{ij} = P\{X(n+1) = j | X(n) = i\}$$
$$b_{ij}(y_k) = P\{O(n) = y_k | X(n) = i, X(n+1) = j\}$$
$$\left(i, j \in S, n, k \in N^+, y_k \in Y\right) \tag{3.12}$$

HMM の例を**図 3.2** に示す.図 3.1 と図 3.2 は,ともに天気の移り変わりをモデル化したものであるが,HMM では,状態は直接観測できない.図 3.2

---

[*] $b_i(n; y_k) = P\{O(n) = y_k | X(n) = i\}$ という定義が利用されることもある.この場合,式 (3.10) の代わりに,同式の条件部分における $X(n+1) = i_{n+1}$ を除いた式を前提とする.

の状態としては，例えば状態1は高気圧，状態2は低気圧，状態3はその中間などが考えられる．

なお，天気の例は状態の繰返しによりモデル化できるが，音声は，時間の進行に従って，声道フィルタのパラメータが変化していくため，left-to-rightモデルと呼ばれる一方向性のモデルが適している．left-to-rightモデルの例を，図3.3に示す．なお，音声認識のようにleft-to-rightモデルを利用する場合には，入力音声の最後の部分までサーチを進めた結果，例えば図3.3の一番右の状態で表現される候補（そのモデル全体と照合された候補）のみを認識結果として採用することが望ましい．このため，最終状態（final state）の集合Fを定義し，サーチ終了時に，Fに含まれる状態で表現される候補のみを，認識結果として採用する．

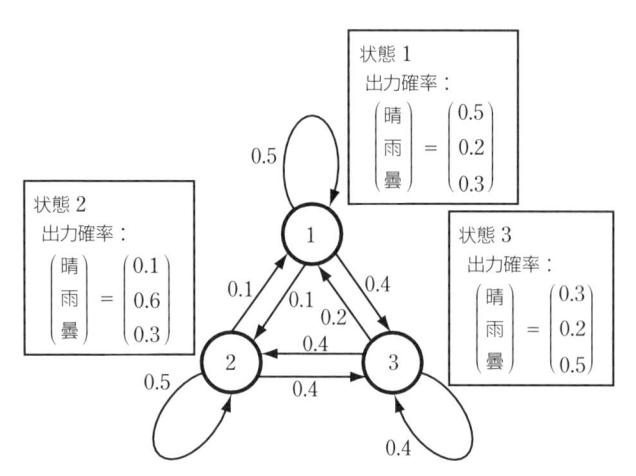

天気の例：状態は直接天気に対応していない

図3.2　HMMの例

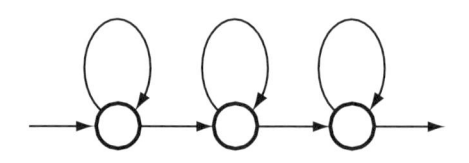

図3.3　left-to-rightモデル

3.2.3 確率値の計算例

図 3.4 に示す HMM を用いて，HMM による確率計算の例を示す．簡単化のため，パターン集合 Y は，二つの要素のみからなる集合 $\{y_1, y_2\}$ とする．また，$\pi_0 = 1, \pi_1 = 0, \pi_2 = 0$ とする．各出力確率 b_{ij} の第1番目の要素は y_1 を出力する確率 $b_{ij}(y_1)$ であり，第2番目の要素は y_2 を出力する確率 $b_{ij}(y_2)$ である．さて，パターン列 y_1, y_2, y_1, y_1 が観測されたとする．図3.4のHMMがこのパターン列を出力するための状態遷移としては，

  遷移1 : $1 \to 1 \to 1 \to 2 \to 3$,
  遷移2 : $1 \to 1 \to 2 \to 2 \to 3$,
  遷移3 : $1 \to 2 \to 2 \to 2 \to 3$

の3通りが考えられる．各遷移によってパターン列を出力する確率を，それぞれ P_1, P_2, P_3 とすると，

$$P_1 = a_{11} \times b_{11}(y_1) \times a_{11} \times b_{11}(y_2) \times a_{12} \times b_{12}(y_1) \times a_{23} \times b_{23}(y_1)$$
$$= 0.4 \times 0.3 \times 0.4 \times 0.7 \times 0.6 \times 0.4 \times 0.3 \times 0.6$$
$$= 0.0014515$$

$$P_2 = a_{11} \times b_{11}(y_1) \times a_{12} \times b_{12}(y_2) \times a_{22} \times b_{22}(y_1) \times a_{23} \times b_{23}(y_1)$$
$$= 0.4 \times 0.3 \times 0.6 \times 0.6 \times 0.7 \times 0.8 \times 0.3 \times 0.6$$
$$= 0.0043545$$

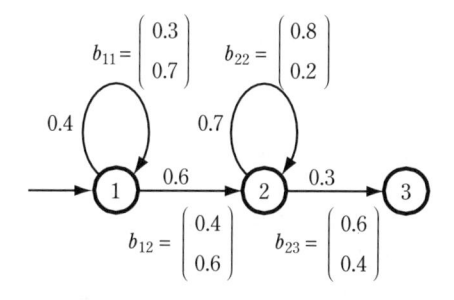

図 3.4 left-to-right HMM の例

$$P_3 = a_{12} \times b_{12}(y_1) \times a_{22} \times b_{22}(y_2) \times a_{22} \times b_{22}(y_1) \times a_{23} \times b_{23}(y_1)$$
$$= 0.6 \times 0.4 \times 0.7 \times 0.2 \times 0.7 \times 0.8 \times 0.3 \times 0.6$$
$$= 0.0033868 \tag{3.13}$$

となる．したがって，このHMMを記号Mで表すと，

$$P(y_1, y_2, y_1, y_1 | M) = 0.0014515 + 0.0043545 + 0.0033868$$
$$= 0.0091928 \tag{3.14}$$

となる．一方，最適な遷移による確率を求める方法もある．この場合には，式（3.13）のP_2が最適な遷移となるため，

$$P(y_1, y_2, y_1, y_1 | M) \cong 0.0043545 \tag{3.15}$$

と近似する．この方法を，ビタビアルゴリズム（Viterbi algorithm）という．大語彙連続音声認識では，このビタビアルゴリズムがよく用いられる．

3.3 確率値の計算アルゴリズム

3.3.1 前向きアルゴリズム

HMMの状態数をNとする．また，観測されるパターンを，$y_1, \cdots, y_n$で表す．前向きアルゴリズム（forward algorithm）は，

$$P(O(0) = y_0, O(1) = y_1, \cdots, O(n) = y_n | M) \tag{3.16}$$

を効率良く計算するためのアルゴリズムである．式（3.16）中の「ある与えられたHMM」ということを表すMは，必要のない限り記述を省略する．式（3.16）は，

$$P(O(0) = y_0, O(1) = y_1, \cdots, O(n) = y_n)$$
$$= \sum_{i_0=0}^{N-1} \sum_{i_1=0}^{N-1} \cdots \sum_{i_{n+1}=0}^{N-1} P(X(0) = i_0, O(0) = y_0, X(1) = i_1, O(1) = y_1, \cdots,$$
$$X(n) = i_n, O(n) = y_n, X(n+1) = i_{n+1})$$

$$= \sum_{i_0=0}^{N-1} \sum_{i_1=0}^{N-1} \cdots \sum_{i_{n+1}=0}^{N-1} \pi_{i_0} a_{i_0 i_1} b_{i_0 i_1}(y_0) a_{i_1 i_2} b_{i_1 i_2}(y_1) \cdots a_{i_n i_{n+1}} b_{i_n i_{n+1}}(y_n)$$
(3.17)

と表される．図 3.5 のように，時刻とともに状態遷移しながらパターン $O(0), O(1), \cdots, O(n)$ を出力する場合を考えると，$P(O(0)=y_0, O(1)=y_1, \cdots O(n)=y_n)$ は，すべての遷移について，$O(0)=y_0, O(1)=y_1, \cdots, O(n)=y_n$ となる確率の総和をとったものである．いま，

$$\alpha_k(j) \equiv P(O(0)=y_0, O(1)=y_1, \cdots, O(k-1)=y_{k-1}, X(k)=j) \quad (3.18)$$

とおくと，$\alpha_k(j)$ は，

$$\alpha_k(j) = P(O(0)=y_0, O(1)=y_1, \cdots, O(k-1)=y_{k-1}, X(k)=j)$$

$$= \sum_{i_0=0}^{N-1} \cdots \sum_{i_{k-1}=0}^{N-1} \pi_{i_0} a_{i_0 i_1} b_{i_0 i_1}(y_0) \cdots a_{i_{k-1} j} b_{i_{k-1} j}(y_{k-1})$$

$$= \sum_{i_{k-1}=0}^{N-1} \left(\sum_{i_0=0}^{N-1} \cdots \sum_{i_{k-2}=0}^{N-1} \pi_{i_0} a_{i_0 i_1} b_{i_0 i_1}(y_0) \cdots a_{i_{k-2} i_{k-1}} b_{i_{k-2} i_{k-1}}(y_{k-2}) \right)$$
$$\cdot a_{i_{k-1} j} b_{i_{k-1} j}(y_{k-1})$$

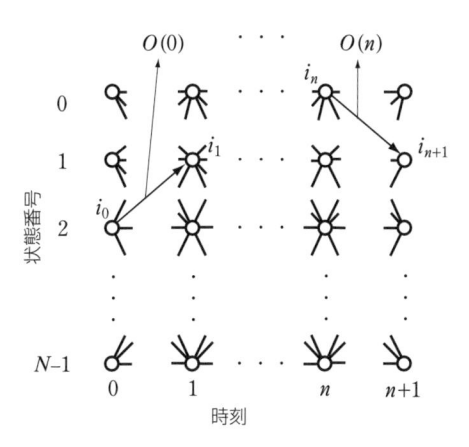

図 3.5 状態遷移の図

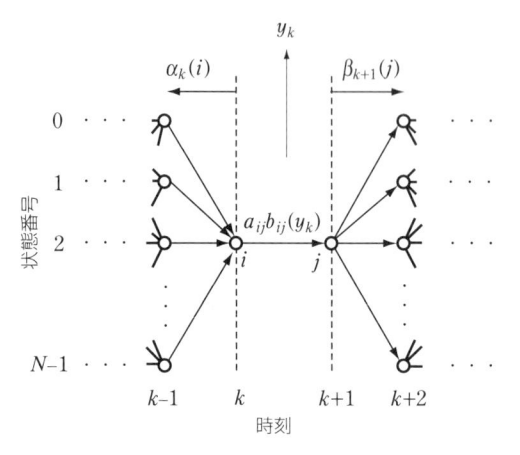

図3.6　変数 $\alpha_k(i)$ と $\beta_{k+1}(j)$

$$= \sum_{i=0}^{N-1} \left(\sum_{i_0=0}^{N-1} \cdots \sum_{i_{k-2}=0}^{N-1} \pi_{i_0} a_{i_0 i_1} b_{i_0 i_1}(y_0) \cdots a_{i_{k-2} i} b_{i_{k-2} i}(y_{k-2}) \right) a_{ij} b_{ij}(y_{k-1})$$

$$= \sum_{i=0}^{N-1} \alpha_{k-1}(i) a_{ij} b_{ij}(y_{k-1}) \tag{3.19}$$

と変形でき，漸化式で表される．したがって，$\alpha_n(j)$ は，$k=0$ から k を一つずつ増やしながら，式 (3.19) を計算することによって得られる．最終的に，式 (3.16) の確率値は，

$$P(O(0)=y_0, O(1)=y_1, \cdots, O(n)=y_n)$$

$$= \sum_{j=0}^{N-1} P(O(0)=y_0, O(1)=y_1, \cdots, O(n)=y_n, X(n+1)=j)$$

$$= \sum_{j=0}^{N-1} \alpha_{n+1}(j) \tag{3.20}$$

によって計算できる．このアルゴリズムを前向きアルゴリズムと呼ぶ．また，$\alpha_k(j)$ を前向き確率と呼ぶ（**図3.6** 参照）．

3.3.2　後ろ向きアルゴリズム

前向きアルゴリズムに対して，後ろ向きアルゴリズム（backward

algorithm）と呼ばれるアルゴリズムがある．このアルゴリズムは，HMM の学習の際に利用される．いま，

$$\beta_{k+1}(i) \equiv P(O(k+1) = y_{k+1}, \cdots, O(n) = y_n | X(k+1) = i) \quad (3.21)$$

とする．$\beta_{k+1}(i)$ は

$$\begin{aligned}
\beta_{k+1}(i) &= \frac{P(O(k+1) = y_{k+1}, \cdots, O(n) = y_n, X(k+1) = i)}{P(X(k+1) = i)} \\
&= \sum_{i_{k+2}=0}^{N-1} \sum_{i_{k+3}=0}^{N-1} \cdots \sum_{i_{n+1}=0}^{N-1} a_{ii_{k+2}} b_{ii_{k+2}}(y_{k+1}) \cdots a_{i_n i_{n+1}} b_{i_n i_{n+1}}(y_n) \\
&= \sum_{j=0}^{N-1} a_{ij} b_{ij}(y_{k+1}) \left(\sum_{i_{k+3}=0}^{N-1} \cdots \sum_{i_{n+1}=0}^{N-1} a_{j i_{k+3}} b_{j i_{k+3}}(y_{k+2}) \cdots a_{i_n i_{n+1}} b_{i_n i_{n+1}}(y_n) \right) \\
&= \sum_{j=0}^{N-1} a_{ij} b_{ij}(y_{k+1}) \beta_{k+2}(j) \quad (3.22)
\end{aligned}$$

と変形できる．なお，$k = n+1$ に対しては，

$$\beta_{k+1}(i) \equiv \begin{cases} 0; & i < 0, \\ 1; & 0 \leq i < N, \\ 0; & i \geq N \end{cases} \quad (3.23)$$

と定める．後ろ向きアルゴリズムを用いる場合，式（3.16）の確率値は，

$$\begin{aligned}
&P(O(0) = y_0, O(1) = y_1, \cdots, O(n) = y_n) \\
&= \sum_{i_0=0}^{N-1} \cdots \sum_{i_{n+1}=0}^{N-1} \pi_{i_0} a_{i_0 i_1} b_{i_0 i_1}(y_0) \cdots a_{i_n i_{n+1}} b_{i_n i_{n+1}}(y_n) \\
&= \sum_{i=0}^{N-1} \pi_i \sum_{i_1=0}^{N-1} \cdots \sum_{i_{n+1}=0}^{N-1} a_{i i_1} b_{i i_1}(y_0) \cdots a_{i_n i_{n+1}} b_{i_n i_{n+1}}(y_n) \\
&= \sum_{i=0}^{N-1} \pi_i \beta_0(i) \quad (3.24)
\end{aligned}$$

より計算できる．$\beta_{k+1}(i)$ を後ろ向き確率と呼ぶ（図3.6参照）．

3.3.3 ビタビアルゴリズム

ビタビアルゴリズムは，与えられた観測パターン $y_1,\cdots,y_n$ に対して，最適な HMM の状態列 $i_1,\cdots,i_{n+1}$ を求めるための方法である．いま，

$$\delta_k(i) \equiv \max_{i_0,\cdots,i_{k-1}} P(X(0)=i_0, O(0)=y_0, \cdots, X(k-1)=i_{k-1}, O(k-1)=y_{k-1},$$
$$X(k)=i) \tag{3.25}$$

とする．式（3.25）を変形すると，$\delta_k(i)$ は，

$$\delta_k(i) = \max_{i_0,\cdots,i_{k-1}} (\pi_{i_0} a_{i_0 i_1} b_{i_0 i_1}(y_0) \cdots a_{i_{k-2} i_{k-1}} b_{i_{k-2} i_{k-1}}(y_{k-2}) a_{i_{k-1} i} b_{i_{k-1} i}(y_{k-1}))$$

$$= \max_j \left[\max_{i_0,\cdots,i_{k-2}} (\pi_{i_0} a_{i_0 i_1} b_{i_0 i_1}(y_0) \cdots a_{i_{k-2} j} b_{i_{k-2} j}(y_{k-2}) a_{ji} b_{ji}(y_{k-1})) \right]$$

$$= \max_j [\delta_{k-1}(j) a_{ji} b_{ji}(y_{k-1})] \tag{3.26}$$

のように漸化式で表現できる．したがって，$k=0$ から k を 1 ずつ増加させながら，式（3.26）を計算することにより，最適状態系列と，その確率が求まる．

3.4 HMMの分類

HMM は，出力確率の計算の仕方により，離散型 HMM（discrete HMM），連続型 HMM（continuous HMM）の 2 種類に分類できる．また，tied mixture HMM や半連続型 HMM（semi-continuous HMM）のように，離散型と連続型を統合化した HMM も提案されている．

3.4.1 離散型 HMM

前節まで，観測されるパターンの集合は，有限集合として話を進めてきた．音声認識の場合には，音響分析によって得られるパターンの次数を p とすると，パターン空間は，一般に p 次元ユークリッド空間 $\boldsymbol{R}^p$ となる．このようなパターン空間を扱う一般的な方法として，2.7 節で述べたベクトル量子化（vector quantization，VQ）の利用が考えられる．ベクトル量子化では，パ

ターン空間を有限個の代表点（code word）で代表させる．したがって，パターン集合を，有限集合として扱うことができる．入力音声を分析した後，各時刻のパラメータを，それといちばん近い代表点に対応するコード（code）に変換する．出力確率計算時は，各コードに対する値を事前に求めておき，これを利用する．この場合には，計算量が少なくて済むという利点があるが，VQひずみが問題となる．VQに基づくHMMを，離散型HMMと呼ぶ．

3.4.2 連続型HMM

連続型HMM[7]では，出力確率を，連続な確率分布を用いて求める．この場合，パターンはp次元ベクトルであり，パターン集合は無限集合となる．代表的な方法として，正規分布（normal distribution）を利用して，出力確率を求める方法がよく用いられている．この場合，出力確率は，確率密度関数を用いて近似される．

$$b_{ij}(y) = \frac{1}{(2\pi)^{\frac{p}{2}} |\Sigma_{ij}|^{\frac{1}{2}}} \exp\left(-\frac{1}{2}(y-m_{ij})^t \Sigma_{ij}^{-1} (y-m_{ij})\right) \qquad (3.27)$$

ここに，m_{ij}，Σ_{ij}は，それぞれ$b_{ij}(y)$の平均ベクトル（mean vector）及び共分散行列（covariance matrix）である．音声データについて，各次元間の独立性を仮定すると，Σ_{ij}は対角行列となり，計算が簡単となる．この場合，式(3.27)は，

$$b_{ij}(y) = \frac{1}{(2\pi)^{\frac{p}{2}} \cdot \prod_{w=0}^{p-1} \sigma_{ij}^{(w)}} \exp\left(-\sum_{w=0}^{p-1} \frac{1}{2\left(\sigma_{ij}^{(k)}\right)^2} \left(y_k - m_{ij}^{(w)}\right)^2\right) \qquad (3.28)$$

となる．ここに，$m_{ij}^{(w)}$，$\sigma_{ij}^{(w)}$は，それぞれm_{ij}のw番目の要素，及びΣ_{ij}のw行w列目の要素である．確率密度関数を用いて出力確率を近似する場合には，「確率値の総和が1」という確率の条件を満たさないだけでなく，場合によっては，出力確率が1を超えることもあるので注意を要する．

パターンの分布を，一つの正規分布では十分近似できない場合がある．この場合には，出力確率を，M個の正規分布の和で表現する[8]．

$$b_{ij}(y) = \sum_{k=0}^{M-1} \lambda_{ijk} b_{ijk}(y) \tag{3.29}$$

ここに，λ_{ijk} は，分岐確率（branch probability）と呼ばれ，k 番目の分布の出現確率を表す．また，$b_{ijk}(y)$ は k 番目の正規分布の確率密度関数である．λ_{ijk} と $b_{ijk}(y)$ は，次式を満たす．

$$\sum_{k=0}^{M-1} \lambda_{ijk} = 1, \quad \int b_{ijk}(y)\,dy = 1 \tag{3.30}$$

この場合のHMMを，混合分布連続型HMM（continuous mixture HMM）と呼ぶ．なお，$M=1$ の場合，混合分布連続型HMMは連続型HMMとなる．混合分布連続型HMMの前向き確率，後ろ向き確率は，次式で求められる．

$$\begin{aligned}
\alpha_l(j) &= P(O(0)=y(0), O(1)=y(1), \cdots, O(l-1)=y(l-1), X(l)=j) \\
&= \sum_{i_0=0}^{N-1} \cdots \sum_{i_{l-1}=0}^{N-1} \pi_{i_0} a_{i_0 i_1} \left(\sum_{k_0=0}^{M-1} \lambda_{i_0 i_1 k_0} b_{i_0 i_1 k_0}(y(0)) \right) \\
&\quad \cdots a_{i_{l-1} j} \left(\sum_{k_{l-1}=0}^{M-1} \lambda_{i_{l-1} j k_{l-1}} b_{i_{l-1} j k_{l-1}}(y(l-1)) \right) \\
&= \sum_{i_0=0}^{N-1} \cdots \sum_{i_{l-1}=0}^{N-1} \sum_{k_0=0}^{M-1} \cdots \sum_{k_{l-1}=0}^{M-1} \pi_{i_0} a_{i_0 i_1} \lambda_{i_0 i_1 k_0} b_{i_0 i_1 k_0}(y(0)) \\
&\quad \cdots a_{i_{l-1} j} \lambda_{i_{l-1} j k_{l-1}} b_{i_{l-1} j k_{l-1}}(y(l-1))
\end{aligned} \tag{3.31}$$

$$\begin{aligned}
\beta_{l+1}(i) &= \frac{P(O(l+1)=y(l+1), \cdots, O(n)=y(n), X(l+1)=i)}{P(X(l+1)=i)} \\
&= \sum_{i_{l+2}=0}^{N-1} \cdots \sum_{i_{n+1}=0}^{N-1} a_{i i_{l+2}} \left(\sum_{k_{l+1}=0}^{M-1} \lambda_{i i_{l+2} k_{l+1}} b_{i i_{l+2} k_{l+1}}(y(l+1)) \right) \\
&\quad \cdots a_{i_n i_{n+1}} \left(\sum_{k_n=0}^{M-1} \lambda_{i_n i_{n+1} k_n} b_{i_n i_{n+1} k_n}(y(n)) \right)
\end{aligned}$$

第3章 音響モデル概要

$$= \sum_{i_{l+2}=0}^{N-1} \cdots \sum_{i_{n+1}=0}^{N-1} \sum_{k_{l+1}=0}^{M-1} \cdots \sum_{k_n=0}^{M-1} a_{ii_{l+2}} \lambda_{ii_{l+2}k_{l+1}} b_{ii_{l+2}k_{l+1}}(y(l+1))$$

$$\cdots a_{i_n i_{n+1}} \lambda_{i_n i_{n+1} k_n} b_{i_n i_{n+1} k_n}(y(n)) \tag{3.32}$$

この場合にも, 前向き確率, 後ろ向き確率は, 離散型の漸化式 (3.19), (3.22) と同様の漸化式

$$\alpha_l(j) = \sum_{i=0}^{N-1} \alpha_{l-1}(i) a_{ij} \left(\sum_{k=0}^{M-1} \lambda_{ijk} b_{ijk}(y(l-1)) \right) \tag{3.33}$$

$$\beta_{l+1}(i) = \sum_{j=0}^{N-1} a_{ij} \left(\sum_{k=0}^{M-1} \lambda_{ijk} b_{ijk}(y(l+1)) \right) \beta_{l+2}(j) \tag{3.34}$$

を満足する.

3.4.3 離散型 HMM と連続型 HMM の統合化 (半連続型 HMM と tied mixture HMM)

混合分布連続型 HMM は, 十分な学習データがある場合には, 離散型 HMM や単一分布を用いた連続型 HMM よりも優れた識別能力を有するが, 計算量が多いという問題点がある. 一方, 離散型 HMM は, 計算量は少ないが, 各パターンを代表点で置き換えることによる識別能力の劣化が無視できない. 本項では, これらの二つの型の HMM の長所を兼ね備える HMM として提案された, 半連続型 HMM と tied mixture HMM を紹介する.

2.7 節で述べたように, 離散型で用いるベクトル量子化では, パターン空間を複数のクラスタに分割し, セントロイドでそのクラスタを代表させる. したがって, セントロイドの近くに位置するパターンは, 精度良く表現されるが, 他のクラスタとの境界付近のパターンについては, セントロイドで代表させることによる誤差が問題となる. この方法は, 各クラスタごとに, クラスタ内で一定値をとり, その他の部分で 0 をとるような一様分布 (uniform distribution) を用意し, これらの一様分布の集合を用いて, パターン空間を表現していることに対応する. これに対して, 一様分布の代わりに正規分布を用いれば, クラスタ境界のパターンは, 複数の分布の重なりに

（a） 一様分布を用いた表現

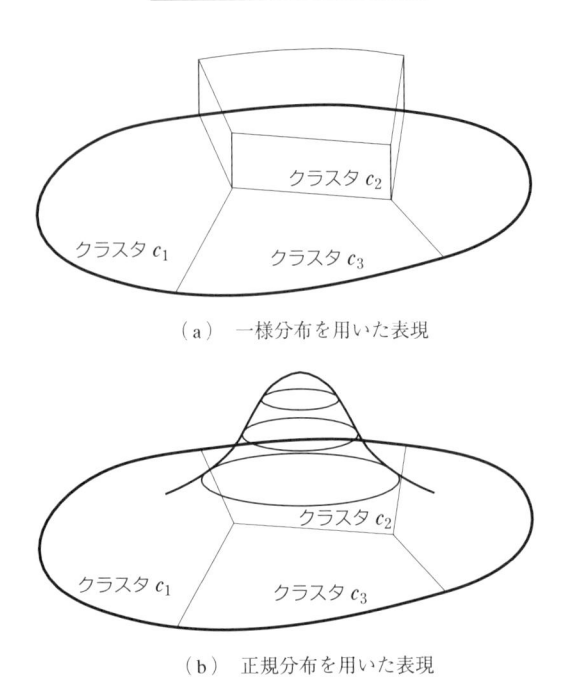

（b） 正規分布を用いた表現

図 3.7　確率分布を用いたクラスタ分割の表現

よって表現されるため，より精度良いパターン表現が期待される（図 3.7）．このように，ベクトル量子化で得られたクラスタを連続確率分布で表現した HMM を，半連続型 HMM と呼ぶ [9]．半連続型 HMM のアイディアを更に発展させて，ベクトル量子化のクラスタの代わりに，一般的なクラスを考える．このとき，同じ確率分布を共有化（tying）する状態遷移の集合でクラスを定義した HMM を tied mixture HMM と呼ぶ [10]．以下，これらの HMM の定式化を行う．

いま，パターンクラスの集合を $\{c_i\}$ で表し，時刻 k におけるパターンクラスを $C(k)$ とする．確率変数 $C(k)$ のとる値が HMM の状態遷移と独立と仮定すると，

$$P\{O(k)=y(k)|X(k)=i,\ X(k+1)=j\}$$

$$= \sum_r P\{O(k) = y(k) | C(k) = c_r, X(k) = i,\ X(k+1) = j\}$$

$$\cdot P\{C(k) = c_r | X(k) = i,\ X(k+1) = j\}$$

$$= \sum_r P\{O(k) = y(k) | C(k) = c_r\} P\{C(k) = c_r | X(k) = i,\ X(k+1) = j\} \tag{3.35}$$

が成り立つ．クラス c_r における一様分布を $U_r(y)$，クラス c_r における正規分布を $N(y, \mu_r, \Sigma_r)$ と書く．このとき，離散型 HMM は，

$$P\{O(k) = y(k) | C(k) = c_r\} = \begin{cases} U_r(y(k)); & y(k) \in c_r \\ 0; & y(k) \notin c_r \end{cases}$$

$$P\{C(k) = c_r | X(k) = i,\ X(k+1) = j\} = b_{ij}(c_r) \tag{3.36}$$

という場合に対応する．ここに $b_{ij}(c_r)$ は，コードブック（クラス）c_r に対する離散出力確率である．また，混合分布連続型 HMM は

$$P\{O(k) = y(k) | C(k) = c_r\} = N(y(k), \mu_r, \Sigma_r)$$
$$P\{C(k) = c_r | X(k) = i,\ X(k+1) = j\} = \lambda_r \tag{3.37}$$

という場合に対応する．ここに，λ_r は分岐確率である．したがって，式 (3.35) は，離散型 HMM と混合分布連続型 HMM の出力確率を統一的に表現する式と考えられる．

tied mixture HMM は，式 (3.35) において，c_r を同じ確率分布を共有化する状態遷移の集合とすれば定式化される．以下，半連続型 HMM を定式化する．ベクトル量子化のレベル（コード数）を L，各コードを $O_r (r = 0, \cdots, L-1)$，状態 i から状態 j への遷移における $y(k)$ の出力確率を $f(y(k) | X(k) = i, X(k+1) = j)$，状態 i から状態 j への遷移においてコード O_r に対応する分布が $y(k)$ を出力する確率密度関数を $f(y(k) | O_r, X(k) = i, X(k+1) = j)$ とする．このとき，状態の遷移過程とパターンの生成過程が独立な確率過程とすると，半連続型 HMM における出力確率は，

$$b_{ij}(y(k)) = f(y(k)|X(k)=i, X(k+1)=j)$$

$$= \sum_{r=0}^{L-1} f(y(k)|O_r, X(k)=i, X(k+1)=j) P\{O_r|X(k)=i, X(k+1)=j\}$$

$$= \sum_{r=0}^{L-1} f(y|O_r) P\{O_r|X(k)=i, X(k+1)=j\}$$

$$= \sum_{r=0}^{L-1} f(y|O_r) b_{ij}(O_r) \tag{3.38}$$

で表される.したがって,半連続型HMMは,式(3.35)において,$P\{O(k)=y(k)|C(k)=c_r\}$を各コードの確率密度関数$f(y|O_r)$で,また$P\{C(k)=c_r|X(k)=i, X(k+1)=j\}$を離散出力確率$b_{ij}(O_r)$で置き換えたものに相当する.離散型HMMでは,HMMパラメータ推定(第4章参照)は尤度最大化という確率的枠組みの中で行われるのに対し,ベクトル量子化は,量子化ひずみ最小化という全く異なった基準で行われる.これに対して,半連続型HMMでは,ベクトル量子化とHMMパラメータ推定が,同じ確率的枠組みの中で統一的に扱われるため,最適なベクトル量子化/HMMパラメータの組合せが得られるという特徴をもつ.

3.5 環境依存HMM

音声認識では,通常,連続型のHMMを,各音素ごとに用意することが多い.認識時には,これらの音素HMMを接続して単語を表現する.left-to-right HMMは,音素単位で用意したHMMをそのまま接続すれば単語HMMが得られるという意味でも,音声認識に適したモデルとなっている.

ところで,連続音声中の各音素は,調音結合(co-articulation)など,前後に存在する音素によって,その物理的な性質が変化することが知られている.そこで,連続音声認識では,前後の音素環境を考慮したモデルを利用する.前,あるいは後ろのみの音素の影響を考慮したモデルを,バイフォンモデル(biphone model),前と後ろの両方の音素の影響を考慮したモデルを,トライフォンモデル(triphone model)という.これらに対して,環境を考

慮しないモデルを，モノフォンモデル（monophone model）という．本書では，音素/a/についてのバイフォンモデルを，/f-a/，/a+b/，トライフォンモデルを，/f-a+b/などと記すことにする．ここに，/f/は/a/に先行する音素，/b/は/a/に後続する音素である．また，トライフォン /f-a+b/，/k-a+r/，/s-a+t/などは，すべて音素/a/のモデルであり，モノフォンモデル/a/を，前後の音素環境によって細分化したモデルとなっている．

　バイフォンモデルとトライフォンモデルを用いて，単語の音響モデルを構成する例を示す．後続音素が母音/a/である子音/n/のバイフォンモデルを/n+a/，先行音素が子音/k/である母音/u/のバイフォンモデルを/k-u/，子音/n/と母音/i/とに挟まれた母音/a/のトライフォンモデルを/n-a+i/のように記すと，単語「内閣」は，

/n+a/, /n-a+i/, /a-i+k/, /i-k+a/, /k-a+k/, /a-k+u/, /k-u/

というHMMの連結で構成される．

　環境依存のモデルを用いる場合の最大の問題は，学習データ量の不足である．例えば，音素数が42のとき，トライフォンモデルでは，最大で，$42 \times 42 \times 42 = 74,088$ 個のモデルを構築する必要がある．混合分布型HMMを利用する場合には，パラメータ数が更に多くなるため，この問題は無視できない．また，学習データに出現しないトライフォンや，学習データ中での出現回数が少ないため十分な統計的信頼性が望めないトライフォンについては，高い認識性能を得ることは難しい．このようなスパースネスの問題（sparseness problem）を解決するための方法として，クラスタリングや状態の共有化を行う方法などが知られている．これらの方法については，音素環境モデルの学習問題として，第4章で扱う．

参　考　文　献

[1] 上坂吉則，尾関和彦，パターン認識と学習のアルゴリズム，文一総合出版，1990．
[2] 坂井利之，パターン認識の理論，共立出版，1967．
[3] 中川聖一，確率モデルによる音声認識，電子情報通信学会，1998．
[4] F. Jelinek, Statistcal Methods for Speech Recognition, MIT Press, 1997.
[5] X. D. Huang, Y. Ariki, and M. A. Jack, Hidden Markov Models for Speech

Recognition, Edinburgh Univ. Press, 1990.
[6] 羽鳥裕久, 森　俊夫, 有限マルコフ連鎖, 培風館, 1982.
[7] L. E. Baum, T. Petrie, G. Soules, and N. Weiss, "A mizimization technique occurring in the statistical analysis of probabilistic functions of Markov chains," The Annals of Mathematical Statistics, vol. 41, no. 1, pp. 164-171, 1970.
[8] B.-H. Juang and L. R. Rabiner, "Mixture autoregressive hidden Markov models for speech signals," IEEE Trans. Acoust. Speech Signal Process., vol. ASSP-33, no. 6, pp. 1404-1413, Dec. 1985.
[9] X. D. Huang and M. A. Jack, "Semi-continuous hidden Markov models for speech signals," Computer Speech and Language, vol. 3, pp. 239-251, 1989.
[10] J. R. Bellegarda and D. Nahamoo, "Tied mixture continuous parameter modeling for speech recognition," IEEE Trans. Acoust. Speech Signal Process., vol. 38, no. 12, pp. 2033-2045, Dec. 1990.

第 4 章

音響モデルの学習と適応化

　本章では，HMMの学習と適応化について述べる．特に4.6節など，複雑な数式を用いるため，初学者にはわかりづらい面もあるかと思う．そのような場合は，適宜読み飛ばして頂いてかまわない．本章では，なるべく論理の展開を省略しないよう心がけた結果，式の展開が続く部分も多いが，根気よく読めば，必ずや内容を理解して頂けるものと信じている．

4.1　最尤推定と最大事後確率推定[1]

　音声認識で用いられる確率パラメータ推定法として，最尤推定（maximum likelihood estimation）と，最大事後確率推定（maximum posterior probability estimation：以下，MAP推定と略す）が知られている．二つの方法は，ともに，与えられたパターン列（データ）に対して，確率値を最大化する確率パラメータを推定する方法である．最尤推定では確率パラメータは固定であるとするのに対し，MAP推定では，確率パラメータそのものも，ある分布に従う確率変数と考える．

4.1.1　最尤推定

　パターン列 $y = y_0, \cdots, y_{(n-1)}$ が与えられたという条件のもとで，確率密度関数 $p(y|\theta)$ をパラメータ θ の関数として考えるとき，$p(y|\theta)$ を尤度（likelihood）と呼び，$L(y;\theta)$ で表す．最尤推定は，パラメータ θ が固定されているとして，尤度 $L(y;\theta)$ を最大化する θ を求める．$L(y;\theta)$ を最大化する θ を最尤推定量（maximum likelihood estimaitor）と呼ぶ．実際には，

$L(\boldsymbol{y};\theta)$ の代わりに $\log L(\boldsymbol{y};\theta)$ を最大化する．$\log L(\boldsymbol{y};\theta)$ は，対数尤度 (log likelihood) と呼ばれる．

最尤推定の例として，各パターン $y(i)$ $(i=0,\cdots,n-1)$ が，平均 μ，分散 σ^2 の正規分布に従い，かつ互いに独立な場合を考える．この場合の確率パラメータは $\theta=(\mu,\sigma^2)$ であり，パターン $y(i)$ は，確率密度関数

$$p(y(i)|\theta) = \frac{1}{\sqrt{2\pi}\,\sigma}\exp\left(-\frac{(y(i)-\mu)^2}{2\sigma^2}\right) \tag{4.1}$$

に従う．このとき，パターン列 $\boldsymbol{y}$ の対数尤度は，

$$\begin{aligned}\log L(\boldsymbol{y};\theta) &= \log p(y(0),\cdots,y(n-1)|\theta) = \sum_{i=0}^{n-1}\log p(y(i)|\theta) \\ &= -\frac{n}{2}\log(2\pi\sigma^2) - \frac{1}{2\sigma^2}\sum_{i=0}^{n-1}(y(i)-\mu)^2\end{aligned} \tag{4.2}$$

である．θ による $\log L(\boldsymbol{y};\theta)$ の偏微分は，

$$\frac{\partial}{\partial\theta}\log L(\boldsymbol{y};\theta) = \begin{pmatrix}\frac{\partial}{\partial\mu}\\ \frac{\partial}{\partial\sigma^2}\end{pmatrix}\log L(\boldsymbol{y};\theta) = \begin{pmatrix}\frac{\partial}{\partial\mu}\log L(\boldsymbol{y};\theta)\\ \frac{\partial}{\partial\sigma^2}\log L(\boldsymbol{y};\theta)\end{pmatrix} \tag{4.3}$$

で与えられる．式 (4.3) を成分ごとに計算すると，

$$\frac{\partial}{\partial\mu}\log L(\boldsymbol{y};\theta) = \frac{1}{\sigma^2}\sum_{i=0}^{n-1}(y(i)-\mu) \tag{4.4}$$

$$\frac{\partial}{\partial\sigma^2}\log L(\boldsymbol{y};\theta) = -\frac{n}{2\sigma^2} + \frac{1}{2\sigma^4}\sum_{i=0}^{n-1}(y(i)-\mu)^2 \tag{4.5}$$

である．このとき，平均，分散の最尤推定量は，偏微分 (4.3) の各要素を 0 とおくことにより得られる．すなわち，平均の最尤推定量 $\hat{\mu}$ は，式 (4.4) より，

$$\hat{\mu} = \frac{1}{n}\sum_{i=0}^{n-1}y(i) \tag{4.6}$$

であり，分散の最尤推定量 $\hat{\sigma}^2$ は，式 (4.5), (4.6) より，

$$\hat{\sigma}^2 = \frac{1}{n} \sum_{i=0}^{n-1} (y(i) - \hat{\mu})^2 \tag{4.7}$$

となる．式 (4.6), (4.7) よりわかるように，平均，分散の最尤推定量は，サンプル平均，サンプル分散に等しい．

4.1.2 最大事後確率推定（MAP 推定）

MAP 推定では，パターン列 $\boldsymbol{y} = y(0), \cdots, y(n-1)$ が与えられたという条件のもとでの，パラメータ θ の確率密度関数，すなわち事後分布（posterior distribution）の確率密度関数 $p(\theta|\boldsymbol{y})$ を最大化する．各パターン $y(i)$ ($i = 0, \cdots, n-1$) が，同一の確率密度関数に従うと仮定すると

$$\max_{\theta} p(\theta|\boldsymbol{y}) = \max_{\theta} \frac{p(\boldsymbol{y}|\theta) p(\theta)}{p(\boldsymbol{y})} = \max_{\theta} p(\boldsymbol{y}|\theta) p(\theta) \tag{4.8}$$

である．ここに，式 (4.8) の 2 番目の等号では，$\boldsymbol{y}$ が θ に依存しないことを利用した．いま

$$U(\theta) \equiv p(\boldsymbol{y}|\theta) p(\theta)$$

とおくと，MAP 推定のためには，

$$\log(U(\theta)) = \log p(\boldsymbol{y}|\theta) + \log p(\theta) = \log L(\boldsymbol{y};\theta) + \log p(\theta) \tag{4.9}$$

を最大化すればよい．特に，正規分布を仮定する場合には

$$\frac{\partial}{\partial \theta} \log(U(\theta)) = \frac{\partial}{\partial \theta} \log L(\boldsymbol{y};\theta) + \frac{\partial}{\partial \theta} \log p(\theta) = 0 \tag{4.10}$$

を満たす θ を求める．

最尤推定では，パラメータ θ は未知だが一定値とした．これに対し，MAP 推定では，θ そのものも，事前分布（prior distribution）の確率密度関数 $p(\theta)$ に従うランダム変数として扱う．もし，θ が一様分布であるならば，$p(\theta)$ は定数となるため，式 (4.10) の右辺第 2 項は 0 となり，MAP 推定は，最尤推定と一致する．これは，事前分布に関する情報がない場合に相当する．

最尤推定では，推定精度を上げるためには，十分なデータ量（パターン数）が必要である．一方，十分なデータ量が得られない場合には，事前分布情報の利用が有効である．MAP 推定は，パラメータの事前分布に関する情報が利用できる場合に，データから得られる情報と，事前分布から得られる情報を組み合わせる枠組みを提供する．

　MAP 推定の例として，パターン $y(i)$ $(i=0,\cdots,n-1)$ が同一の正規分布に従う互いに独立なランダム変数であり，その分散 σ^2 は既知であるが，平均 μ が正規分布に従うランダム変数の場合を考える．μ の平均を ρ，分散を ν^2 とする．このとき，

$$p(\boldsymbol{y}|\mu) = p(y(0),\cdots,y(n-1)|\mu) = \frac{1}{(2\pi)^{\frac{n}{2}}\sigma^n} \exp\left(-\frac{1}{2\sigma^2}\sum_{i=0}^{n-1}(y(i)-\mu)^2\right) \tag{4.11}$$

$$p(\mu) = \frac{1}{\sqrt{2\pi}\,\nu} \exp\left(-\frac{1}{2\nu^2}(\mu-\rho)^2\right) \tag{4.12}$$

が成り立つ．いま，

$$\bar{y} \equiv \frac{1}{n}\sum_{i=0}^{n-1} y(i)$$

とおくと，

$$\sum_{i=0}^{n-1}(y(i)-\mu)^2 = \sum_{i=0}^{n-1}\{(y(i)-\bar{y})-(\mu-\bar{y})\}^2$$

$$= \sum_{i=0}^{n-1}\left\{(\mu-\bar{y})(\mu-\bar{y}-2y(i)+2\bar{y})+(y(i)-\bar{y})^2\right\}$$

$$= (\mu-\bar{y})\sum_{i=0}^{n-1}(\mu+\bar{y}-2y(i)) + \sum_{i=0}^{n-1}(y(i)-\bar{y})^2$$

$$= (\mu-\bar{y})\left(\sum_{i=0}^{n-1}\mu + \sum_{i=0}^{n-1}\bar{y} - 2\sum_{i=0}^{n-1}y(i)\right) + \sum_{i=0}^{n-1}(y(i)-\bar{y})^2$$

$$= (\mu - \bar{y})(n\mu + n\bar{y} - 2n\bar{y}) + \sum_{i=0}^{n-1}(y(i) - \bar{y})^2$$

$$= n(\mu - \bar{y})^2 + \sum_{i=0}^{n-1}(y(i) - \bar{y})^2 \tag{4.13}$$

が成り立つ．したがって，

$$\log U(\mu) = \log p(\boldsymbol{y}|\mu) + \log p(\mu)$$

$$= -n\log\left(\sqrt{2\pi}\,\sigma\right) - \frac{\left\{n(\mu - \bar{y})^2 + \sum_{i=0}^{n-1}(y(i) - \bar{y})^2\right\}}{2\sigma^2}$$

$$-\log\left(\sqrt{2\pi}\,\nu\right) - \frac{(\mu - \rho)^2}{2\nu^2} \tag{4.14}$$

である．$\log U(\mu)$ を μ で偏微分して0とおくと，

$$\frac{\partial}{\partial \mu}\log U(\mu) = -\frac{n(\mu - \bar{y})}{\sigma^2} - \frac{\mu - \rho}{\nu^2} = 0$$

であるから，μ の MAP 推定は，

$$\hat{\mu} = \frac{\sigma^2 \rho + n\nu^2 \bar{y}}{\sigma^2 + n\nu^2} \tag{4.15}$$

となる．式 (4.15) より，平均 μ の MAP 推定は，事前分布の平均 ρ と，$y(i)\ (i=0,\cdots,n-1)$ のサンプル平均 $\bar{y}$ との重み付き平均となっている．$n=0$ のとき（データがない場合）$\hat{\mu}$ は ρ に一致し，$n=\infty$ のとき，$\hat{\mu}$ はサンプル平均，すなわち，平均の最尤推定量 $\bar{y}$（式 (4.6) 参照）に収束する．MAP 推定量 $\hat{\mu}$ は，利用できるデータ量に応じて，データから得られる情報 $\bar{y}$ と，事前分布から得られる情報 ρ を組み合わせていることがわかる．

4.2 EM アルゴリズム

第3章では，HMM のパラメータである，状態遷移確率や出力確率が事前

に求められているという前提のもとで話を進めてきた．HMMのパラメータ
を推定する方法について述べる前に，その基本となるEMアルゴリズム
(EM algorithm)*について述べる[2]．

　ここでは，どのような過程を経て生成されたかわからない観測データのこ
とを，不完全データ (incomplete data) と呼ぶ．yで不完全データを表し，
yの全体をYとする．一方，HMMにおける状態遷移のように，直接観測で
きないデータ (unobservable data) をxとし，その全体をXで表す．また，
xとyの組(x,y)を完全データと呼ぶ．HMMにおける遷移確率，出力確率な
どのパラメータの組を，θで記す．また，パラメータθに対して，X, Y上で
定義された確率密度関数を，それぞれ $p(x|\theta)$, $p(y|\theta)$ とする．このような
条件のもとで，尤度

$$L(y;\theta) = p(y|\theta) \tag{4.16}$$

を最大化するθ（最尤推定量）を求めたい．このような問題を解析的に解く
方法は知られていない．EMアルゴリズムは，式 (4.16) を極大化するアル
ゴリズムである．

　結合密度関数 $p(x,y|\theta)$ は，

$$p(x,y|\theta) = p(x|y,\theta) \cdot p(y|\theta) \tag{4.17}$$

を満たす．よって，対数尤度 $\log L(y;\theta)$ は，

$$\log L(y;\theta) = \log p(y|\theta) = \log p(x,y|\theta) - \log p(x|y,\theta) \tag{4.18}$$

で表される．いま，二つのパラメータ θ, $\hat{\theta}$ を考える．$E[\cdot|y,\theta]$ を y, θ が与え
られた条件のもとでの，X上での期待値とすると，

$$E[\log L(y;\hat{\theta})|y,\theta] = E[\log p(y|\hat{\theta})|y,\theta]$$
$$= \int \log p(y|\hat{\theta}) \cdot p(x|y,\theta)\,dx$$

---

　*　EMアルゴリズムのEは，Expectation，MはMaximizationを指す．

$$= \log p(y|\hat{\theta}) \cdot \int p(x|y,\theta)\,dx$$

$$= \log p(y|\hat{\theta})$$

$$= \log L(y;\hat{\theta}) \tag{4.19}$$

が成り立つ．式 (4.19)，(4.18)，及び期待値の線形性より，

$$\log L(y;\hat{\theta}) = E[\log p(y|\hat{\theta})|y,\theta]$$

$$= E[\log p(x,y|\hat{\theta}) - \log p(x|y,\hat{\theta})|y,\theta]$$

$$= E[\log p(x,y|\hat{\theta})|y,\theta] - E[\log p(x|y,\hat{\theta})|y,\theta] \tag{4.20}$$

である．

$$Q(\theta,\hat{\theta}) \equiv E[\log p(x,y|\hat{\theta})|y,\theta] = \int \log p(x,y|\hat{\theta}) \cdot p(x|y,\theta)\,dx \tag{4.21}$$

$$r(\theta,\hat{\theta}) \equiv E[\log p(x|y,\hat{\theta})|y,\theta] = \int \log p(x|y,\hat{\theta}) \cdot p(x|y,\theta)\,dx \tag{4.22}$$

とおくと，

$$\log L(y;\hat{\theta}) = Q(\theta,\hat{\theta}) - r(\theta,\hat{\theta}) \tag{4.23}$$

である．式 (4.23) より，

$$\log L(y;\hat{\theta}) - \log L(y;\theta) = (Q(\theta,\hat{\theta}) - Q(\theta,\theta)) + (r(\theta,\theta) - r(\theta,\hat{\theta})) \tag{4.24}$$

が成り立つ．ところで，

$$r(\theta,\hat{\theta}) - r(\theta,\theta)$$

$$= \int (\log p(x|y,\hat{\theta}) - \log p(x|y,\theta)) p(x|y,\theta)\,dx$$

$$= \int \log \frac{p(x|y,\hat{\theta})}{p(x|y,\theta)} p(x|y,\theta)\, dx$$

$$\leq \int \left(\frac{p(x|y,\hat{\theta})}{p(x|y,\theta)} - 1 \right) p(x|y,\theta)\, dx \quad \because \log x \leq x - 1$$

$$= \int p(x|y,\hat{\theta})\, dx - \int p(x|y,\theta)\, dx = 1 - 1 = 0 \tag{4.25}$$

であるから，$r(\theta,\theta) - r(\theta,\hat{\theta}) \geq 0$. したがって，式 (4.24) より，

$$Q(\theta,\hat{\theta}) \geq Q(\theta,\theta) \Rightarrow \log L(y;\hat{\theta}) \geq \log L(y;\hat{\theta}) \Rightarrow L(y;\hat{\theta}) \geq L(y;\theta) \tag{4.26}$$

が成り立つ．EMアルゴリズムは，Q-関数 (4.21) を最大にする $\hat{\theta}$ を繰り返し求めるアルゴリズムであり，以下の四つのステップからなる．

EMアルゴリズム：
（1） パラメータ θ の初期値を設定．
（2） $Q(\theta,\hat{\theta})$ を最大にする $\hat{\theta}$ を選択．
（3） 新たな θ を $\hat{\theta}$ で与える．
（4） 収束条件が満たされなければ (2) へ．満たされれば終了．

4.3 HMMパラメータの推定

HMMパラメータの推定アルゴリズムについて述べる前に，補題をいくつか示す．

補題 1

$c_1,\cdots,c_n$ が正の実数で，$x_1,\cdots,x_n$ が，拘束条件 $\sum_{i=1}^{n} x_i = 1$, $x_i \geq 0$ を満たすとき，関数

$$f(x_1,\cdots,x_n) = \sum_{i=1}^{n} c_i \log(x_i)$$

は,

$$x_i = \frac{c_i}{\sum_{i=1}^{n} c_i}$$

で最大値をとる.

(証明) ある未定定数 λ に対して, 関数 $F(x_1,\cdots,x_n)$ を, $F(x_1,\cdots,x_n) \equiv f(x_1,\cdots,x_n) - \lambda$ で定義すると,

$$F(x_1,\cdots,x_n) = f(x_1,\cdots,x_n) - \lambda \sum_{i=1}^{n} x_i = \sum_{i=1}^{n} c_i \log(x_i) - \lambda \sum_{i=1}^{n} x_i$$

が成り立つ. f を最大化するため, F を x_i で偏微分して, 0 とおくと,

$$\frac{\partial F}{\partial x_i} = c_i \frac{1}{x_i} - \lambda = 0$$

したがって,

$$c_i = x_i \lambda, \quad \sum_{i=1}^{n} c_i = \lambda \sum_{i=1}^{n} x_i = \lambda \quad \left(\because \sum_{i=1}^{n} x_i = 1\right)$$

が成り立つから,

$$x_i = \frac{c_i}{\lambda} = \frac{c_i}{\sum_{i=1}^{n} c_i}.$$

(証明終り)

補題2

p 次元ベクトル $u = (u_1,\cdots,u_p)^t$, 正則な $p \times p$ 対称行列 $A = (a_{ij})$ ($a_{ij} = a_{ji}$) に対して, 以下の式が成り立つ.

(a) $\dfrac{\partial}{\partial u}\left(u^t A u\right) = 2Au$

（b） $\dfrac{\partial}{\partial A} \log|A| = A^{-t}$

（c） $\dfrac{\partial}{\partial A} \left(u^t A u \right) = u u^t$

ここに，u^tはベクトルuを転置した横ベクトル，A^tは行列Aの転置行列（transposed matrix），A^{-t}は行列Aの転置逆行列（すなわち，$(A^t)^{-1} = (A^{-1})^t$），$|A|$は行列Aの行列式である．また，縦ベクトルuと横ベクトルv^tの積を，行列

$$uv^t = \begin{bmatrix} u_1 \\ u_2 \\ \vdots \\ u_p \end{bmatrix} \begin{bmatrix} v_1 & v_2 & \cdots & v_p \end{bmatrix} \equiv \begin{bmatrix} u_1 v_1 & u_1 v_2 & \cdots & u_1 v_p \\ u_2 v_1 & u_2 v_2 & & u_2 v_p \\ \vdots & & \ddots & \vdots \\ u_p v_1 & u_p v_2 & \cdots & u_p v_p \end{bmatrix}$$

で定義する．更に，ベクトルuによるスカラ関数$f(u)$の偏微分，及び行列Aによるスカラ関数$g(A)$の偏微分を，

$$\dfrac{\partial}{\partial u} f(u) \equiv \begin{bmatrix} \dfrac{\partial}{\partial u_1} \\ \dfrac{\partial}{\partial u_2} \\ \vdots \\ \dfrac{\partial}{\partial u_p} \end{bmatrix} f(u) = \begin{bmatrix} \dfrac{\partial f(u)}{\partial u_1} \\ \dfrac{\partial f(u)}{\partial u_2} \\ \vdots \\ \dfrac{\partial f(u)}{\partial u_p} \end{bmatrix}$$

$$\dfrac{\partial}{\partial A} g(A) \equiv \begin{bmatrix} \dfrac{\partial}{\partial a_{11}} & \dfrac{\partial}{\partial a_{12}} & \cdots & \dfrac{\partial}{\partial a_{1p}} \\ \dfrac{\partial}{\partial a_{21}} & \dfrac{\partial}{\partial a_{22}} & & \dfrac{\partial}{\partial a_{2p}} \\ \vdots & & \ddots & \vdots \\ \dfrac{\partial}{\partial a_{p1}} & \dfrac{\partial}{\partial a_{p2}} & \cdots & \dfrac{\partial}{\partial a_{pp}} \end{bmatrix} g(A) = \begin{bmatrix} \dfrac{\partial g(A)}{\partial a_{11}} & \dfrac{\partial g(A)}{\partial a_{12}} & \cdots & \dfrac{\partial g(A)}{\partial a_{1p}} \\ \dfrac{\partial g(A)}{\partial a_{21}} & \dfrac{\partial g(A)}{\partial a_{22}} & & \dfrac{\partial g(A)}{\partial a_{2p}} \\ \vdots & & \ddots & \vdots \\ \dfrac{\partial g(A)}{\partial a_{p1}} & \dfrac{\partial g(A)}{\partial a_{p2}} & \cdots & \dfrac{\partial g(A)}{\partial a_{pp}} \end{bmatrix}$$

で定義する．

（証明）
（a） ベクトル u と行列 A に対して，

$$u^t A u = \begin{bmatrix} u_1 & u_2 & \cdots & u_p \end{bmatrix} \begin{bmatrix} a_{11} & a_{12} & \cdots & a_{1p} \\ a_{21} & a_{22} & & a_{2p} \\ \vdots & & \ddots & \vdots \\ a_{p1} & a_{p2} & \cdots & a_{pp} \end{bmatrix} \begin{bmatrix} u_1 \\ u_2 \\ \vdots \\ u_p \end{bmatrix} = \sum_{i=1}^{p} \sum_{j=1}^{p} u_i a_{ij} u_j$$

が成り立つ．ところで，A の対称性より

$$\frac{\partial}{\partial u_k} \left(\sum_{i=1}^{p} \sum_{j=1}^{p} u_i a_{ij} u_j \right) = \sum_{j=1}^{p} a_{kj} u_j + \sum_{i=1}^{p} u_i a_{ik} = 2 \sum_{i=1}^{p} a_{ki} u_i$$

が成り立つから，

$$\frac{\partial}{\partial u} \left(u^t A u \right) = \begin{bmatrix} 2 \sum_{i=1}^{p} a_{1i} u_i \\ 2 \sum_{i=1}^{p} a_{2i} u_i \\ \vdots \\ 2 \sum_{i=1}^{p} a_{pi} u_i \end{bmatrix} = 2 \begin{bmatrix} a_{11} & a_{12} & \cdots & a_{1p} \\ a_{21} & a_{22} & & a_{2p} \\ \vdots & & \ddots & \vdots \\ a_{p1} & a_{p2} & \cdots & a_{pp} \end{bmatrix} \begin{bmatrix} u_1 \\ u_2 \\ \vdots \\ u_p \end{bmatrix} = 2 A u$$

である．
（b） 行列 A が正則行列のとき，A の第 (i, j) 余因子（cofactor）を Δ_{ij} とおけば，A の行列式 $|A|$ は，よく知られているように，各 i $(i = 1, \cdots, p)$ について，

$$|A| = a_{i1} \Delta_{i1} + a_{i2} \Delta_{i2} + \cdots + a_{ip} \Delta_{ip}$$

と展開でき，また，$1 \leq i, k \leq p \, (i \neq k)$ に対して，

$$\sum_{j=1}^{p} a_{ij} \Delta_{kj} = 0$$

が成り立つ[3]．いま，A の余因子行列を

$$\hat{A} = \begin{bmatrix} \Delta_{11} & \cdots & \Delta_{1p} \\ \vdots & \ddots & \vdots \\ \Delta_{p1} & \cdots & \Delta_{pp} \end{bmatrix}$$

とすると，

$$A\hat{A}^{t} = \begin{bmatrix} a_{11} & a_{12} & \cdots & a_{1p} \\ a_{21} & a_{22} & & a_{2p} \\ \vdots & & \ddots & \vdots \\ a_{p1} & a_{p2} & \cdots & a_{pp} \end{bmatrix} \begin{bmatrix} \Delta_{11} & \Delta_{21} & \cdots & \Delta_{p1} \\ \Delta_{12} & \Delta_{22} & & \Delta_{p2} \\ \vdots & & \ddots & \vdots \\ \Delta_{1p} & \Delta_{2p} & \cdots & \Delta_{pp} \end{bmatrix} = \begin{bmatrix} |A| & 0 & \cdots & 0 \\ 0 & |A| & & 0 \\ \vdots & & \ddots & \vdots \\ 0 & 0 & \cdots & |A| \end{bmatrix} = |A| I$$

であるから，

$$\hat{A} = |A| A^{-t}$$

が成り立つ．これより，行列式 $|A|$ を A で微分すると，

$$\frac{\partial |A|}{\partial A} = \begin{bmatrix} \dfrac{\partial |A|}{\partial a_{11}} & \cdots & \dfrac{\partial |A|}{\partial a_{1p}} \\ \vdots & \ddots & \vdots \\ \dfrac{\partial |A|}{\partial a_{p1}} & \cdots & \dfrac{\partial |A|}{\partial a_{pp}} \end{bmatrix}$$

$$= \begin{bmatrix} \dfrac{\partial (a_{11}\Delta_{11} + a_{12}\Delta_{12} + \cdots + a_{1p}\Delta_{1p})}{\partial a_{11}} & \cdots & \dfrac{\partial (a_{11}\Delta_{11} + a_{12}\Delta_{12} + \cdots + a_{1p}\Delta_{1p})}{\partial a_{1p}} \\ \vdots & \ddots & \vdots \\ \dfrac{\partial (a_{p1}\Delta_{p1} + a_{p2}\Delta_{p2} + \cdots + a_{pp}\Delta_{pp})}{\partial a_{p1}} & \cdots & \dfrac{\partial (a_{p1}\Delta_{p1} + a_{p2}\Delta_{p2} + \cdots + a_{pp}\Delta_{pp})}{\partial a_{pp}} \end{bmatrix}$$

$$= \begin{bmatrix} \varDelta_{11} & \cdots & \varDelta_{1p} \\ \vdots & \ddots & \vdots \\ \varDelta_{p1} & \cdots & \varDelta_{pp} \end{bmatrix} = \hat{A} = |A| A^{-t}$$

が得られる．したがって，

$$\frac{\partial}{\partial A} \log |A| = \frac{1}{|A|} \frac{\partial |A|}{\partial A} = \frac{1}{|A|} |A| A^{-t} = A^{-t}$$

が成り立つ．

（c） 行列による偏微分の定義により，次式が成り立つ．

$$\frac{\partial (u^t A u)}{\partial A} = \begin{bmatrix} \dfrac{\partial (u^t A u)}{\partial a_{11}} & \dfrac{\partial (u^t A u)}{\partial a_{12}} & \cdots & \dfrac{\partial (u^t A u)}{\partial a_{1p}} \\ \dfrac{\partial (u^t A u)}{\partial a_{21}} & \dfrac{\partial (u^t A u)}{\partial a_{22}} & & \dfrac{\partial (u^t A u)}{\partial a_{2p}} \\ \vdots & & \ddots & \vdots \\ \dfrac{\partial (u^t A u)}{\partial a_{p1}} & \dfrac{\partial (u^t A u)}{\partial a_{p2}} & \cdots & \dfrac{\partial (u^t A u)}{\partial a_{pp}} \end{bmatrix}$$

$$= \begin{bmatrix} \dfrac{\partial \left(\sum_{i,j=1}^{p} u_i a_{ij} u_j \right)}{\partial a_{11}} & \dfrac{\partial \left(\sum_{i,j=1}^{p} u_i a_{ij} u_j \right)}{\partial a_{12}} & \cdots & \dfrac{\partial \left(\sum_{i,j=1}^{p} u_i a_{ij} u_j \right)}{\partial a_{1p}} \\ \dfrac{\partial \left(\sum_{i,j=1}^{p} u_i a_{ij} u_j \right)}{\partial a_{21}} & \dfrac{\partial \left(\sum_{i,j=1}^{p} u_i a_{ij} u_j \right)}{\partial a_{22}} & & \dfrac{\partial \left(\sum_{i,j=1}^{p} u_i a_{ij} u_j \right)}{\partial a_{2p}} \\ \vdots & & \ddots & \vdots \\ \dfrac{\partial \left(\sum_{i,j=1}^{p} u_i a_{ij} u_j \right)}{\partial a_{p1}} & \dfrac{\partial \left(\sum_{i,j=1}^{p} u_i a_{ij} u_j \right)}{\partial a_{p2}} & \cdots & \dfrac{\partial \left(\sum_{i,j=1}^{p} u_i a_{ij} u_j \right)}{\partial a_{pp}} \end{bmatrix}$$

$$= \begin{bmatrix} u_1 u_1 & u_1 u_2 & \cdots & u_1 u_p \\ u_2 u_1 & u_2 u_2 & & u_2 u_p \\ \vdots & & \ddots & \vdots \\ u_p u_1 & u_p u_2 & \cdots & u_p u_p \end{bmatrix} = u u^t$$

(証明終り)

4.3.1 離散型HMMのパラメータ推定[4], [5]

　離散型HMMの場合について，HMMパラメータの推定アルゴリズムである，Baum-Welchアルゴリズム（Baum-Welch algorithm）について述べる．このアルゴリズムは，HMMの状態遷移系列を，観測できないデータとして考え，EMアルゴリズムを適用したものである．HMMパラメータの二つの集合を，$\theta = \{\pi_i, a_{ij}, b_{ij}()\}$，$\hat{\theta} = \{\pi'_i, a'_{ij}, b'_{ij}()\}$と記す．また，状態列を$\boldsymbol{X}$，パターン列を$\boldsymbol{y} = y_0 \cdots y_n$と書く．EMアルゴリズムのステップ（2）において，$Q(\theta, \hat{\theta}) \geq Q(\theta, \theta)$を満たす$\hat{\theta}$を見出すことができれば，繰返し処理により，対数尤度

$$L(\boldsymbol{y}; \theta) = \log\left(P\{O(0) = y_0, \cdots, O(n) = y_n | \theta\}\right) \tag{4.27}$$

を極大化するパラメータを得ることができる．さて，Q-関数は，以下のように変形できる．

$$\begin{aligned} Q(\theta, \hat{\theta}) &= E[\log\{P(\boldsymbol{X}, \boldsymbol{y} | \hat{\theta})\} | \boldsymbol{y}, \theta] \\ &= \sum_{\boldsymbol{X}} P(\boldsymbol{X} | \boldsymbol{y}, \theta) \log\{P(\boldsymbol{X}, \boldsymbol{y} | \hat{\theta})\} \\ &= \frac{1}{P(\boldsymbol{y} | \theta)} \sum_{\boldsymbol{X}} P(\boldsymbol{X}, \boldsymbol{y} | \theta) \log\{P(\boldsymbol{X}, \boldsymbol{y} | \hat{\theta})\} \end{aligned} \tag{4.28}$$

ところで，ここでは，$Q(\theta, \hat{\theta})$を$\hat{\theta}$の関数と考えて最大化するので，式（4.28）の右辺の分母は定数と考えてよい．そこで，$Q(\theta, \hat{\theta})$の代わりに，以下の$\tilde{Q}(\theta, \hat{\theta})$を最大化する．

$\tilde{Q}(\theta, \hat{\theta})$

第4章 音響モデルの学習と適応化

$$
\begin{aligned}
&= \sum_{X} P(\boldsymbol{X}, \boldsymbol{y}|\theta) \log \{P(\boldsymbol{X}, \boldsymbol{y}|\hat{\theta})\} \\
&= \sum_{i_0=0}^{N-1} \cdots \sum_{i_{n+1}=0}^{N-1} P(X(0)=i_0, O(0)=y_0, \cdots, X(n)=i_n, O(n)=y_n, \\
&\quad X(n+1)=i_{n+1}|\theta) \\
&\quad \times \log \{P(X(0)=i_0, O(0)=y_0, \cdots, X(n)=i_n, O(n)=y_n, X(n+1)=i_{n+1}|\hat{\theta})\}
\end{aligned}
$$
(4.29)

式 (4.29) の右辺の対数は，

$$
\begin{aligned}
&\log \{P(X(0)=i_0, O(0)=y_0, \cdots, X(n)=i_n, O(n)=y_n, X(n+1)=i_{n+1}|\hat{\theta})\} \\
&= \log \{\pi_{i_0}' a_{i_0 i_1}' b_{i_0 i_1}'(y_0) \cdots a_{i_n i_{n+1}}' b_{i_n i_{n+1}}'(y_n)\} \\
&= \log(\pi_{i_0}') + \log(a_{i_0 i_1}' \cdots a_{i_n i_{n+1}}') + \log(b_{i_0 i_1}'(y_0) \cdots b_{i_n i_{n+1}}'(y_n))
\end{aligned}
$$
(4.30)

と変形できるから，

$$
\begin{aligned}
\tilde{Q}(\theta, \hat{\theta}) &= \sum_{i_0=0}^{N-1} \cdots \sum_{i_{n+1}=0}^{N-1} P(X(0)=i_0, O(0)=y_0, \cdots, X(n)=i_n, O(n)=y_n, \\
&\quad X(n+1)=i_{n+1}|\theta) \times \log(\pi_{i_0}') \\
&+ \sum_{i_0=0}^{N-1} \cdots \sum_{i_{n+1}=0}^{N-1} P(X(0)=i_0, O(0)=y_0, \cdots, X(n)=i_n, O(n)=y_n, \\
&\quad X(n+1)=i_{n+1}|\theta) \times \sum_{k=0}^{n} \log(a_{i_k i_{k+1}}') \\
&+ \sum_{i_0=0}^{N-1} \cdots \sum_{i_{n+1}=0}^{N-1} P(X(0)=i_0, O(0)=y_0, \cdots, X(n)=i_n, O(n)=y_n, \\
&\quad X(n+1)=i_{n+1}|\theta) \times \sum_{k=0}^{n} \log(b_{i_k i_{k+1}}'(y_k))
\end{aligned}
$$
(4.31)

が成り立つ．式 (4.31) の第1項，第2項，第3項を，それぞれ $\tilde{Q}_1(\theta, \hat{\theta})$,

$\tilde{Q}_2(\theta,\hat{\theta}), \tilde{Q}_3(\theta,\hat{\theta})$ とすると,

$\tilde{Q}_1(\theta,\hat{\theta})$

$$= \sum_{i_0=0}^{N-1} \log\left(\pi_{i_0}'\right) \sum_{i_1=0}^{N-1} \cdots \sum_{i_{n+1}=0}^{N-1} P(X(0)=i_0, O(0)=y_0, \cdots,$$

$$X(n)=i_n, O(n)=y_n, X(n+1)=i_{n+1}|\theta)$$

$$= \sum_{i=0}^{N-1} \log\left(\pi_i'\right) \pi_i \sum_{i_1=0}^{N-1} \cdots \sum_{i_{n+1}=0}^{N-1} a_{ii_1} b_{ii_1}(y_0) a_{i_1 i_2} b_{i_1 i_2}(y_1) \cdots a_{i_n i_{n+1}} b_{i_n i_{n+1}}(y_n)$$

$$= \sum_{i=0}^{N-1} \log\left(\pi_i'\right) \pi_i \beta_0(i) \tag{4.32}$$

$\tilde{Q}_2(\theta,\hat{\theta})$

$$= \sum_{k=0}^{n} \sum_{i_0=0}^{N-1} \cdots \sum_{i_{n+1}=0}^{N-1} \log\left(a_{i_k i_{k+1}}'\right) [\pi_{i_0} a_{i_0 i_1} b_{i_0 i_1}(y_0) \cdots a_{i_n i_{n+1}} b_{i_n i_{n+1}}(y_n)]$$

$$= \sum_{k=0}^{n} \sum_{i_k=0}^{N-1} \sum_{i_{k+1}=0}^{N-1} \log\left(a_{i_k i_{k+1}}'\right)$$

$$\times \sum_{i_0=0}^{N-1} \cdots \sum_{i_{k-1}=0}^{N-1} \sum_{i_{k+2}=0}^{N-1} \cdots \sum_{i_{n+1}=0}^{N-1} \pi_{i_0} a_{i_0 i_1} b_{i_0 i_1}(y_0) \cdots a_{i_n i_{n+1}} b_{i_n i_{n+1}}(y_n)$$

$$= \sum_{k=0}^{n} \sum_{i=0}^{N-1} \sum_{j=0}^{N-1} \log\left(a_{ij}'\right)$$

$$\times \sum_{i_0=0}^{N-1} \cdots \sum_{i_{k-1}=0}^{N-1} \sum_{i_{k+2}=0}^{N-1} \cdots \sum_{i_{n+1}=0}^{N-1} \pi_{i_0} a_{i_0 i_1} b_{i_0 i_1}(y_0) \cdots a_{i_{k-1} i} b_{i_{k-1} i}(y_{k-1})$$

$$\times a_{ij} b_{ij}(y_k) a_{j i_{k+2}} b_{j i_{k+2}}(y_{k+1}) \cdots a_{i_n i_{n+1}} b_{i_n i_{n+1}}(y_n)$$

$$= \sum_{i=0}^{N-1} \sum_{j=0}^{N-1} \log\left(a_{ij}'\right) \sum_{k=0}^{n} \alpha_k(i) a_{ij} b_{ij}(y_k) \beta_{k+1}(j) \tag{4.33}$$

第4章 音響モデルの学習と適応化

$\bar{Q}_3(\theta,\hat{\theta})$

$$= \sum_{k=0}^{n} \sum_{i_0=0}^{N-1} \cdots \sum_{i_{n+1}=0}^{N-1} \log\left(b_{i_k i_{k+1}}{}'(y_k)\right)[\pi_{i_0} a_{i_0 i_1} b_{i_0 i_1}(y_0) \cdots a_{i_n i_{n+1}} b_{i_n i_{n+1}}(y_n)]$$

$$= \sum_{k=0}^{n} \sum_{i=0}^{N-1} \sum_{j=0}^{N-1} \log\left(b'_{ij}(y_k)\right)$$

$$\times \sum_{i_0=0}^{N-1} \cdots \sum_{i_{k-1}=0}^{N-1} \sum_{i_{k+2}=0}^{N-1} \cdots \sum_{i_{n+1}=0}^{N-1} \pi_{i_0} a_{i_0 i_1} b_{i_0 i_1}(y_0) \cdots a_{i_{k-1} i} b_{i_{k-1} i}(y_{k-1})$$

$$\times a_{ij} b_{ij}(y_k) a_{j i_{k+2}} b_{j i_{k+2}}(y_{k+1}) \cdots a_{i_n i_{n+1}} b_{i_n i_{n+1}}(y_n)$$

$$= \sum_{i=0}^{N-1} \sum_{j=0}^{N-1} \sum_{k=0}^{n} \log\left(b'_{ij}(y_k)\right) \alpha_k(i) a_{ij} b_{ij}(y_k) \beta_{k+1}(j) \tag{4.34}$$

となる.

補題1を用いて,式 (4.32) を最大化する.式 (4.32) の π'_i を補題1の x_i,$\pi_i \beta_0(i)$ を c_i と対応づけると,補題1より,式 (4.32) を最大化する π'_i は,

$$\pi'_i = \frac{\pi_i \beta_0(i)}{\sum_{i=0}^{N-1} \pi_i \beta_0(i)} \tag{4.35}$$

で与えられる.一方,パターン列 $\boldsymbol{y} = y_1, \cdots, y_k$ に対して,時刻 $k \to k+1$ で状態 i から状態 j への遷移が生じた確率を $\gamma_k(i,j)$ とすると,

$$\gamma_k(i,j) = P\{X(k)=i, X(k+1)=j | O(0)=y_0, \cdots, O(n)=y_n\}$$

$$= \frac{\alpha_k(i) a_{ij} b_{ij}(y_k) \beta_{k+1}(j)}{P\{O(0)=y_0, \cdots, O(n)=y_n\}}$$

$$= \frac{\alpha_k(i) a_{ij} b_{ij}(y_k) \beta_{k+1}(j)}{\sum_{i=0}^{N-1} \alpha_n(l)} \tag{4.36}$$

である.この $\gamma_k(i,j)$ を用いると,式 (4.33) を最大化する a'_{ij} は,補題1より,

$$a'_{ij} = \frac{\sum_{k=0}^{n} \alpha_k(i) a_{ij} b_{ij}(y_k) \beta_{k+1}(j)}{\sum_{j=0}^{N-1} \sum_{k=0}^{n} \alpha_k(i) a_{ij} b_{ij}(y_k) \beta_{k+1}(j)} = \frac{\sum_{k=0}^{n} \gamma_k(i,j)}{\sum_{j=0}^{N-1} \sum_{k=0}^{n} \gamma_k(i,j)} \quad (4.37)$$

と表される.式 (4.34) を最大化する $b'_{ij}(y_k)$ は,同様に

$$b'_{ij}(y_k) = \frac{\alpha_k(i) a_{ij} b_{ij}(y_k) \beta_{k+1}(j)}{\sum_{k=0}^{n} \alpha_k(i) a_{ij} b_{ij}(y_k) \beta_{k+1}(j)} = \frac{\gamma_k(i,j)}{\sum_{k=0}^{n} \gamma_k(i,j)} \quad (4.38)$$

と計算できる.

4.3.2 連続型,混合分布連続型 HMM のパラメータ推定[6]

音声認識でよく用いられる,混合分布連続型 HMM のパラメータ推定方法について述べる.各状態遷移ごとに,出力確率を M 個の正規分布で表現する場合を考える.なお,$M=1$ とすれば,連続型 HMM のパラメータ推定法となる.今までどおり,$X(l)$ を時刻 l における状態番号,$O(l)$ を時刻 l から時刻 $l+1$ で状態が移る際に出力されるパターンとする.更に,$K(l)$ を,時刻 l から時刻 $l+1$ で状態が移る際に利用される正規分布の番号とする.$\theta = \{\pi_i, a_{ij}, \lambda_{ijk}, b_{ijk}()\}$,$\hat{\theta} = \{\pi'_i, a'_{ij}, \lambda'_{ijk}, b'_{ijk}()\}$ を HMM パラメータとする.状態遷移 $X(0), X(1), \cdots, X(n), X(n+1)$ の際,分布番号として $K(0), K(1), \cdots, K(n)$ が利用された結果,出力パターン $y(0), y(1), \cdots, y(n)$ が出力される確率を $P(X, K, y | \theta)$ と書くと,

$$P(X, K, y | \theta) = P(X(0) = i_0, K(0) = k_0, O(0) = y(0), \cdots, X(n) = i_n,$$
$$K(n) = k_n, O(n) = y(n), X(n+1) = i_{n+1} | \theta)$$
$$= \pi_{i_0} a_{i_0 i_1} \lambda_{i_0 i_1 k_0} b_{i_0 i_1 k_0}((y_0)) \cdots a_{i_n i_{n+1}} \lambda_{i_n i_{n+1} k_n} b_{i_n i_{n+1} k_n}(y(n))$$
$$(4.39)$$

が成り立つ.また,状態遷移 $X(0), X(1), \cdots, X(n), X(n+1)$ で,出力パターン $y(0), y(1), \cdots, y(n)$ が出力される確率は,

第 4 章　音響モデルの学習と適応化

$$
\begin{aligned}
&P(\boldsymbol{X},\boldsymbol{y}|\theta)\\
&=\pi_{i_0}a_{i_0i_1}\left(\sum_{k_0=0}^{M-1}\lambda_{i_0i_1k_0}b_{i_0i_1k_0}((y_0))\right)\cdots a_{i_ni_{n+1}}\left(\sum_{k_n=0}^{M-1}\lambda_{i_ni_{n+1}k_n}b_{i_ni_{n+1}k_n}((y_n))\right)\\
&=\sum_{k_0=0}^{M-1}\cdots\sum_{k_n=0}^{M-1}\pi_{i_0}a_{i_0i_1}\lambda_{i_0i_1k_0}b_{i_0i_1k_0}((y_0))\cdots a_{i_ni_{n+1}}\lambda_{i_ni_{n+1}k_n}b_{i_ni_{n+1}k_n}((y_n))
\end{aligned}
$$
(4.40)

である．このとき，Q-関数は，

$$
\begin{aligned}
Q(\theta,\hat{\theta})&=E[\log\{P(\boldsymbol{X},\boldsymbol{K},\boldsymbol{y}|\hat{\theta})\}|\boldsymbol{y},\theta]\\
&=\sum_{\boldsymbol{X},\boldsymbol{K}}P(\boldsymbol{X},\boldsymbol{K}|\boldsymbol{y},\theta)\log\{P(\boldsymbol{X},\boldsymbol{K},\boldsymbol{y}|\hat{\theta})\}\\
&=\frac{1}{P(\boldsymbol{y}|\theta)}\sum_{\boldsymbol{X},\boldsymbol{K}}P(\boldsymbol{X},\boldsymbol{K},\boldsymbol{y}|\theta)\log\{P(\boldsymbol{X},\boldsymbol{K},\boldsymbol{y}|\hat{\theta})\}
\end{aligned}
$$
(4.41)

となる．離散型の場合と同様，$\hat{\theta}$ に関する最大化を行うため，式 (4.41) の右辺の分母は定数と考えてよい．したがって，以下の $\tilde{Q}(\theta,\hat{\theta})$ を最大化する．

$$
\begin{aligned}
&\tilde{Q}(\theta,\hat{\theta})\\
&=\sum_{\boldsymbol{X},\boldsymbol{K}}P(\boldsymbol{X},\boldsymbol{K},\boldsymbol{y}|\theta)\log\{P(\boldsymbol{X},\boldsymbol{K},\boldsymbol{y}|\hat{\theta})\}\\
&=\sum_{i_0=0}^{N-1}\cdots\sum_{i_{n+1}=0}^{N-1}\sum_{k_0=0}^{M-1}\cdots\sum_{k_n=0}^{M-1}P(X(0)=i_0,K(0)=k_0,O(0)=y(0),\\
&\quad\cdots,X(n)=i_n,K(n)=k_n,O(n)=y(n),X(n+1)=i_{n+1}|\theta)\\
&\quad\times\log\{P(X(0)=i_0,K(0)=k_0,O(0)=y(0),\cdots,X(n)=i_n,K(n)=k_n,\\
&\quad O(n)=y(n),X(n+1)=i_{n+1}|\hat{\theta})\}
\end{aligned}
$$
(4.42)

離散型の場合と同様，式 (4.42) の右辺の対数を変形する．

$\log\{P(X(0)=i_0,K(0)=k_0,O(0)=y(0),\cdots,X(n)=i_n,K(n)=k_n,$

$$O(n) = y(n), X(n+1) = i_{n+1} | \hat{\theta})\}$$

$$= \log\left\{\pi_{i_0}' a_{i_0 i_1}' \lambda_{i_0 i_1 k_0}' b_{i_0 i_1 k_0}'((y_0)) \cdots a_{i_n i_{n+1}}' \lambda_{i_n i_{n+1} k_n'}' b_{i_n i_{n+1} k_n'}'((y_n))\right\}$$

$$= \log\left(\pi_{i_0}'\right) + \log\left(a_{i_0 i_1}' \cdots a_{i_n i_{n+1}}'\right) + \log\left(\lambda_{i_0 i_1 k_0}' \cdots \lambda_{i_n i_{n+1} k_n'}'\right)$$

$$+ \log\left(b_{i_0 i_1 k_0}'(y(0)) \cdots b_{i_n i_{n+1} k_n'}'(y(n))\right)$$

$$= \log\left(\pi_{i_0}'\right) + \sum_{l=0}^{n} \log\left(a_{i_l i_{l+1}}'\right) + \sum_{l=0}^{n} \log\left(\lambda_{i_l i_{l+1} k_l}'\right) + \sum_{l=0}^{n} \log\left(b_{i_l i_{l+1} k_l}'(y(l))\right) \tag{4.43}$$

式 (4.43) を利用すると，式 (4.42) は，以下のように変形できる．

$$\tilde{Q}(\theta, \hat{\theta}) = \tilde{Q}_1(\theta, \hat{\theta}) + \tilde{Q}_2(\theta, \hat{\theta}) + \tilde{Q}_{31}(\theta, \hat{\theta}) + \tilde{Q}_{32}(\theta, \hat{\theta}) \tag{4.44}$$

ここに，

$$\tilde{Q}_1(\theta, \hat{\theta}) \equiv \sum_{i_0=0}^{N-1} \cdots \sum_{i_{n+1}=0}^{N-1} \sum_{k_0=0}^{M-1} \cdots \sum_{k_n=0}^{M-1} P(X(0)=i_0, K(0)=k_0, O(0)=y(0),$$

$$\cdots, X(n)=i_n, K(n)=k_n, O(n)=y(n), X(n+1)=i_{n+1}|\theta)$$

$$\times \log\left(\pi_{i_0}'\right) \tag{4.45}$$

$$\tilde{Q}_2(\theta, \hat{\theta}) \equiv \sum_{i_0=0}^{N-1} \cdots \sum_{i_{n+1}=0}^{N-1} \sum_{k_0=0}^{M-1} \cdots \sum_{k_n=0}^{M-1} P(X(0)=i_0, K(0)=k_0, O(0)=y(0),$$

$$\cdots, X(n)=i_n, K(n)=k_n, O(n)=y(n), X(n+1)=i_{n+1}|\theta)$$

$$\times \sum_{l=0}^{n} \log\left(a_{i_l i_{l+1}}'\right) \tag{4.46}$$

$$\tilde{Q}_{31}(\theta, \hat{\theta}) \equiv \sum_{i_0=0}^{N-1} \cdots \sum_{i_{n+1}=0}^{N-1} \sum_{k_0=0}^{M-1} \cdots \sum_{k_n=0}^{M-1} P(X(0)=i_0, K(0)=k_0, O(0)=y(0),$$

$$\cdots, X(n)=i_n, K(n)=k_n, O(n)=y(n), X(n+1)=i_{n+1}|\theta)$$

第 4 章　音響モデルの学習と適応化

$$\times \sum_{l=0}^{n} \log\left(\lambda_{i_l i_{l+1} k_l'}\right) \tag{4.47}$$

$$\tilde{Q}_{32}(\theta,\hat{\theta}) \equiv \sum_{i_0=0}^{N-1} \cdots \sum_{i_{n+1}=0}^{N-1} \sum_{k_0=0}^{M-1} \cdots \sum_{k_n=0}^{M-1} P(X(0)=i_0, K(0)=k_0, O(0)=y(0),$$

$$\cdots, X(n)=i_n, K(n)=k_n, O(n)=y(n), X(n+1)=i_{n+1}|\theta)$$

$$\times \sum_{l=0}^{n} \log\left(b_{i_l i_{l+1} k_l'}(y_l)\right) \tag{4.48}$$

である．式 (4.44) の右辺各項（式 (4.45)〜(4.48)）をそれぞれ最大化すれば，$\tilde{Q}(\theta,\hat{\theta})$ も最大化される．ところで混合連続分布型 HMM の場合の前向き確率，後ろ向き確率は，

$$\alpha_l(j) = P(O(0)=y(0), \cdots, O(l-1)=y(l-1), X(l)=j|\theta)$$

$$= \sum_{i_0=0}^{N-1} \cdots \sum_{i_{l-1}=0}^{N-1} \sum_{k_0=0}^{M-1} \cdots \sum_{k_{l-1}=0}^{M-1} \pi_{i_0} a_{i_0 i_1} \lambda_{i_0 i_1 k_0} b_{i_0 i_1 k_0}(y(0))$$

$$\cdots a_{i_{l-1} j} \lambda_{i_{l-1} j k_{l-1}} b_{i_{l-1} j k_{l-1}}(y(l-1)) \tag{4.49}$$

$$\beta_{l+1}(i) = P(O(l+1)=y(l+1), \cdots, O(n)=y(n)|X(l+1)=i,\theta)$$

$$= \sum_{i_{l+2}=0}^{N-1} \cdots \sum_{i_{n+1}=0}^{N-1} \sum_{k_{l+1}=0}^{M-1} \cdots \sum_{k_n=0}^{M-1} a_{i i_{l+2}} \lambda_{i i_{l+2} k_{l+1}} b_{i i_{l+2} k_{l+1}}(y(l+1))$$

$$\cdots a_{i_n i_{n+1}} \lambda_{i_n i_{n+1} k_n} b_{i_n i_{n+1} k_n}(y(n)) \tag{4.50}$$

となるので，式 (4.45)〜(4.48) は

$$\tilde{Q}_1(\theta,\hat{\theta}) = \sum_{i=0}^{N-1} \log\left(\pi_i'\right) \pi_i \sum_{i_1=0}^{N-1} \cdots \sum_{i_{n+1}=0}^{N-1} \sum_{k_0=0}^{M-1} \cdots \sum_{k_n=0}^{M-1} a_{i i_1} \lambda_{i i_1 k_0} b_{i i_1 k_0}(y(0))$$

$$\cdots a_{i_n i_{n+1}} \lambda_{i_n i_{n+1} k_n} b_{i_n i_{n+1} k_n}(y(n))$$

$$= \sum_{i=0}^{N-1} \log\left(\pi_i'\right) \pi_i \beta_0(i) \tag{4.51}$$

80　　　　　　　　　　リアルタイム音声認識

$$\tilde{Q}_1(\theta,\hat{\theta}) = \sum_{l=0}^{n} \sum_{i_0=0}^{N-1} \cdots \sum_{i_{n+1}=0}^{N-1} \sum_{k_0=0}^{M-1} \cdots \sum_{k_n=0}^{N-1} \log\left(a_{i_l i_{l+1}}'\right) [\pi_{i_0} a_{i_0 i_1} \lambda_{i_0 i_1 k_0} b_{i_0 i_1 k_0}(y(0))$$

$$\cdots a_{i_n i_{n+1}} \lambda_{i_n i_{n+1} k_n} b_{i_n i_{n+1} k_n}(y(n))]$$

$$= \sum_{l=0}^{n} \sum_{i_l=0}^{N-1} \sum_{i_{l+1}=0}^{N-1} \log\left(a_{i_l i_{l+1}}'\right)$$

$$\times \sum_{i_0=0}^{N-1} \cdots \sum_{i_{l-1}=0}^{N-1} \sum_{i_{l+2}=0}^{N-1} \cdots \sum_{i_{n+1}=0}^{N-1} \sum_{k_0=0}^{M-1} \cdots \sum_{k_n=0}^{M-1} \pi_{i_0} a_{i_0 i_1} \lambda_{i_0 i_1 k_0} b_{i_0 i_1 k_0}(y(0))$$

$$\cdots a_{i_n i_{n+1}} \lambda_{i_n i_{n+1} k_n} b_{i_n i_{n+1} k_n}(y(n))$$

$$= \sum_{l=0}^{n} \sum_{i=0}^{N-1} \sum_{j=0}^{N-1} \log\left(a_{ij}'\right)$$

$$\times \sum_{i_0=0}^{N-1} \cdots \sum_{i_{l-1}=0}^{N-1} \sum_{i_{l+2}=0}^{N-1} \cdots \sum_{i_{n+1}=0}^{N-1} \sum_{k_0=0}^{M-1} \cdots \sum_{k_n=0}^{M-1} \pi_{i_0} a_{i_0 i_1} \lambda_{i_0 i_1 k_0} b_{i_0 i_1 k_0}(y(0))$$

$$\cdots a_{i_{l-1} i} \lambda_{i_{l-1} i k_{l-1}} b_{i_{l-1} i k_{l-1}}(y(l-1))$$

$$\times a_{ij} \lambda_{ij k_l} b_{ij k_l}(y(l)) \times a_{j i_{l+2}} \lambda_{j i_{l+2} k_{l+1}} b_{j i_{l+2} k_{l+1}}(y(l+1))$$

$$\cdots a_{i_n i_{n+1}} \lambda_{i_n i_{n+1} k_n} \lambda_{i_n i_{n+1} k_n}(y(n))$$

$$= \sum_{i=0}^{N-1} \sum_{j=0}^{N-1} \log\left(a_{ij}'\right) \sum_{i=0}^{n} \alpha_i(i) a_{ij} \left(\sum_{k=0}^{M-1} \lambda_{ijk} b_{ijk}(y(l))\right) \beta_{l+1}(j) \quad (4.52)$$

$$\tilde{Q}_{31}(\theta,\hat{\theta}) = \sum_{l=0}^{n} \sum_{i_0=0}^{N-1} \cdots \sum_{i_{n+1}=0}^{N-1} \sum_{k_0=0}^{M-1} \cdots \sum_{k_n=0}^{M-1} \log\left(\lambda_{i_l i_{l+1} k_l}'\right)$$

$$\times [\pi_{i_0} a_{i_0 i_1} \lambda_{i_0 i_1 k_0} b_{i_0 i_1 k_0}(y(0)) \cdots a_{i_n i_{n+1}} \lambda_{i_n i_{n+1} k_n} \lambda_{i_n i_{n+1} k_n}(y(n))]$$

$$= \sum_{l=0}^{n} \sum_{i_l=0}^{N-1} \sum_{i_{l+1}=0}^{N-1} \sum_{k_l=0}^{M-1} \log\left(\lambda_{i_l i_{l+1} k_l}'\right)$$

$$\times \sum_{i_0=0}^{N-1} \cdots \sum_{i_{l-1}=0}^{N-1} \sum_{i_{l+2}=0}^{N-1} \cdots \sum_{i_{n+1}=0}^{N-1} \sum_{k_0=0}^{M-1} \cdots \sum_{k_{l-1}=0}^{M-1} \sum_{k_{l+1}=0}^{M-1} \cdots$$

$$\sum_{k_n=0}^{M-1} \pi_{i_0} a_{i_0 i_1} \lambda_{i_0 i_1 k_0} b_{i_0 i_1 k_0}(y(0)) \cdots a_{i_n i_{n+1}} \lambda_{i_n i_{n+1} k_n} b_{i_n i_{n+1} k_n}(y(n))$$

第4章 音響モデルの学習と適応化

$$= \sum_{l=0}^{n} \sum_{i=0}^{N-1} \sum_{j=0}^{N-1} \sum_{k=0}^{M-1} \log\left(\lambda'_{ijk}\right)$$

$$\times \sum_{i_0=0}^{N-1} \cdots \sum_{i_{l-1}=0}^{N-1} \sum_{i_{l+2}=0}^{N-1} \cdots \sum_{i_{n+1}=0}^{N-1} \sum_{k_0=0}^{M-1} \cdots \sum_{k_{l-1}=0}^{M-1} \sum_{k_{l+1}=0}^{M-1} \cdots$$

$$\sum_{k_n=0}^{M-1} \pi_{i_0} a_{i_0 i_1} \lambda_{i_0 i_1 k_0} b_{i_0 i_1 k_0}(y(0))$$

$$\cdots a_{i_{l-1} i} \lambda_{i_{l-1} i k_{l-1}} b_{i_{l-1} i k_{l-1}}(y(l-1))$$

$$\times a_{ij} \lambda_{ijk} b_{ijk}(y(l)) \times a_{j i_{l+2}} \lambda_{j i_{l+2} k_{l+1}} b_{j i_{l+2} k_{l+1}}(y(l+1))$$

$$\cdots a_{i_n i_{n+1}} \lambda_{i_n i_{n+1} k_n} b_{i_n i_{n+1} k_n}(y(n))$$

$$= \sum_{i=0}^{N-1} \sum_{j=0}^{N-1} \sum_{k=0}^{M-1} \log\left(\lambda'_{ijk}\right) \sum_{l=0}^{n} \alpha_l(i) a_{ij} \lambda_{ijk} b_{ijk}(y(l)) \beta_{l+1}(j)$$

(4.53)

$$\tilde{Q}_{32}(\theta,\hat{\theta}) = \sum_{l=0}^{n} \sum_{i_0=0}^{N-1} \cdots \sum_{i_{n+1}=0}^{N-1} \sum_{k_0=0}^{M-1} \cdots \sum_{k_n=0}^{M-1} \log\left(b'_{i_l i_{l+1} k_l}(y(l))\right)$$

$$\times \left[\pi_{i_0} a_{i_0 i_1} \lambda_{i_0 i_1 k_0} b_{i_0 i_1 k_0}(y(0)) \cdots a_{i_n i_{n+1}} \lambda_{i_n i_{n+1} k_n} b_{i_n i_{n+1} k_n}(y(n))\right]$$

$$= \sum_{l=0}^{n} \sum_{i_l=0}^{N-1} \sum_{i_{l+1}=0}^{N-1} \sum_{k_l=0}^{M-1} \log\left(b'_{i_l i_{l+1} k_l}(y(l))\right)$$

$$\times \sum_{i_0=0}^{N-1} \cdots \sum_{i_{l-1}=0}^{N-1} \sum_{i_{l+2}=0}^{N-1} \cdots \sum_{i_{n+1}=0}^{N-1} \sum_{k_0=0}^{M-1} \cdots \sum_{k_{l-1}=0}^{M-1} \sum_{k_{l+1}=0}^{M-1} \cdots$$

$$\sum_{k_n=0}^{M-1} \pi_{i_0} a_{i_0 i_1} \lambda_{i_0 i_1 k_0} b_{i_0 i_1 k_0}(y(0)) \cdots a_{i_n i_{n+1}} \lambda_{i_n i_{n+1} k_n} b_{i_n i_{n+1} k_n}(y(n))$$

$$= \sum_{l=0}^{n} \sum_{i=0}^{N-1} \sum_{j=0}^{N-1} \sum_{k=0}^{M-1} \log\left(b'_{ijk}(y(l))\right)$$

$$\times \sum_{i_0=0}^{N-1} \cdots \sum_{i_{l-1}=0}^{N-1} \sum_{i_{l+2}=0}^{N-1} \cdots \sum_{i_{n+1}=0}^{N-1} \sum_{k_0=0}^{M-1} \cdots \sum_{k_{l-1}=0}^{M-1} \sum_{k_{l+1}=0}^{M-1} \cdots$$

$$\sum_{k_n=0}^{M-1} \pi_{i_0} a_{i_0 i_1} \lambda_{i_0 i_1 k_0} b_{i_0 i_1 k_0}(y(0))$$

$$\cdots a_{i_{l-1}i}\lambda_{i_{l-1}ik_{l-1}}b_{i_{l-1}ik_{l-1}}(y(l-1))$$
$$\times a_{ij}\lambda_{ijk}b_{ijk}(y(l)) \times a_{ji_{l+2}}\lambda_{ji_{l+2}k_{l+1}}b_{ji_{l+2}k_{l+1}}(y(l+1))$$
$$\cdots a_{i_n i_{n+1}}\lambda_{i_n i_{n+1}k_n}b_{i_n i_{n+1}k_n}(y(n))$$
$$= \sum_{i=0}^{N-1}\sum_{j=0}^{N-1}\sum_{k=0}^{M-1}\sum_{l=0}^{n} \log\left(b'_{ijk}(y(l))\right)\alpha_l(i)a_{ij}\lambda_{ijk}$$
$$b_{ijk}(y(l))\beta_{l+1}(j) \qquad (4.54)$$

と変形される.

π'_i は, 補題1の拘束条件を満たすため, 補題1を用いて, 式 (4.51) を最大化する.

$$\pi'_i = \frac{\pi_i \beta_0(i)}{\sum_{i=0}^{N-1} \pi_i \beta_0(i)} \qquad (4.55)$$

a'_{ij} も, 補題1の拘束条件を満たすため, 補題1を用いて, 式 (4.52) を最大化する.

$$a'_{ij} = \frac{\sum_{j=0}^{n}\alpha_l(i)a_{ij}\left(\sum_{k=0}^{M-1}\lambda_{ijk}b_{ijk}(y(l))\right)\beta_{l+1}(j)}{\sum_{j=0}^{N-1}\sum_{l=0}^{n}\alpha_l(i)a_{ij}\left(\sum_{k=0}^{M-1}\lambda_{ijk}b_{ijk}(y(l))\right)\beta_{l+1}(j)} \qquad (4.56)$$

λ'_{ijk} も同様に, 補題1の拘束条件を満たすため, 補題1と式 (4.53) より, $\tilde{Q}_{31}(\theta,\hat{\theta})$ を最大化する λ'_{ijk} は,

$$\lambda'_{ijk} = \frac{\sum_{l=0}^{n}\alpha_l(i)a_{ij}\lambda_{ijk}b_{ijk}(y(l))\beta_{l+1}(j)}{\sum_{k=0}^{M-1}\sum_{l=0}^{n}\alpha_l(i)a_{ij}\lambda_{ijk}b_{ijk}(y(l))\beta_{l+1}(j)}$$

$$= \frac{\sum_{l=0}^{n} \alpha_l(i) a_{ij} \lambda_{ijk} b_{ijk}(y(l)) \beta_{l+1}(j)}{\sum_{l=0}^{n} \alpha_l(i) a_{ij} \left(\sum_{k=0}^{M-1} \lambda_{ijk} b_{ijk}(y(l)) \right) \beta_{l+1}(j)} \quad (4.57)$$

である.一方,$b'_{i_l i_{l+1} k'_l}(y_l)$ は確率密度関数であるため,補題1の拘束条件を満たさない.したがって,$\tilde{Q}_{32}(\theta, \hat{\theta})$ の最大化は,式 (4.54) を平均ベクトル,共分散行列(実際には共分散行列の逆行列)でそれぞれ偏微分することによって得る.まず,式 (4.54) の対数項を変形する.

$$\log \left(b'_{ijk}(y(l)) \right)$$

$$= \log \left(\frac{1}{(2\pi)^{\frac{p}{2}} \left| \Sigma'_{ijk} \right|^{\frac{1}{2}}} \exp\left(-\frac{1}{2} \left(y(l) - m'_{ijk} \right)^t \left(\Sigma'_{ijk} \right)^{-1} \left(y(l) - m'_{ijk} \right) \right) \right)$$

$$= -\frac{p}{2} \log(2\pi) - \frac{1}{2} \log \left| \Sigma'_{ijk} \right| - \frac{1}{2} \left(y(l) - m'_{ijk} \right)^t \left(\Sigma'_{ijk} \right)^{-1} \left(y(l) - m'_{ijk} \right)$$
$$(4.58)$$

いま,$\Lambda_{ijk} \equiv \left(\Sigma'_{ijk} \right)^{-1}$ とおくと,

$$\left| \Sigma'_{ijk} \right| = \left| (\Lambda_{ijk})^{-1} \right| = \left| \Lambda_{ijk} \right|^{-1}$$

であるから,

$$\log \left(b'_{ijk}(y(l)) \right) = -\frac{p}{2} \log(2\pi) + \frac{1}{2} \log |\Lambda_{ijk}|$$
$$-\frac{1}{2} \left(y(l) - m'_{ijk} \right)^t \Lambda_{ijk} \left(y(l) - m'_{ijk} \right) \quad (4.59)$$

となる.式 (4.59) を m'_{ijk} で偏微分すると,補題2(a)より,

$$\frac{\partial}{\partial m'_{ijk}} \log \left(b'_{ijk}(y(l)) \right) = -\frac{1}{2} \left(2 \cdot \Lambda_{ijk} \left(y(l) - m'_{ijk} \right) \cdot (-1) \right)$$

$$= \Lambda_{ijk}\bigl(y(l) - m'_{ijk}\bigr) \tag{4.60}$$

を得る.また,Λ_{ijk} で偏微分すると,補題2(b),(c) より,

$$\frac{\partial}{\partial \Lambda_{ijk}} \log\bigl(b'_{ijk}(y(l))\bigr) = \frac{1}{2}(\Lambda_{ijk})^{-t} - \frac{1}{2}\bigl(y(l) - m'_{ijk}\bigr)\bigl(y(l) - m'_{ijk}\bigr)^t \tag{4.61}$$

を得る.したがって,平均ベクトルの再推定式は,$\tilde{Q}_{32}(\theta, \hat{\theta})$ を m'_{ijk} で偏微分して0とおくことにより,

$$\frac{\partial}{\partial m'_{ijk}} \tilde{Q}_{32}(\theta, \hat{\theta})$$

$$= \sum_{l=0}^{n} \bigl(\Sigma'_{ijk}\bigr)^{-1} \bigl(y(l) - m'_{ijk}\bigr) \alpha_l(i) a_{ij} \lambda_{ijk} b_{ijk}(y(l)) \beta_{l+1}(j) = 0$$

$$\bigl(\Sigma'_{ijk}\bigr)^{-1} \left(\sum_{l=0}^{n} \alpha_l(i) a_{ij} \lambda_{ijk} b_{ijk}(y(l)) \beta_{l+1}(j)\right) m'_{ijk}$$

$$= \bigl(\Sigma'_{ijk}\bigr)^{-1} \sum_{l=0}^{n} \bigl(\alpha_l(i) a_{ij} \lambda_{ijk} b_{ijk}(y(l)) \beta_{l+1}(j) \cdot y(l)\bigr)$$

したがって,

$$m'_{ijk} = \frac{\displaystyle\sum_{l=0}^{n} \alpha_l(i) a_{ij} \lambda_{ijk} b_{ijk}(y(l)) \beta_{l+1}(j) \cdot y(l)}{\displaystyle\sum_{l=0}^{n} \alpha_l(i) a_{ij} \lambda_{ijk} b_{ijk}(y(l)) \beta_{l+1}(j)} \tag{4.62}$$

で得られる.また,共分散行列の再推定式は,

$$\frac{\partial}{\partial \Lambda_{ijk}} \tilde{Q}_{32}(\theta, \hat{\theta}) = \sum_{l=0}^{n} \left(\frac{1}{2}(\Lambda_{ijk})^{-t} - \frac{1}{2}\bigl(y(l) - m'_{ijk}\bigr)\bigl(y(l) - m'_{ijk}\bigr)^t\right)$$

$$\cdot \alpha_l(i) a_{ij} \lambda_{ijk} b_{ijk}(y(l)) \beta_{l+1}(j) = 0$$

第4章 音響モデルの学習と適応化

より, $(\Lambda_{ijk})^{-t} = \left(\Sigma'_{ijk}\right)^t = \Sigma'_{ijk}$ (Σ'_{ijk} は対称行列) を利用すると,

$$\left(\sum_{l=0}^{n} \alpha_l(i) a_{ij} \lambda_{ijk} b_{ijk}(y(l)) \beta_{l+1}(j)\right) \Sigma'_{ijk}$$

$$= \sum_{l=0}^{n} \alpha_l(i) a_{ij} \lambda_{ijk} b_{ijk}(y(l)) \beta_{l+1}(j) \left(y(l) - m'_{ijk}\right)\left(y(l) - m'_{ijk}\right)^t$$

となるから,

$$\Sigma'_{ijk} = \frac{\sum_{l=0}^{n} \alpha_l(i) a_{ij} \lambda_{ijk} b_{ijk}(y(l)) \beta_{l+1}(j) \cdot \left(y(l) - m'_{ijk}\right)\left(y(l) - m'_{ijk}\right)^t}{\sum_{l=0}^{n} \alpha_l(i) a_{ij} \lambda_{ijk} b_{ijk}(y(l)) \beta_{l+1}(j)}$$

(4.63)

である.

以上, まとめると, 混合分布連続型HMMのパラメータ再推定式は, 以下のとおりである.

$$\pi'_i = \frac{\pi_i \beta_0(i)}{\sum_{i=0}^{N-1} \pi_i \beta_0(i)}$$

$$a'_{ij} = \frac{\sum_{l=0}^{n} \alpha_l(i) a_{ij} \left(\sum_{k=0}^{M-1} \lambda_{ijk} b_{ijk}(y(l))\right) \beta_{l+1}(j)}{\sum_{j=0}^{N-1} \sum_{l=0}^{n} \alpha_l(i) a_{ij} \left(\sum_{k=0}^{M-1} \lambda_{ijk} b_{ijk}(y(l))\right) \beta_{l+1}(j)}$$

$$\lambda'_{ijk} = \frac{\sum_{l=0}^{n} \alpha_l(i) a_{ij} \lambda_{ijk} b_{ijk}(y(l)) \beta_{l+1}(j)}{\sum_{l=0}^{n} \alpha_l(i) a_{ij} \left(\sum_{k=0}^{M-1} \lambda_{ijk} b_{ijk}(y(l))\right) \beta_{l+1}(j)}$$

$$m'_{ijk} = \frac{\sum_{l=0}^{n} \alpha_l(i) a_{ij} \lambda_{ijk} b_{ijk}(y(l)) \beta_{l+1}(j) \cdot y(l)}{\sum_{l=0}^{n} \alpha_l(i) a_{ij} \lambda_{ijk} b_{ijk}(y(l)) \beta_{l+1}(j)}$$

$$\Sigma'_{ijk} = \frac{\sum_{l=0}^{n} \alpha_l(i) a_{ij} \lambda_{ijk} b_{ijk}(y(l)) \beta_{l+1}(j) \cdot \left(y(l) - m'_{ijk}\right)\left(y(l) - m'_{ijk}\right)^t}{\sum_{l=0}^{n} \alpha_l(i) a_{ij} \lambda_{ijk} b_{ijk}(y(l)) \beta_{l+1}(j)}$$

4.4 前向き確率，後ろ向き確率のスケーリング[4], [5]

HMMにおいて，前向き確率 $\alpha_l(j)$，後ろ向き確率 $\beta_{l+1}(i)$ を計算する際，特に入力音声の時間長が長いと，これらの値がアンダフローを起こし，十分な計算精度が得られない場合がある．このような場合には，以下に述べるスケーリングで対処するのが一般的である．

スケーリングの基本的な考え方は，前向き確率 $\alpha_t(j)$ と後ろ向き確率 $\beta_{t+1}(i)$ に，あるスケーリング係数を乗じることにより，これらの値が，アンダフローを起こさないように制御することである．前向き確率 $\alpha_t(j)$ に対して，スケーリング係数 c_t を

$$c_t = \frac{1}{\sum_{j=1}^{N-1} \alpha_t(j)} \tag{4.64}$$

で定義する．式（4.64）より，各時刻（フレーム番号）tに対して，

$$\sum_{j=1}^{N-1} c_t \alpha_t(j) = 1 \tag{4.65}$$

が成り立つ．前向き確率 $\alpha_t(j)$ を，式（3.19）あるいは式（3.33）で計算する際には，常にスケーリング係数 c_t を乗じる．また，後ろ向き確率 $\beta_{t+1}(i)$ を，式（3.22）あるいは式（3.34）で計算する場合にも，c_t を乗じるものとする．このとき，時刻 $k \to k+1$ で状態 i から状態 j への遷移が生じる確率 $\gamma_k(i,j)$

(式 (4.36) 参照) は,スケーリングによっても不変である.このことを,以下に示す.前向き確率,後ろ向き確率とも,巡回的に計算していくため,時刻tにおける前向き確率$\alpha_t(j)$に乗じられる係数は,

$$C_t = \prod_{i=0}^{t} c_i \tag{4.66}$$

であり,後ろ向き確率$\beta_{t+1}(i)$に乗じられる係数は,

$$D_{t+1} = \prod_{i=t+1}^{n} c_i \tag{4.67}$$

となる.離散型HMMのパラメータ推定の際に,スケーリングを行った結果,$\gamma_k(i,j)$が$\gamma_k'(i,j)$となったとすると,

$$\begin{aligned}
\gamma_k'(i,j) &= \frac{C_k \alpha_k(i) a_{ij} b_{ij}(y_k) \beta_{k+1}(j) D_{k+1}}{C_n \sum_{l=0}^{N-1} \alpha_n(l)} \\
&= \frac{\left(\prod_{l=0}^{k} c_l \cdot \prod_{r=k+1}^{n} c_r \right) \alpha_k(i) a_{ij} b_{ij}(y_k) \beta_{k+1}(j)}{\left(\prod_{l=0}^{t} c_l \right) \sum_{l=0}^{N-1} \alpha_n(l)} \\
&= \frac{\alpha_k(i) a_{ij} b_{ij}(y_k) \beta_{k+1}(j)}{\sum_{l=0}^{N-1} \alpha_n(l)} \\
&= \gamma_k(i,j)
\end{aligned} \tag{4.68}$$

が成り立ち,結局,スケーリングは,$\gamma_k(i,j)$の値を変えない.したがって,式 (4.37),(4.38) より,スケーリングを行っても,HMMパラメータの推定値は不変である.また,混合分布連続型HMMのパラメータ推定でも,同様の結論が得られる.

HMMの学習の際には,スケーリングの利用は不可欠である.一方,認識

時は，前向きアルゴリズムにより音響スコアを計算する場合には，スケーリングは不可欠であるが，ビタビアルゴリズムによって音響スコアを求める場合には，スケーリングの必要はない．ビタビアルゴリズムでは，例えば，式(3.26)において，確率値の積を最大化する状態系列と，対数確率の和を最大化する状態系列は一致する．したがって，音響スコアを対数確率で表現しておけば，対数の効果と，積の演算を和の演算に置き換えられるため，乗算に起因するアンダーフローの問題を避けることができる．

4.5 環境依存HMMの学習

3.5節で環境依存HMMについて述べた．本節ではその学習法，特に決定木を用いたクラスタリングによって，状態共有化した混合分布連続型のトライフォンHMMを学習するアルゴリズムを紹介する[7]．この方法は，4段階の処理を行う．

（1）初期モデルの構成

各音素ごとに，3状態のモノフォンHMMを学習する．実際には，例えば，「内閣・・」という音声に対して，モノフォンラベル列

/n/, /a/, /i/, /k/, /a/, /k/, /u/・・・

に対応するモノフォンHMMを連結し，4.3節で述べた方法により，連結されたHMMがこの音声を出力した際の尤度が最大となるよう，HMMパラメータを推定する．この際，出力確率は，各状態ごとに単一の正規分布を用いる（$M = 1$）．

（2）音声データ中に存在するトライフォンに対するHMMの学習

- モノフォンHMMをコピーすることにより，音声データ中に存在するトライフォンに対する初期モデルとする．すなわち，/a/に対するモノフォンHMMのパラメータをそのまま利用して，/n–a+i/，/k–a+k/などのトライフォンHMMの初期モデルのパラメータとする．
- この初期モデルから，音声データを利用してトライフォンHMMを学習する．実際には，例えば，「内閣・・」という音声に対して，トライフォンラベル列（文頭，文末はバイフォン）

/n+a/, /n-a+i/, /a-i+k/, /i-k+a/, /k-a+k/, /a-k+u/,
/k-u+h/ ・・・

を作成し，このラベル列に対応するトライフォンHMMを連結して，連結されたHMMパラメータの推定を行う．この処理を，多くの音声データに対して行うことにより，それぞれのトライフォンHMMのパラメータが学習される．

（3） 状態の共有化：すべてのトライフォンに対するHMMの作成

決定木を用いたクラスタリングを行い，トライフォンをクラスに分類する．次に，同じクラスに分類されたトライフォンについて，状態の共有化を行う．作成される木の数は，音素数×状態数である．音声データ中に存在しなかったトライフォンについても，状態の共有化で対応する．状態共有化の設定後，再度音声データを用いてHMMパラメータを再推定する．

（4） 混合数の増加

出力確率の正規分布の混合数Mを一つずつ増加させて，音声データを用いたパラメータ再推定を行う．この処理をあらかじめ設定した混合数に達するまで繰り返す．

上記（3）のクラスタリングでは，木の各ノードに質問が対応した決定木（decision tree）を利用し，この質問に従って，データをクラスタリングし

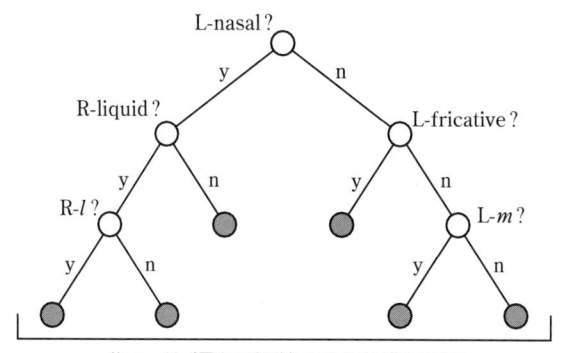

葉ノード（黒丸の部分）ごとに状態を共有化

図4.1 決定木の例（文献[7]による）

ていく．質問は，「前の音素は，鼻音性（nasal）」，「後続の音素は，摩擦性（fricative）」などというものである．決定木の例を**図4.1**に示す．

4.6 HMMの適応化

HMMの学習には，大量の音声データが必要である．HMMを話者ごとに用意する特定話者音声認識では，その話者に大量のデータを発声してもらう必要があるため，話者に対する負担が大きい．そこで，実際には，多くの人の声を集めて学習データとする不特定話者用のHMMを作成した後，各話者の発声した少量のデータを用いて話者適応化を行い，その話者に適したHMMを作成するのが一般的である．本節では，話者適応化の代表的な方法である，MAP法（最大事後確率推定法）と，MLLR（maximum likelihood linear regression）法について述べる．なお，本節では，HMMとして，混合分布連続型を前提とする．

4.6.1 MAP法[8]

4.1.2項で述べたように，MAP推定量は，利用できるデータ量に応じて，事前に得られる情報と，観測されたデータから得られる情報とを組み合わせている．あらかじめ作成した不特定話者用のHMMを事前に得られた情報とし，適応化用データを観測データと考えれば，MAP推定を，話者適応化に利用可能である．

MAP法を説明する前に，まず，補題を示す．

補題3

p次元ベクトル $u = (u_1, \cdots, u_p)^t$，$v = (v_1, \cdots, v_p)^t$，p次元ベクトル列 $x_1, \cdots, x_n$，正則な $p \times p$ 対称行列 $A = (a_{ij})$ $(a_{ij} = a_{ji})$ 及び $p \times p$ 行列 $B = (b_{ij})$ に対して，以下の式が成り立つ．なお，$\mathrm{tr}[A]$ は行列 A のトレース（trace）である：

$$\mathrm{tr}[A] = \sum_{i=0}^{p} a_{ii}.$$

（a） $u^t A u = \mathrm{tr}\left[u u^t A\right]$

（b）係数 $c_1,\cdots,c_n$ に対して，c, x, B を

$$c \equiv \sum_{i=0}^{n} c_i, \quad x \equiv \frac{\sum_{i=0}^{n} c_i x_i}{c}, \quad B \equiv \sum_{i=0}^{n} c_i(x_i-x)(x_i-x)^t$$

とすると，p 次元ベクトル y に対し，以下の式が成り立つ．

$$\sum_{i=0}^{n} c_i(x_i-y)^t A(x_i-y) = c(y-x)^t A(y-x) + \mathrm{tr}[BA]$$

（c）$\dfrac{1}{a+b}\left(au^t Au + bv^t Av\right)$

$$= \left(\frac{au+bv}{a+b}\right)^t A\left(\frac{au+bv}{a+b}\right) + \frac{ab}{(a+b)^2}(u-v)^t A(u-v)$$

（d）$\dfrac{\partial}{\partial A}\mathrm{tr}[BA] = B^t$

（e）B が対称行列ならば $\dfrac{\partial}{\partial A}(u-Av)^t B(u-Av) = -2B(u-Av)v^t$

（証明）

（a）以下の式より明らかである．

$$u^t Au = [u_1 \cdots u_p]\begin{bmatrix} a_{11} & \cdots & a_{1p} \\ \vdots & \ddots & \vdots \\ a_{p1} & \cdots & a_{pp} \end{bmatrix}\begin{bmatrix} u_1 \\ \vdots \\ u_p \end{bmatrix} = \sum_{i=1}^{p}\sum_{j=1}^{p} u_i a_{ij} u_j$$

$$= \mathrm{tr}\begin{bmatrix} \sum_{i=1}^{p} u_1 u_i a_{i1} & \sum_{i=1}^{p} u_1 u_i a_{i2} & \cdots & \sum_{i=1}^{p} u_1 u_i a_{ip} \\ \sum_{i=1}^{p} u_2 u_i a_{i1} & \sum_{i=1}^{p} u_2 u_i a_{i2} & & \sum_{i=1}^{p} u_2 u_i a_{ip} \\ \vdots & & \ddots & \vdots \\ \sum_{i=1}^{p} u_p u_i a_{i1} & \sum_{i=1}^{p} u_p u_i a_{i2} & \cdots & \sum_{i=1}^{p} u_p u_i a_{ip} \end{bmatrix}$$

$$= \mathrm{tr}\left[\begin{bmatrix} u_1 u_1 & \cdots & u_1 u_p \\ \vdots & \ddots & \vdots \\ u_p u_1 & \cdots & u_p u_p \end{bmatrix}\begin{bmatrix} a_{11} & \cdots & a_{1p} \\ \vdots & \ddots & \vdots \\ a_{p1} & \cdots & a_{pp} \end{bmatrix}\right] = \mathrm{tr}\left[uu^t A\right]$$

（b）求める式の左辺を展開すると，

$$\sum_{i=0}^{n} c_i (x_i - y)^t A (x_i - y) = \sum_{i=0}^{n} c_i \{(x_i - x) - (y - x)\}^t A \{(x_i - x) - (y - x)\}$$

$$= \sum_{i=0}^{n} c_i (x_i - x)^t A (x_i - x) - \sum_{i=0}^{n} c_i (x_i - x)^t A (y - x)$$

$$- \sum_{i=0}^{n} c_i (y - x)^t A (x_i - x) + \sum_{i=0}^{n} c_i (y - x)^t A (y - x)$$

となる．上式の右辺第1項は，補題3(a)より，

$$\sum_{i=0}^{n} c_i (x_i - x)^t A (x_i - x) = \sum_{i=0}^{n} c_i \,\mathrm{tr}\left[(x_i - x)(x_i - x)^t A\right]$$

$$= \mathrm{tr}\left[\sum_{i=0}^{n} c_i (x_i - x)(x_i - x)^t A\right] = \mathrm{tr}\left[BA\right]$$

である．第2～4項は，それぞれ，

$$\sum_{i=0}^{n} c_i (x_i - x)^t A (y - x)$$

$$= \sum_{i=0}^{n} c_i x_i^t A y - \sum_{i=0}^{n} c_i x_i^t A x - \sum_{i=0}^{n} c_i x^t A y + \sum_{i=0}^{n} c_i x^t A x$$

$$= c x^t A y - c x^t A x - c x^t A y + c x^t A x = 0$$

$$\sum_{i=0}^{n} c_i (y - x)^t A (x_i - x)$$

$$= \sum_{i=0}^{n} c_i y^t A x_i - \sum_{i=0}^{n} c_i y^t A x - \sum_{i=0}^{n} c_i x^t A x_i + \sum_{i=0}^{n} c_i x^t A x$$

$$= c y^t A x - c y^t A x - c x^t A x + c x^t A x = 0$$

第4章 音響モデルの学習と適応化

$$\sum_{i=0}^{n} c_i(y-x)^t A(y-x) = \left(\sum_{i=0}^{n} c_i\right)(y-x)^t A(y-x) = c(y-x)^t A(y-x)$$

となる．したがって，

$$\sum_{i=0}^{n} c_i(x_i-y)^t A(x_i-y) = c(y-x)^t A(y-x) + \mathrm{tr}[BA]$$

が成り立つ．

（c）

$$\left(\frac{au+bv}{a+b}\right)^t A\left(\frac{au+bv}{a+b}\right)$$

$$= \frac{1}{(a+b)^2}\left[a^2 u^t Au + abu^t Av + abv^t Au + b^2 v^t Av\right]$$

$$= \frac{1}{(a+b)^2}\left[a(a+b)u^t Au - abu^t Au + abu^t Av + abv^t Au\right.$$

$$\left. + b(a+b)v^t Av - abv^t Av\right]$$

$$= \frac{1}{a+b}\left(au^t Au + bv^t Av\right) - \frac{ab}{(a+b)^2}\left[u^t Au - u^t Av - v^t Au + v^t Av\right]$$

$$= \frac{1}{a+b}\left(au^t Au + bv^t Av\right) - \frac{ab}{(a+b)^2}(u-v)^t A(u-v)$$

よって，次式が成り立つ．

$$\frac{1}{a+b}\left(au^t Au + bv^t Av\right)$$

$$= \left(\frac{au+bv}{a+b}\right)^t A\left(\frac{au+bv}{a+b}\right) + \frac{ab}{(a+b)^2}(u-v)^t A(u-v)$$

（d）行列 B，A の積を成分表示すると，次式となる．

$$BA = \begin{bmatrix} b_{11} & \cdots & b_{1p} \\ \vdots & \ddots & \vdots \\ b_{p1} & \cdots & b_{pp} \end{bmatrix} \begin{bmatrix} a_{11} & \cdots & a_{1p} \\ \vdots & \ddots & \vdots \\ a_{p1} & \cdots & a_{pp} \end{bmatrix} = \begin{bmatrix} \sum_{i=1}^{p} b_{1i} a_{i1} & \cdots & \sum_{i=1}^{p} b_{1i} a_{ip} \\ \vdots & \ddots & \vdots \\ \sum_{i=1}^{p} b_{pi} a_{i1} & \cdots & \sum_{i=1}^{p} b_{pi} a_{ip} \end{bmatrix}$$

したがって,

$$\mathrm{tr}[BA] = \sum_{j=1}^{p} \sum_{i=1}^{p} b_{ji} a_{ij}$$

これを A で微分すると,次式を得る.

$$\frac{\partial}{\partial A} \mathrm{tr}[BA] = \begin{bmatrix} \frac{\partial}{\partial a_{11}} & \cdots & \frac{\partial}{\partial a_{1p}} \\ \vdots & \ddots & \vdots \\ \frac{\partial}{\partial a_{p1}} & \cdots & \frac{\partial}{\partial a_{pp}} \end{bmatrix} \sum_{j=1}^{p} \sum_{i=1}^{p} b_{ji} a_{ij} = \begin{bmatrix} b_{11} & \cdots & b_{1p} \\ \vdots & \ddots & \vdots \\ b_{p1} & \cdots & b_{pp} \end{bmatrix} = B^{t}$$

(e)

$(u - Av)^{t} B (u - Av)$

$$= \begin{bmatrix} u_1 - \sum_{j=1}^{p} a_{1i} v_i & \cdots & u_p - \sum_{i=1}^{p} a_{pi} v_i \end{bmatrix} \begin{bmatrix} b_{11} & \cdots & b_{1p} \\ \vdots & \ddots & \vdots \\ b_{p1} & \cdots & b_{pp} \end{bmatrix} \begin{bmatrix} u_1 - \sum_{j=1}^{p} a_{1j} v_j \\ \vdots \\ u_p - \sum_{j=1}^{p} a_{pj} v_j \end{bmatrix}$$

$$= \begin{bmatrix} \sum_{k=1}^{p} \left(u_k - \sum_{i=1}^{p} a_{ki} v_i \right) b_{k1} & \cdots & \sum_{k=1}^{p} \left(u_k - \sum_{i=1}^{p} a_{ki} v_i \right) b_{kp} \end{bmatrix} \begin{bmatrix} u_1 - \sum_{j=1}^{p} a_{1j} v_j \\ \vdots \\ u_p - \sum_{j=1}^{p} a_{pj} v_j \end{bmatrix}$$

$$= \sum_{l=1}^{p} \left(\sum_{k=1}^{p} \left(u_k - \sum_{i=1}^{p} a_{ki} v_i \right) b_{kl} \right) \left(u_l - \sum_{j=1}^{p} a_{lj} v_j \right)$$

$$= \sum_{k=1}^{p} \sum_{l=1}^{p} b_{kl} \left(u_k - \sum_{i=1}^{p} a_{ki} v_i \right) \left(u_l - \sum_{j=1}^{p} a_{lj} v_j \right)$$

$1 \leq q, r \leq p$ に対して，上式を a_{qr} で偏微分すると，B の対称性より，

$$\frac{\partial}{\partial a_{qr}} (u - Av)^t B (u - Av)$$

$$= - \sum_{l=1}^{p} b_{ql} \left(u_l - \sum_{j=1}^{p} a_{lj} v_j \right) v_r - \sum_{k=1}^{p} b_{kq} \left(u_k - \sum_{i=1}^{p} a_{ki} v_i \right) v_r$$

$$= -2 \sum_{j=1}^{p} b_{qj} \left(u_j - \sum_{i=1}^{p} a_{ji} v_i \right) v_r$$

が成り立つ．したがって，

$$\frac{\partial}{\partial A} (u - Av)^t B (u - Av)$$

$$= \begin{bmatrix} -2 \sum_{j=1}^{p} b_{1j} \left(u_j - \sum_{i=1}^{p} a_{ji} v_i \right) v_1 & \cdots & -2 \sum_{j=1}^{p} b_{1j} \left(u_j - \sum_{i=1}^{p} a_{ji} v_i \right) v_p \\ \vdots & \ddots & \vdots \\ -2 \sum_{j=1}^{p} b_{pj} \left(u_j - \sum_{i=1}^{p} a_{ji} v_i \right) v_1 & \cdots & -2 \sum_{j=1}^{p} b_{pj} \left(u_j - \sum_{i=1}^{p} a_{ji} v_i \right) v_p \end{bmatrix}$$

$$= -2 \begin{bmatrix} b_{11} & \cdots & b_{p1} \\ \vdots & \ddots & \vdots \\ b_{1p} & \cdots & b_{pp} \end{bmatrix} \begin{bmatrix} \left(u_1 - \sum_{i=1}^{p} a_{1i} v_i \right) v_1 & \cdots & \left(u_1 - \sum_{i=1}^{p} a_{1i} v_i \right) v_p \\ \vdots & \ddots & \vdots \\ \left(u_p - \sum_{i=1}^{p} a_{pi} v_i \right) v_1 & \cdots & \left(u_p - \sum_{i=1}^{p} a_{pi} v_i \right) v_p \end{bmatrix}$$

$$= -2 B (u - Av) v^t \qquad \text{(証明終り)}$$

さて，MAP 推定では，事前分布をどのように選ぶかが問題となるが，その最適な選択法は知られていない．ある尤度関数に関して，事前分布と事後分布が同一種類の分布族に属するとき，その事前分布を，自然共役事前分布

(natural conjugate prior distribution), あるいは単に共役事前分布という[9]. 通常, 数学的な導出の容易さなどから, 事前分布として, 共役事前分布が用いられる. HMMの初期確率のように, 式

$$0 \leq \varphi_i \leq 1, \quad \sum_{i=0}^{n} \varphi_i = 1 \tag{4.69}$$

を満たす有限個のランダム変数 $\varphi_i (i=1,\cdots,n)$ は, 多項分布 (multinomial distribution) に従う. 多項分布の共役事前分布は, ディリクレ分布 (Dirichlet distribution) [10] である. したがって, 初期確率 $\{\pi_i\}$ の事前確率密度は, ディリクレ分布の式:

$$\frac{\Gamma\left(\sum_{i=0}^{N-1} \eta_i\right)}{\prod_{i=0}^{N-1} \Gamma(\eta_i)} \prod_{i=0}^{N-1} \pi_i^{\eta_i - 1} \tag{4.70}$$

を用いるのが妥当である. ここに, η_i はディリクレ分布の自由度 (degree of freedom) であり, π_i に従う事象について事前観測した数として解釈される[11]. また, Γ はガンマ関数であり, $\alpha > 0$ に対し,

$$\Gamma(\alpha) = \int_0^\infty x^{\alpha - 1} e^{-x} dx$$

で表される[1]. 遷移確率の事前分布にも, ディリクレ分布を利用する. $i \neq j$ ならば $\{a_{i0}, \cdots, a_{iN-1}\}$ と $\{a_{j0}, \cdots, a_{jN-1}\}$ とが独立と仮定すると, 遷移確率の事前分布は,

$$\prod_{i=0}^{N-1} \left(\frac{\Gamma\left(\sum_{j=0}^{N-1} \eta_{ij}\right)}{\prod_{j=0}^{N-1} \Gamma(\eta_{ij})} \prod_{j=0}^{N-1} a_{ij}^{\eta_{ij} - 1} \right) \tag{4.71}$$

で表される. 分岐確率 $\{\lambda_{ijk}\}$ の事前分布も同様に, 異なる i, j に対して $\{\lambda_{ijk}\}$ が独立と仮定すると,

$$\prod_{i=0}^{N-1} \prod_{j=0}^{N-1} \left(\frac{\Gamma\left(\sum_{k=0}^{M-1} \nu_{ijk}\right)}{\prod_{k=0}^{M-1} \Gamma(\nu_{ijk})} \prod_{k=0}^{M-1} \lambda_{ijk}^{\nu_{ijk}-1} \right) \quad (4.72)$$

で表される.ここに,η_{ij},ν_{ijk} もディリクレ分布のパラメータである.

出力確率 $b_{ijk}()$ については,平均ベクトル m_{ijk} のみがランダム変数で,共分散行列 Σ_{ijk} は既知の場合,4.1.2項で示したように事前分布として正規分布を用いる.一方,共分散行列 Σ_{ijk} のみがランダム変数で,平均ベクトル m_{ijk} が既知の場合には,共役事前分布として,ウィシャート分布(Wishart distribution)[11]~[14] を利用し,Σ_{ijk}^{-1} がウィシャート分布に従うと仮定する*.

$$g(\Sigma_{ijk})$$
$$= c(p, \alpha_{ijk}) \cdot 2^{-\frac{\alpha_{ijk} \cdot p}{2}} \cdot |S_{ijk}|^{\frac{\alpha_{ijk}}{2}} \left|\Sigma_{ijk}^{-1}\right|^{\frac{\alpha_{ijk}-p-1}{2}} \cdot \exp\left(-\frac{1}{2} \operatorname{tr}\left[S_{ijk} \Sigma_{ijk}^{-1}\right]\right)$$
$$(4.73)$$

ここに,S_{ijk},α_{ijk} はともにウィシャート分布のパラメータである.S_{ijk} は,ウィシャート分布の共分散行列であり,α_{ijk} はウィシャート分布の自由度である.$c(p, \alpha_{ijk})$ は,ガンマ関数 Γ を用いて,次式で表される定数である.

$$c(p, \alpha_{ijk}) = \left\{ \pi^{\frac{p(p-1)}{4}} \prod_{i=1}^{p} \Gamma\left(\frac{\alpha_{ijk}+1-i}{2}\right) \right\}^{-1} \quad (4.74)$$

平均と共分散がともにランダム変数である場合の事前分布としては,正規分布とウィシャート分布を組み合わせた正規-ウィシャート分布(Gaussian-Wishart distribution)を用いる [11],[12],[14].この場合の確率密度関数

---

* ウィシャート分布と逆ウィシャート分布については,章末の補足で解説する.なお,ベイズ推定では,共分散行列 Σ_{ijk} の事前分布が逆ウィシャート分布(inverse Wishart distribution)に従うとして定式化される [9],[11].一方,本書では,文献 [8] に基づき、共分散行列の逆行列 Σ_{ijk}^{-1} の事前分布がウィシャート分布に従うと仮定して,議論を進める.

は，次式で表される．

$$g(m_{ijk}, \Sigma_{ijk})$$

$$= \frac{1}{(2\pi)^{\frac{p}{2}}} \left| \tau_{ijk} \Sigma_{ijk}^{-1} \right|^{\frac{1}{2}} \cdot \exp\left(-\frac{\tau_{ijk}}{2} (m_{ijk} - \mu_{ijk})^t \Sigma_{ijk}^{-1} (m_{ijk} - \mu_{ijk}) \right)$$

$$\times c(p, \alpha_{ijk}) \cdot 2^{-\frac{\alpha_{ijk} \cdot p}{2}} \cdot \left| S_{ijk} \right|^{\frac{\alpha_{ijk}}{2}} \cdot \left| \Sigma_{ijk}^{-1} \right|^{\frac{\alpha_{ijk} - p - 1}{2}} \cdot \exp\left(-\frac{1}{2} \operatorname{tr}\left[S_{ijk} \Sigma_{ijk}^{-1} \right] \right)$$

(4.75)

ここに，μ_{ijk}は事前平均ベクトルと解釈されるパラメータであり，τ_{ijk}は事前観測の回数と解釈されるパラメータである[11]．

以上の議論より，初期確率，遷移確率，分岐確率，出力確率の平均ベクトルと共分散行列をそれぞれランダム変数と考え，これらが互いに独立と仮定すると，HMMパラメータの事前分布は，次式で表される．

$$G(\theta)$$

$$= \frac{\Gamma\left(\sum_{i=0}^{N-1} \eta_i \right)}{\prod_{i=0}^{N-1} \Gamma(\eta_i)} \prod_{i=0}^{N-1} \pi_i^{\eta_i - 1} \times \prod_{i=0}^{N-1} \left(\frac{\Gamma\left(\sum_{j=0}^{N-1} \eta_{ij} \right)}{\prod_{j=0}^{N-1} \Gamma(\eta_{ij})} \prod_{j=0}^{N-1} a_{ij}^{\eta_{ij} - 1} \right)$$

$$\times \prod_{i=0}^{N-1} \prod_{j=0}^{N-1} \left(\frac{\Gamma\left(\sum_{k=0}^{M-1} \nu_{ijk} \right)}{\prod_{k=0}^{M-1} \Gamma(\nu_{ijk})} \prod_{k=0}^{M-1} \lambda_{ijk}^{\nu_{ijk} - 1} \right)$$

$$\times \prod_{i=0}^{N-1} \prod_{j=0}^{N-1} \prod_{k=0}^{M-1} (2\pi)^{-\frac{p}{2}} \left| \tau_{ijk} \Sigma_{ijk}^{-1} \right|^{\frac{1}{2}}$$

$$\cdot \exp\left(-\frac{\tau_{ijk}}{2} (m_{ijk} - \mu_{ijk})^t \Sigma_{ijk}^{-1} (m_{ijk} - \mu_{ijk}) \right)$$

$$\times c(p, \alpha_{ijk}) \cdot 2^{-\frac{\alpha_{ijk} \cdot p}{2}} \cdot \left| S_{ijk} \right|^{\frac{\alpha_{ijk}}{2}} \cdot \left| \Sigma_{ijk}^{-1} \right|^{\frac{\alpha_{ijk} - p - 1}{2}} \cdot \exp\left(-\frac{1}{2} \operatorname{tr}\left[S_{ijk} \Sigma_{ijk}^{-1} \right] \right)$$

第4章　音響モデルの学習と適応化

$$= C \cdot \left(\prod_{i=0}^{N-1} \pi_i^{\eta_i - 1} \right) \cdot \left(\prod_{i=0}^{N-1} \prod_{j=0}^{N-1} a_{ij}^{\eta_{ij} - 1} \right) \cdot \left(\prod_{i=0}^{N-1} \prod_{j=0}^{N-1} \prod_{k=0}^{M-1} \lambda_{ijk}^{\nu_{ijk} - 1} \right)$$

$$\times \prod_{i=0}^{N-1} \prod_{j=0}^{N-1} \prod_{k=0}^{M-1} |\Sigma_{ijk}^{-1}|^{\frac{\alpha_{ijk} - p}{2}} \cdot \exp\left(-\frac{\tau_{ijk}}{2} (m_{ijk} - \mu_{ijk})^t \Sigma_{ijk}^{-1} (m_{ijk} - \mu_{ijk}) \right)$$

$$\times \exp\left(-\frac{1}{2} \operatorname{tr}\left[S_{ijk} \Sigma_{ijk}^{-1} \right] \right) \tag{4.76}$$

ここに，

$$C \equiv \frac{\Gamma\left(\sum_{i=0}^{N-1} \eta_i \right)}{\prod_{i=0}^{N-1} \Gamma(\eta_i)} \times \prod_{i=0}^{N-1} \frac{\Gamma\left(\sum_{j=0}^{N-1} \eta_{ij} \right)}{\prod_{j=0}^{N-1} \Gamma(\eta_{ij})} \times \prod_{i=0}^{N-1} \prod_{j=0}^{N-1} \frac{\Gamma\left(\sum_{k=0}^{M-1} \nu_{ijk} \right)}{\prod_{k=0}^{M-1} \Gamma(\nu_{ijk})}$$

$$\times \prod_{i=0}^{N-1} \prod_{j=0}^{N-1} \prod_{k=0}^{M-1} (2\pi)^{-\frac{p}{2}} \cdot |\tau_{ijk}|^{\frac{1}{2}} \cdot c(p, \alpha_{ijk}) \cdot 2^{-\frac{\alpha_{ijk} \cdot p}{2}} \cdot |S_{ijk}|^{\frac{\alpha_{ijk}}{2}} \tag{4.77}$$

である．

以下，適応化データ $y = y(0) \cdots y(n)$ に対する HMM 尤度を $P(X, K, y | \theta)$ とすると，式 (3.3) より，事後確率 $P(\theta, X, K | y)$ を最大化するパラメータ θ は，$P(X, K, y | \theta) G(\theta)$ を最大化する．これは，

$$\log P(X, K, y | \theta) + \log G(\theta)$$

の最大化と等価である．更に，$\log P(X, K, y | \theta)$ の最大化は，EMアルゴリズムにより，式 (4.42) の最大化と等価である[*]．したがって，ここでは，$\theta = \{\pi_i, a_{ij}, \lambda_{ijk}, m_{ijk}, \Sigma_{ijk}\}$ に対して，関数

$$R(\theta, \hat{\theta}) = \tilde{Q}(\theta, \hat{\theta}) + \log G(\hat{\theta}) \tag{4.78}$$

を最大化するパラメータ $\hat{\theta} = \{\pi_i', a_{ij}', \lambda_{ijk}', m_{ijk}', \Sigma_{ijk}'\}$ を求める．式 (4.44) と同様，式 (4.78) の右辺第1項は，

---

[*] 実際にはEMアルゴリズムにより，$\log P(X, K, y | \theta)$ が極大化される．

$$\tilde{Q}(\theta,\hat{\theta}) = \tilde{Q}_1(\theta,\hat{\theta}) + \tilde{Q}_2(\theta,\hat{\theta}) + \tilde{Q}_3(\theta,\hat{\theta}) \tag{4.79}$$

と展開できる.ここに,式 (4.51),(4.52) より

$$\tilde{Q}_1(\theta,\hat{\theta}) = \sum_{i=0}^{N-1} \pi_i \beta_0(i) \log \pi'_i \tag{4.80}$$

$$\tilde{Q}_2(\theta,\hat{\theta}) = \sum_{i=0}^{N-1} \sum_{j=0}^{N-1} \log\left(a'_{ij}\right) \sum_{l=0}^{n} \alpha_l(i) a_{ij} \left(\sum_{k=0}^{M-1} \lambda_{ijk} b_{ijk} y(l)\right) \beta_{l+1}(j)$$

$$= \sum_{i=0}^{N-1} Q_{a_i}\left(\theta, a'_i\right) \tag{4.81}$$

であり,また,

$$\tilde{Q}_3(\theta,\hat{\theta})$$
$$= \sum_{l=0}^{n} \sum_{i=0}^{N-1} \sum_{j=0}^{N-1} \sum_{k=0}^{M-1} P(X(l)=i, X(l+1)=j, K(l)=k | O(0)=y(0), \cdots,$$
$$O(n)=y(n), \theta) \times \log\left(\lambda'_{ijk} \cdot N\left(y(l) \middle| m'_{ijk}, \Sigma'_{ijk}\right)\right)$$
$$= \sum_{i=0}^{N-1} \sum_{j=0}^{N-1} Q_{b_{ij}}\left(\theta, b'_{ij}\right) \tag{4.82}$$

である.$N\left(\cdot \middle| m'_{ijk}, \Sigma'_{ijk}\right)$ は,平均ベクトル m'_{ijk},共分散行列 Σ'_{ijk} の正規分布確率密度関数であり,

$$Q_{a_i}(\theta, a'_i) \equiv \sum_{j=0}^{N-1} \left\{ \sum_{l=0}^{n} \alpha_i(i) a_{ij} \left(\sum_{k=0}^{M-1} \lambda_{ijk} b_{ijk}(y(l))\right) \beta_{l+1}(j) \cdot \log\left(a'_{ij}\right) \right\}$$
$$\tag{4.83}$$

$$Q_{b_{ij}}(\theta, b'_{ij}) \equiv \sum_{l=0}^{n} \sum_{k=0}^{M-1} P(X(l)=i, X(l+1)=j, K(l)=k | O(0)=y(0),$$
$$\cdots, O(n)=y(n), \theta) \times \log\left(\lambda'_{ijk} \cdot N\left(y(l) \middle| m'_{ijk}, \Sigma'_{ijk}\right)\right)$$
$$\tag{4.84}$$

とおいた.

以上により，最大化すべき評価関数（4.78）は，式（4.76）及び式（4.79）から（4.82）より

$$R(\theta,\hat{\theta}) = R_\pi(\theta,\pi') + \sum_{i=0}^{N-1} R_{a_i}(\theta,a'_i) + \sum_{i=0}^{N-1}\sum_{j=0}^{N-1} R_{b_{ij}}(\theta,b'_{ij}) + \log C \tag{4.85}$$

となる．ここに，

$$R_\pi(\theta,\pi') \equiv Q_1(\theta,\hat{\theta}) + \sum_{i=0}^{N-1} \log {\pi'_i}^{\eta_i - 1} \tag{4.86}$$

$$R_{a_i}(\theta,a'_i) \equiv Q_{a_i}(\theta,a'_i) + \sum_{j=0}^{N-1} \log {a'_{ij}}^{\eta_{ij} - 1} \tag{4.87}$$

$$\begin{aligned}R_{b_{ij}}(\theta,b'_{ij}) \equiv{}& Q_{b_{ij}}(\theta,b'_{ij}) + \sum_{k=0}^{M-1} \log {\lambda'_{ijk}}^{\nu_{ijk}-1} \\ &+ \sum_{k=0}^{M-1} \left[\log \left|{\Sigma'_{ijk}}^{-1}\right|^{\frac{\alpha_{ijk}-p}{2}} \right. \\ &\left. - \frac{\tau_{ijk}}{2}(m'_{ijk}-\mu_{ijk})^t {\Sigma'_{ijk}}^{-1}(m'_{ijk}-\mu_{ijk}) - \frac{1}{2}\mathrm{tr}\left[S_{ijk}{\Sigma'_{ijk}}^{-1}\right] \right]\end{aligned} \tag{4.88}$$

である．以下，式（4.85）を $\hat{\theta}$ によって最大化するが，C は $\hat{\theta}$ の関数でないので，最大化の際には無視してよい．そこで，$R_\pi(\theta,\pi')$，$R_{a_i}(\theta,a'_i)$ 及び $R_{b_{ij}}(\theta,b'_{ij})$ をそれぞれ最大化することによって，$R(\theta,\hat{\theta})$ を最大化する．

まず，$R_\pi(\theta,\pi')$ を最大化する．式（4.86），（4.80）より，

$$\begin{aligned}R_\pi(\theta,\pi') &= \sum_{i=0}^{N-1} \pi_i \beta_0(i) \log \pi'_i + \sum_{i=0}^{N-1} \log {\pi'_i}^{\eta_i - 1} \\ &= \sum_{i=0}^{N-1} (\pi_i \beta_0(i) + \eta_i - 1) \log \pi'_i\end{aligned} \tag{4.89}$$

であるから，$R_\pi(\theta,\pi')$ を最大化するパラメータ π'_i は，補題1より

$$\pi'_i = \frac{\pi_i \beta_0(i) + \eta_i - 1}{\sum_{j=0}^{N-1}(\pi_j \beta_0(j) + \eta_j - 1)} = \frac{(\eta_i - 1) + \pi_i \beta_0(i)}{\sum_{j=0}^{N-1}(\eta_j - 1) + \sum_{j=0}^{N-1}\pi_j \beta_0(j)} \quad (4.90)$$

で与えられる．

式 (4.87)，(4.83) より，$R_{a_i}(\theta,a'_i)$ は，

$$R_{a_i}(\theta,a'_i) = \sum_{j=0}^{N-1}\left\{\sum_{l=0}^{n}\alpha_l(i)a_{ij}\left(\sum_{k=0}^{M-1}\lambda_{ijk}b_{ijk}(y(l))\right)\beta_{l+1}(j)\cdot\log a'_{ij}\right\}$$
$$+ \sum_{j=0}^{N-1}\log {a'_{ij}}^{\eta_{ij}-1}$$
$$= \sum_{j=0}^{N-1}\left\{\sum_{l=0}^{n}\alpha_l(i)a_{ij}\left(\sum_{k=0}^{M-1}\lambda_{ijk}b_{ijk}(y(l))\right)\beta_{l+1}(j) + \eta_{ij} - 1\right\}\log a'_{ij}$$
$$(4.91)$$

と変形できる．補題1より，$R_{a_i}(\theta,a'_i)$ を最大化するパラメータ a'_{ij} は，

$$a'_{ij} = \frac{\sum_{l=0}^{n}\alpha_l(i)a_{ij}\left(\sum_{k=0}^{M-1}\lambda_{ijk}b_{ijk}(y(l))\right)\beta_{l+1}(j) + \eta_{ij} - 1}{\sum_{j=0}^{N-1}\left\{\sum_{l=0}^{n}\alpha_l(i)a_{ij}\left(\sum_{k=0}^{M-1}\lambda_{ijk}b_{ijk}(y(l))\right)\beta_{l+1}(j) + \eta_{ij} - 1\right\}}$$
$$= \frac{(\eta_{ij} - 1) + \sum_{l=0}^{n}\alpha_l(i)a_{ij}\left(\sum_{k=0}^{M-1}\lambda_{ijk}b_{ijk}(y(l))\right)\beta_{l+1}(j)}{\sum_{j=0}^{N-1}(\eta_{ij} - 1) + \sum_{j=0}^{N-1}\sum_{l=0}^{n}\alpha_l(i)a_{ij}\left(\sum_{k=0}^{M-1}\lambda_{ijk}b_{ijk}(y(l))\right)\beta_{l+1}(j)} \quad (4.92)$$

で与えられる．

以下，$R_{b_{ij}}(\theta,b'_{ij})$ を最大化するパラメータ λ'_{ijk}，m'_{ijk}，Σ'_{ijk} を求める．まず，式 (4.84) は，

$$Q_{b_{ij}}(\theta, b'_{ij}) = \sum_{l=0}^{n} \sum_{k=0}^{M-1} P(X(l)=i, X(l+1)=j, K(l)=k | O(0)=y(0),$$
$$\cdots, O(n)=y(n), \theta) \times \log\left(\lambda'_{ijk} \cdot N\left(y(l) \big| m'_{ijk}, \Sigma'_{ijk}\right)\right)$$
$$= \sum_{l=0}^{n} \sum_{k=0}^{M-1} P(X(l)=i, X(l+1)=j | O(0)=y(0),$$
$$\cdots, O(n)=y(n), \theta)$$
$$\times \frac{\lambda_{ijk} N(y(l) | m_{ijk}, \Sigma_{ijk})}{\sum_{w=0}^{M-1} \lambda_{ijw} N(y(l) | m_{ijw}, \Sigma_{ijw})} \log\left(\lambda'_{ijk} \cdot N\left(y(l) \big| m'_{ijk}, \Sigma'_{ijk}\right)\right)$$
$$= \sum_{l=0}^{n} \sum_{k=0}^{M-1} \alpha_l(i) a_{ij} \left(\sum_{w=0}^{M-1} \lambda_{ijw} b_{ijw}(y(l))\right) \beta_{l+1}(j)$$
$$\times \frac{\lambda_{ijk} N(y(l) | m_{ijk}, \Sigma_{ijk})}{\sum_{w=0}^{M-1} \lambda_{ijw} N(y(l) | m_{ijw}, \Sigma_{ijw})} \log\left(\lambda'_{ijk} \cdot N\left(y(l) \big| m'_{ijk}, \Sigma'_{ijk}\right)\right)$$
$$\tag{4.93}$$

と変形される．いま，

$$c_{ijk} \equiv \alpha_l(i) a_{ij} \left(\sum_{w=0}^{M-1} \lambda_{ijw} b_{ijw}(y(l))\right) \beta_{l+1}(j) \cdot \frac{\lambda_{ijk} N(y(l) | m_{ijk}, \Sigma_{ijk})}{\sum_{w=0}^{M-1} \lambda_{ijw} N(y(l) | m_{ijw}, \Sigma_{ijw})}$$
$$\tag{4.94}$$

$$c_{ijk} \equiv \sum_{l=0}^{n} c_{ijkl} \tag{4.95}$$

$$\bar{y}_{ijk} \equiv \frac{\sum_{l=0}^{n} c_{ijkl} y(l)}{c_{ijk}} \tag{4.96}$$

$$\gamma_{ijk} \equiv \sum_{l=0}^{n} c_{ijkl} (y(l) - \bar{y}_{ijk})(y(l) - \bar{y}_{ijk})^t \tag{4.97}$$

とおく.このとき,式(4.93)は,

$$Q_{b_{ij}}\left(\theta, b'_{ij}\right) = \sum_{l=0}^{n} \sum_{k=0}^{M-1} c_{ijkl} \log \left(\lambda'_{ijk} \cdot (2\pi)^{-\frac{p}{2}} \cdot \left| \Sigma'^{-1}_{ijk} \right|^{\frac{1}{2}} \right.$$

$$\left. \left| \Sigma'^{-1}_{ijk} \right|^{\frac{1}{2}} \cdot \exp\left[-\frac{1}{2} \left(y(l) - m'_{ijk} \right)^t \Sigma'^{-1}_{ijk} \left(y(l) - m'_{ijk} \right) \right] \right]$$

$$\sum_{k=0}^{M-1} \left[\left(\sum_{l=0}^{n} c_{ijkl} \log \lambda'_{ijk} \right) + \left(\sum_{l=0}^{n} c_{ijkl} \log (2\pi)^{-\frac{p}{2}} \right) \right.$$

$$\left. + \left(\sum_{l=0}^{n} c_{ijkl} \log \left| \Sigma'^{-1}_{ijk} \right|^{\frac{1}{2}} \right) \right]$$

$$- \frac{1}{2} \sum_{k=0}^{M-1} \sum_{l=0}^{n} c_{ijkl} \left(y(l) - m'_{ijk} \right)^t \Sigma'^{-1}_{ijk} \left(y(l) - m'_{ijk} \right)$$

$$= \sum_{k=0}^{M-1} \left[\log \lambda'^{c_{ijk}}_{ijk} + \log (2\pi)^{-\frac{p \cdot c_{ijk}}{2}} + \log \left| \Sigma'^{-1}_{ijk} \right|^{\frac{c_{ijk}}{2}} \right]$$

$$- \frac{1}{2} \sum_{k=0}^{M-1} \left[c_{ijk} \left(m'_{ijk} - \bar{y}_{ijk} \right)^t \Sigma'^{-1}_{ijk} \left(m'_{ijk} - \bar{y}_{ijk} \right) + \mathrm{tr}\left[\gamma_{ijk} \Sigma'^{-1}_{ijk} \right] \right]$$

(4.98)

となる.ここに,最後の等式では,補題3(b)を用いた.したがって,式(4.88),(4.98)より

$$R_{b_{ij}}\left(\theta, b'_{ij}\right) = \sum_{k=0}^{M-1} (\nu_{ijk} + c_{ijk} - 1) \log \lambda'_{ijk} + \sum_{k=0}^{M-1} \left(\frac{\alpha_{ijk} + c_{ijk} - p}{2} \right) \log \left| \Sigma'^{-1}_{ijk} \right|$$

$$- \frac{1}{2} \sum_{k=0}^{M-1} \left[\tau_{ijk} \left(m'_{ijk} - \mu_{ijk} \right)^t \Sigma'^{-1}_{ijk} \left(m'_{ijk} - \mu_{ijk} \right) \right.$$

$$\left. + c_{ijk} \left(m'_{ijk} - \bar{y}_{ijk} \right)^t \Sigma'^{-1}_{ijk} \left(m'_{ijk} - \bar{y}_{ijk} \right) \right]$$

$$-\frac{1}{2}\sum_{k=0}^{M-1}\mathrm{tr}\left[(S_{ijk}+\gamma_{ijk})\Sigma_{ijk}^{\prime -1}\right]-\sum_{k=0}^{M-1}\frac{p\cdot c_{ijk}}{2}\log(2\pi)$$

(4.99)

となる．ところで，

$$\tau_{ijk}\left(m_{ijk}^{\prime}-\mu_{ijk}\right)^{t}\Sigma_{ijk}^{\prime -1}\left(m_{ijk}^{\prime}-\mu_{ijk}\right)+c_{ijk}\left(m_{ijk}^{\prime}-\bar{y}_{ijk}\right)^{t}\Sigma_{ijk}^{\prime -1}\left(m_{ijk}^{\prime}-\bar{y}_{ijk}\right)$$

$$=\tau_{ijk}m_{ijk}^{\prime t}\Sigma_{ijk}^{\prime -1}m_{ijk}^{\prime}-\tau_{ijk}\mu_{ijk}^{t}\Sigma_{ijk}^{\prime -1}m_{ijk}^{\prime}-\tau_{ijk}m_{ijk}^{\prime t}\Sigma_{ijk}^{\prime -1}\mu_{ijk}$$

$$+\tau_{ijk}\mu_{ijk}^{t}\Sigma_{ijk}^{\prime -1}\mu_{ijk}+c_{ijk}m_{ijk}^{\prime t}\Sigma_{ijk}^{\prime -1}m_{ijk}^{\prime}-c_{ijk}\bar{y}_{ijk}^{t}\Sigma_{ijk}^{\prime -1}m_{ijk}^{\prime}$$

$$-c_{ijk}m_{ijk}^{\prime t}\Sigma_{ijk}^{\prime -1}\bar{y}_{ijk}+c_{ijk}\bar{y}_{ijk}^{t}\Sigma_{ijk}^{\prime -1}\bar{y}_{ijk}$$

$$=(\tau_{ijk}+c_{ijk})m_{ijk}^{\prime t}\Sigma_{ijk}^{\prime -1}m_{ijk}^{\prime}-(\tau_{ijk}+c_{ijk})\left(\frac{\tau_{ijk}\mu_{ijk}+c_{ijk}\bar{y}_{ijk}}{\tau_{ijk}+c_{ijk}}\right)^{t}\Sigma_{ijk}^{\prime -1}m_{ijk}^{\prime}$$

$$-(\tau_{ijk}+c_{ijk})m_{ijk}^{\prime t}\Sigma_{ijk}^{\prime -1}\left(\frac{\tau_{ijk}\mu_{ijk}+c_{ijk}\bar{y}_{ijk}}{\tau_{ijk}+c_{ijk}}\right)$$

$$+(\tau_{ijk}+c_{ijk})\left[\frac{1}{\tau_{ijk}+c_{ijk}}\left(\tau_{ijk}\mu_{ijk}^{t}\Sigma_{ijk}^{\prime -1}\mu_{ijk}+c_{ijk}\bar{y}_{ijk}^{t}\Sigma_{ijk}^{\prime -1}\bar{y}_{ijk}\right)\right]$$

$$=(\tau_{ijk}+c_{ijk})m_{ijk}^{\prime t}\Sigma_{ijk}^{\prime -1}m_{ijk}^{\prime}-(\tau_{ijk}+c_{ijk})\left(\frac{\tau_{ijk}\mu_{ijk}+c_{ijk}\bar{y}_{ijk}}{\tau_{ijk}+c_{ijk}}\right)^{t}\Sigma_{ijk}^{\prime -1}m_{ijk}^{\prime}$$

$$-(\tau_{ijk}+c_{ijk})m_{ijk}^{\prime t}\Sigma_{ijk}^{\prime -1}\left(\frac{\tau_{ijk}\mu_{ijk}+c_{ijk}\bar{y}_{ijk}}{\tau_{ijk}+c_{ijk}}\right)$$

$$+(\tau_{ijk}+c_{ijk})\left(\frac{\tau_{ijk}\mu_{ijk}+c_{ijk}\bar{y}_{ijk}}{\tau_{ijk}+c_{ijk}}\right)^{t}\Sigma_{ijk}^{\prime -1}\left(\frac{\tau_{ijk}\mu_{ijk}+c_{ijk}\bar{y}_{ijk}}{\tau_{ijk}+c_{ijk}}\right)$$

$$+\frac{\tau_{ijk}c_{ijk}}{\tau_{ijk}+c_{ijk}}(\mu_{ijk}-\bar{y}_{ijk})^{t}\Sigma_{ijk}^{\prime -1}(\mu_{ijk}-\bar{y}_{ijk})\quad(\text{補題 3 (c) 利用})$$

$$=(\tau_{ijk}+c_{ijk})\left(m_{ijk}^{\prime}-\frac{\tau_{ijk}\mu_{ijk}+c_{ijk}\bar{y}_{ijk}}{\tau_{ijk}+c_{ijk}}\right)^{t}\Sigma_{ijk}^{\prime -1}\left(m_{ijk}^{\prime}-\frac{\tau_{ijk}\mu_{ijk}+c_{ijk}\bar{y}_{ijk}}{\tau_{ijk}+c_{ijk}}\right)$$

$$+\frac{\tau_{ijk}c_{ijk}}{\tau_{ijk}+c_{ijk}}(\mu_{ijk}-\bar{y}_{ijk})^{t}\Sigma_{ijk}^{\prime -1}(\mu_{ijk}-\bar{y}_{ijk})\quad(4.100)$$

であるから，補題 3 (a) を用いると，

$$\sum_{k=0}^{M-1} \left[\tau_{ijk} \left(m'_{ijk} - \mu_{ijk} \right)^t \Sigma'^{-1}_{ijk} \left(m'_{ijk} - \mu_{ijk} \right) + c_{ijk} \left(m'_{ijk} - \bar{y}_{ijk} \right)^t \Sigma'^{-1}_{ijk} \left(m'_{ijk} - \bar{y}_{ijk} \right) \right]$$

$$= \sum_{k=0}^{M-1} (\tau_{ijk} + c_{ijk}) \left(m'_{ijk} - \frac{\tau_{ijk}\mu_{ijk} + c_{ijk}\bar{y}_{ijk}}{\tau_{ijk} + c_{ijk}} \right)^t \Sigma'^{-1}_{ijk} \left(m'_{ijk} - \frac{\tau_{ijk}\mu_{ijk} + c_{ijk}\bar{y}_{ijk}}{\tau_{ijk} + c_{ijk}} \right)$$

$$+ \sum_{k=0}^{M-1} \frac{\tau_{ijk} c_{ijk}}{\tau_{ijk} + c_{ijk}} (\mu_{ijk} - \bar{y}_{ijk})^t \Sigma'^{-1}_{ijk} (\mu_{ijk} - \bar{y}_{ijk})$$

$$= \sum_{k=0}^{M-1} (\tau_{ijk} + c_{ijk}) \left(m'_{ijk} - \frac{\tau_{ijk}\mu_{ijk} + c_{ijk}\bar{y}_{ijk}}{\tau_{ijk} + c_{ijk}} \right)^t \Sigma'^{-1}_{ijk} \left(m'_{ijk} - \frac{\tau_{ijk}\mu_{ijk} + c_{ijk}\bar{y}_{ijk}}{\tau_{ijk} + c_{ijk}} \right)$$

$$+ \sum_{k=0}^{M-1} \frac{\tau_{ijk} c_{ijk}}{\tau_{ijk} + c_{ijk}} \mathrm{tr}\left[(\mu_{ijk} - \bar{y}_{ijk})(\mu_{ijk} - \bar{y}_{ijk})^t \Sigma'^{-1}_{ijk} \right] \quad (4.101)$$

が成り立つ．式 (4.99) は式 (4.101) より

$$R_{b_{ij}}(\theta, b'_{ij})$$

$$= \sum_{k=0}^{M-1} (\nu_{ijk} + c_{ijk} - 1) \log \lambda'_{ijk} + \sum_{k=0}^{M-1} \left(\frac{\alpha_{ijk} + c_{ijk} - p}{2} \right) \log \left| \Sigma'^{-1}_{ijk} \right|$$

$$- \sum_{k=0}^{M-1} \frac{(\tau_{ijk} + c_{ijk})}{2} \left(m'_{ijk} - \frac{\tau_{ijk}\mu_{ijk} + c_{ijk}\bar{y}_{ijk}}{\tau_{ijk} + c_{ijk}} \right)^t \Sigma'^{-1}_{ijk} \left(m'_{ijk} - \frac{\tau_{ijk}\mu_{ijk} + c_{ijk}\bar{y}_{ijk}}{\tau_{ijk} + c_{ijk}} \right)$$

$$- \sum_{k=0}^{M-1} \frac{1}{2} \mathrm{tr}\left[\left(S_{ijk} + \gamma_{ijk} + \frac{\tau_{ijk} c_{ijk}}{\tau_{ijk} + c_{ijk}} (\mu_{ijk} - \bar{y}_{ijk})(\mu_{ijk} - \bar{y}_{ijk})^t \right) \Sigma'^{-1}_{ijk} \right]$$

$$- \sum_{k=0}^{M-1} \frac{p \cdot c_{ijk}}{2} \log(2\pi)$$

$$= \sum_{k=0}^{M-1} (\tilde{\nu}_{ijk} - 1) \log \lambda'_{ijk} + \sum_{k=0}^{M-1} \left(\frac{\tilde{\alpha}_{ijk} - p}{2} \right) \log \left| \Sigma'^{-1}_{ijk} \right|$$

$$- \sum_{k=0}^{M-1} \frac{\tilde{\tau}_{ijk}}{2} (m'_{ijk} - \tilde{\mu}_{ijk})' \Sigma'^{-1}_{ijk} (m'_{ijk} - \tilde{\mu}_{ijk}) - \sum_{k=0}^{M-1} \frac{1}{2} \mathrm{tr}\left[\tilde{S}_{ijk} \Sigma'^{-1}_{ijk} \right]$$

$$- \sum_{k=0}^{M-1} \frac{p \cdot c_{ijk}}{2} \log(2\pi) \quad (4.102)$$

と変形される．ここに，

$$\tilde{\nu}_{ijk} \equiv \nu_{ijk} + c_{ijk} \tag{4.103}$$

$$\tilde{\alpha}_{ijk} \equiv \alpha_{ijk} + c_{ijk} \tag{4.104}$$

$$\tilde{\tau}_{ijk} \equiv \tau_{ijk} + c_{ijk} \tag{4.105}$$

$$\tilde{\mu}_{ijk} \equiv \frac{\tau_{ijk}\mu_{ijk} + c_{ijk}\bar{y}_{ijk}}{\tau_{ijk} + c_{ijk}} \tag{4.106}$$

$$\tilde{S}_{ijk} \equiv S_{ijk} + \gamma_{ijk} + \frac{\tau_{ijk} c_{ijk}}{\tau_{ijk} + c_{ijk}} (\mu_{ijk} - \bar{y}_{ijk})(\mu_{ijk} - \bar{y}_{ijk})^t \tag{4.107}$$

とした．いま，

$$R^{\lambda}_{b_{ij}}(\theta, b'_{ij}) \equiv \sum_{k=0}^{M-1} (\tilde{\nu}_{ijk} - 1) \log \lambda'_{ijk} \tag{4.108}$$

$$R^{m}_{b_{ij}}(\theta, b'_{ij}) \equiv -\sum_{k=0}^{M-1} \frac{\tilde{\tau}_{ijk}}{2} \left(m'_{ijk} - \tilde{\mu}_{ijk}\right)^t {\Sigma'_{ijk}}^{-1} \left(m'_{ijk} - \tilde{\mu}_{ijk}\right) \tag{4.109}$$

$$R^{\Sigma}_{b_{ij}}(\theta, b'_{ij}) \equiv \sum_{k=0}^{M-1} \left[\left(\frac{\tilde{\alpha}_{ijk} - p}{2}\right) \log \left|{\Sigma'_{ijk}}^{-1}\right| - \frac{1}{2} \mathrm{tr}\left[\tilde{S}_{ijk} {\Sigma'_{ijk}}^{-1}\right] \right] \tag{4.110}$$

とおくと，

$$R_{b_{ij}}(\theta, b'_{ij}) = R^{\lambda}_{b_{ij}}(\theta, b'_{ij}) + R^{m}_{b_{ij}}(\theta, b'_{ij}) + R^{\Sigma}_{b_{ij}}(\theta, b'_{ij}) - \sum_{k=0}^{M-1} \frac{p \cdot c_{ijk}}{2} \log(2\pi) \tag{4.111}$$

が成り立つ．式（4.111）の右辺第4項は，パラメータ $\hat{\theta}$ の関数ではないため，$\hat{\theta}$ による最大化には無関係である．結局，$R^{\lambda}_{b_{ij}}(\theta, b'_{ij})$，$R^{m}_{b_{ij}}(\theta, b'_{ij})$，$R^{\Sigma}_{b_{ij}}(\theta, b'_{ij})$ がそれぞれ最大化されれば，$R_{b_{ij}}(\theta, b'_{ij})$ を最大化することができる．

$R^{\lambda}_{b_{ij}}(\theta, b'_{ij})$ を最大化する λ'_{ijk} は，補題1により

$$\lambda_{ijk}' = \frac{\tilde{\nu}_{ijk}-1}{\sum_{w=0}^{M-1}(\tilde{\nu}_{ijw}-1)} = \frac{\nu_{ijk}-1+c_{ijk}}{\sum_{w=0}^{M-1}(\nu_{ijw}-1)+\sum_{w=0}^{M-1}c_{ijw}}$$

$$= \frac{\nu_{ijk}-1+\sum_{l=0}^{n}c_{ijkl}}{\sum_{w=0}^{M-1}(\nu_{ijw}-1)+\sum_{w=0}^{M-1}\sum_{l=0}^{n}c_{ijwl}} \tag{4.112}$$

で与えられる．$R_{b_{ij}}^{m}\left(\theta, b_{ij}'\right)$ の最大化は，

$$\frac{\partial}{\partial m_{ijk}}R_{b_{ij}}^{m}\left(\theta, b_{ij}'\right)=0$$

を解くことで得られる．補題2(a)より，

$$\frac{\partial}{\partial m_{ijk}}R_{b_{ij}}^{m}\left(\theta, b_{ij}'\right) = -\frac{\tilde{\tau}_{ijk}}{2}\cdot 2\cdot \Sigma_{ijk}'^{-1}\left(m_{ijk}'-\tilde{\mu}_{ijk}\right) = 0 \tag{4.113}$$

であるから，

$$\tilde{\tau}_{ijk}>0, \quad \Sigma_{ijk}'^{-1}\neq 0$$

より，$R_{b_{ij}}^{m}\left(\theta, b_{ij}'\right)$ を最大化する m_{ijk}' は，次式で与えられる．

$$m_{ijk}' = \tilde{\mu}_{ijk} = \frac{\tau_{ijk}\mu_{ijk}+c_{ijk}\bar{y}_{ijk}}{\tau_{ijk}+c_{ijk}} = \frac{\tau_{ijk}\mu_{ijk}+\sum_{l=0}^{n}c_{ijkl}y(l)}{\tau_{ijk}+\sum_{l=0}^{n}c_{ijkl}} \tag{4.114}$$

$R_{b_{ij}}^{\tilde{\Sigma}}\left(\theta, b_{ij}'\right)$ の最大化も，

$$\frac{\partial}{\partial \Sigma_{ijk}'^{-1}}R_{b_{ij}}^{\Sigma}(\theta, b_{ij}')=0$$

より得られる．補題2(b)と補題3(d)より，

$$\frac{\partial}{\partial \Sigma_{ijk}'^{-1}} R_{b_{ij}}^{\Sigma}\left(\theta, b_{ij}'\right) = \left(\frac{\tilde{\alpha}_{ijk} - p}{2}\right) \Sigma_{ijk}'^{t} - \frac{1}{2}\tilde{S}_{ijk}^{t} = 0 \tag{4.115}$$

となるから，$R_{b_{ij}}^{\Sigma}\left(\theta, b_{ij}'\right)$ を最大化する Σ_{ijk}' は，

$$\begin{aligned}\Sigma_{ijk}' &= \frac{1}{\tilde{\alpha}_{ijk} - p}\tilde{S}_{ijk} \\ &= \frac{1}{\alpha_{ijk} + c_{ijk} - p}\left(S_{ijk} + \gamma_{ijk} + \frac{\tau_{ijk}c_{ijk}}{\tau_{ijk} + c_{ijk}}(\mu_{ijk} - \bar{y}_{ijk})(\mu_{ijk} - \bar{y}_{ijk})^{t}\right) \\ &= \frac{S_{ijk} + \sum_{l=0}^{n} c_{ijkl}(y(l) - \bar{y}_{ijk})(y(l) - \bar{y}_{ijk})^{t} + \frac{\tau_{ijk}c_{ijk}}{\tau_{ijk} + c_{ijk}}(\mu_{ijk} - \bar{y}_{ijk})(\mu_{ijk} - \bar{y}_{ijk})^{t}}{(\alpha_{ijk} - p) + \sum_{l=0}^{n} c_{ijkl}}\end{aligned}$$
(4.116)

で与えられる．以下，式 (4.116) の分子を変形する．式 (4.114) より，

$$m_{ijk}' = \frac{\tau_{ijk}\mu_{ijk} + c_{ijk}\bar{y}_{ijk}}{\tau_{ijk} + c_{ijk}}$$

であるから，

$$\bar{y}_{ijk} = \frac{1}{c_{ijk}}\left\{(\tau_{ijk} + c_{ijk})m_{ijk}' - \tau_{ijk}\mu_{ijk}\right\} = m_{ijk}' - \frac{\tau_{ijk}}{c_{ijk}}\left(\mu_{ijk} - m_{ijk}'\right) \tag{4.117}$$

が成り立つ．式 (4.117) より，次の二つの式を得る．

$$\bar{y}_{ijk} - m_{ijk}' = -\frac{\tau_{ijk}}{c_{ijk}}\left(\mu_{ijk} - m_{ijk}'\right) \tag{4.118}$$

$$\mu_{ijk} - \bar{y}_{ijk} = \mu_{ijk} - m_{ijk}' + \frac{\tau_{ijk}}{c_{ijk}}\left(\mu_{ijk} - m_{ijk}'\right) = \frac{\tau_{ijk} + c_{ijk}}{c_{ijk}}\left(\mu_{ijk} - m_{ijk}'\right) \tag{4.119}$$

式 (4.118) より，

$$y(l) - \bar{y}_{ijk} = \left(y(l) - m_{ijk}'\right) - \left(\bar{y}_{ijk} - m_{ijk}'\right) = \left(y(l) - m_{ijk}'\right) + \frac{\tau_{ijk}}{c_{ijk}}\left(\mu_{ijk} - m_{ijk}'\right)$$

よって，

$$
\begin{aligned}
&(y(l)-\bar{y}_{ijk})(y(l)-\bar{y}_{ijk})^t \\
&=\Big(y(l)-m'_{ijk}\Big)\Big(y(l)-m'_{ijk}\Big)^t+\frac{\tau_{ijk}}{c_{ijk}}\Big(y(l)-m'_{ijk}\Big)\Big(\mu_{ijk}-m'_{ijk}\Big)^t \\
&\quad+\frac{\tau_{ijk}}{c_{ijk}}\Big(\mu_{ijk}-m'_{ijk}\Big)\Big(y(l)-m'_{ijk}\Big)^t+\frac{\tau_{ijk}^2}{c_{ijk}^2}\Big(\mu_{ijk}-m'_{ijk}\Big)\Big(\mu_{ijk}-m'_{ijk}\Big)^t
\end{aligned}
\tag{4.120}
$$

が成り立つ．したがって，

$$
\begin{aligned}
&\sum_{l=0}^{n} c_{ijkl}(y(l)-\bar{y}_{ijk})(y(l)-\bar{y}_{ijk})^t \\
&=\sum_{l=0}^{n} c_{ijkl}\Big(y(l)-m'_{ijk}\Big)\Big(y(l)-m'_{ijk}\Big)^t \\
&\quad+\frac{\tau_{ijk}}{c_{ijk}}\sum_{l=0}^{n} c_{ijkl}\Big(y(l)-m'_{ijk}\Big)\Big(\mu_{ijk}-m'_{ijk}\Big)^t \\
&\quad+\frac{\tau_{ijk}}{c_{ijk}}\sum_{l=0}^{n} c_{ijkl}\Big(\mu_{ijk}-m'_{ijk}\Big)\Big(y(l)-m'_{ijk}\Big)^t \\
&\quad+\frac{\tau_{ijk}^2}{c_{ijk}^2}\sum_{l=0}^{n} c_{ijkl}\Big(\mu_{ijk}-m'_{ijk}\Big)\Big(\mu_{ijk}-m'_{ijk}\Big)^t
\end{aligned}
\tag{4.121}
$$

となる．式 (4.121) 右辺の第2項は，

$$
\begin{aligned}
&\frac{\tau_{ijk}}{c_{ijk}}\sum_{l=0}^{n} c_{ijkl}\Big(y(l)-m'_{ijk}\Big)\Big(\mu_{ijk}-m'_{ijk}\Big)^t \\
&=\frac{\tau_{ijk}}{c_{ijk}}\Bigg(\sum_{l=0}^{n} c_{ijkl}y(l)-\sum_{l=0}^{n} c_{ijkl}m'_{ijk}\Bigg)\Big(\mu_{ijk}-m'_{ijk}\Big)^t \\
&=\frac{\tau_{ijk}}{c_{ijk}}\Big(c_{ijk}\bar{y}_{ijk}-c_{ijk}m'_{ijk}\Big)\Big(\mu_{ijk}-m'_{ijk}\Big)^t \\
&=\tau_{ijk}\Big(\bar{y}_{ijk}-m'_{ijk}\Big)\Big(\mu_{ijk}-m'_{ijk}\Big)^t
\end{aligned}
$$

第4章 音響モデルの学習と適応化

$$= -\frac{\tau_{ijk}^2}{c_{ijk}} \left(\mu_{ijk} - m'_{ijk}\right)\left(\mu_{ijk} - m'_{ijk}\right)^t \tag{4.122}$$

であり，同様に，式 (4.121) の右辺第3項も，

$$\frac{\tau_{ijk}}{c_{ijk}} \sum_{l=0}^{n} c_{ijkl}\left(\mu_{ijk} - m'_{ijk}\right)\left(y(l) - m'_{ijk}\right)^t = -\frac{\tau_{ijk}^2}{c_{ijk}} \left(\mu_{ijk} - m'_{ijk}\right)\left(\mu_{ijk} - m'_{ijk}\right)^t \tag{4.123}$$

となる．式 (4.121) の右辺第4項は，

$$\frac{\tau_{ijk}^2}{c_{ijk}^2} \sum_{l=0}^{n} c_{ijkl}\left(\mu_{ijk} - m'_{ijk}\right)\left(\mu_{ijk} - m'_{ijk}\right)^t = \frac{\tau_{ijk}^2}{c_{ijk}} \left(\mu_{ijk} - m'_{ijk}\right)\left(\mu_{ijk} - m'_{ijk}\right)^t \tag{4.124}$$

よって，式 (4.121) は，

$$\sum_{l=0}^{n} c_{ijkl}(y(l) - \bar{y}_{ijk})(y(l) - \bar{y}_{ijk})^t$$
$$= \sum_{l=0}^{n} c_{ijkl}\left(y(l) - m'_{ijk}\right)\left(y(l) - m'_{ijk}\right)^t - \frac{\tau_{ijk}^2}{c_{ijk}}\left(\mu_{ijk} - m'_{ijk}\right)\left(\mu_{ijk} - m'_{ijk}\right)^t \tag{4.125}$$

となる．一方，式 (4.119) より

$$\frac{\tau_{ijk} c_{ijk}}{\tau_{ijk} + c_{ijk}} (\mu_{ijk} - \bar{y}_{ijk})(\mu_{ijk} - \bar{y}_{ijk})^t$$

$$= \frac{\tau_{ijk} c_{ijk}}{\tau_{ijk} + c_{ijk}} \frac{(\tau_{ijk} + c_{ijk})^2}{c_{ijk}^2} \left(\mu_{ijk} - m'_{ijk}\right)\left(\mu_{ijk} - m'_{ijk}\right)^t$$

$$= \frac{\tau_{ijk}(\tau_{ijk} + c_{ijk})}{c_{ijk}} \left(\mu_{ijk} - m'_{ijk}\right)\left(\mu_{ijk} - m'_{ijk}\right)^t$$

$$= \frac{\tau_{ijk}^2}{c_{ijk}} \left(\mu_{ijk} - m'_{ijk}\right)\left(\mu_{ijk} - m'_{ijk}\right)^t + \tau_{ijk}\left(\mu_{ijk} - m'_{ijk}\right)\left(\mu_{ijk} - m'_{ijk}\right)^t \tag{4.126}$$

であるから，式 (4.125)，(4.126) より，式 (4.116) の分子は，

$$S_{ijk} + \sum_{l=0}^{n} c_{ijkl} \left(y(l) - m'_{ijk} \right) \left(y(l) - m'_{ijk} \right)^t - \frac{\tau_{ijk}^2}{c_{ijk}} \left(\mu_{ijk} - m'_{ijk} \right) \left(\mu_{ijk} - m'_{ijk} \right)^t$$

$$+ \frac{\tau_{ijk}^2}{c_{ijk}} \left(\mu_{ijk} - m'_{ijk} \right) \left(\mu_{ijk} - m'_{ijk} \right)^t + \tau_{ijk} \left(\mu_{ijk} - m'_{ijk} \right) \left(\mu_{ijk} - m'_{ijk} \right)^t$$

$$= S_{ijk} + \sum_{l=0}^{n} c_{ijkl} \left(y(l) - m'_{ijk} \right) \left(y(l) - m'_{ijk} \right)^t$$

$$+ \tau_{ijk} \left(\mu_{ijk} - m'_{ijk} \right) \left(\mu_{ijk} - m'_{ijk} \right)^t \tag{4.127}$$

となる．よって，式 (4.116)，(4.127) より，$R^{\Sigma}_{b_{ij}}(\theta, b'_{ij})$ を最大化する Σ'_{ijk} は，

$$\Sigma'_{ijk} = \frac{S_{ijk} + \sum_{l=0}^{n} c_{ijkl} \left(y(l) - m'_{ijk} \right) \left(y(l) - m'_{ijk} \right)^t + \tau_{ijk} \left(\mu_{ijk} - m'_{ijk} \right) \left(\mu_{ijk} - m'_{ijk} \right)^t}{(\alpha_{ijk} - p) + \sum_{l=0}^{n} c_{ijkl}} \tag{4.128}$$

で与えられる．

以上まとめると，適応化音声を用いた HMM パラメータの再推定は，次の式で行われる．いずれも，4.1.2 節で示した式 (4.15) と同様，事前分布の情報（もととなる不特定話者音声データから得られた情報）と，適応化用データから得られた情報との重み付き平均の形になっていることがわかる．

初期確率：

$$\pi'_i = \frac{(\eta_i - 1) + \pi_i \beta_0(i)}{\sum_{j=0}^{N-1} (\eta_i - 1) + \sum_{j=0}^{N-1} \pi_j \beta_0(j)}$$

遷移確率：

$$a'_{ij} = \frac{(\eta_{ij} - 1) + \sum_{l=0}^{n} \alpha_l(i) a_{ij} \left(\sum_{k=0}^{M-1} \lambda_{ijk} b_{ijk}(y(l)) \right) \beta_{l+1}(j)}{\sum_{j=0}^{N-1} (\eta_i - 1) + \sum_{j=0}^{N-1} \sum_{l=0}^{n} \alpha_l(i) a_{ij} \left(\sum_{k=0}^{M-1} \lambda_{ijk} b_{ijk}(y(l)) \right) \beta_{l+1}(j)}$$

第4章 音響モデルの学習と適応化

分岐確率：

$$\lambda'_{ijk} = \frac{v_{ijk} - 1 + \sum_{l=0}^{n} c_{ijkl}}{\sum_{w=0}^{M-1}(v_{ijw} - 1) + \sum_{w=0}^{M-1}\sum_{l=0}^{n} c_{ijwl}}$$

平均ベクトル：

$$m'_{ijk} = \frac{\tau_{ijk}\mu_{ijk} + \sum_{l=0}^{n} c_{ijkl} y(l)}{\tau_{ijk} + \sum_{l=0}^{n} c_{ijkl}}$$

共分散行列：

$$\Sigma'_{ijk} = \frac{S_{ijk} + \sum_{l=0}^{n} c_{ijkl}\left(y(l) - m'_{ijk}\right)\left(y(l) - m'_{ijk}\right)^t + \tau_{ijk}\left(\mu_{ijk} - m'_{ijk}\right)\left(\mu_{ijk} - m'_{ijk}\right)^t}{(\alpha_{ijk} - p) + \sum_{l=0}^{n} c_{ijkl}}$$

ここに，

$$c_{ijkl} = \alpha_l(i) a_{ij} \left(\sum_{w=0}^{M-1} \lambda_{ijw} b_{ijw}(y(l)) \right) \beta_{l+1}(j) \frac{\lambda_{ijk} N(y(l)|m_{ijk}, \Sigma_{ijk})}{\sum_{w=0}^{M-1} \lambda_{ijw} N(y(l)|m_{ijw}, \Sigma_{ijw})}$$

である．

上記の再推定式を実際に利用する際には，パラメータをどのように設定するかが問題となる．各パラメータを以下に整理するので，利用する際の参考にしてほしい．

- η_i ： ディリクレ分布の自由度（π_iの事前分布）
- η_{ij} ： ディリクレ分布の自由度（a_{ij}の事前分布）
- ν_{ijk} ： ディリクレ分布の自由度（λ_{ijk}の事前分布）
- μ_{ijk} ： ウィシャート分布のパラメータ（事前平均ベクトル）
- τ_{ijk} ： 正規-ウィシャート分布のパラメータ（事前観測の回数と解釈さ

れるパラメータ）
S_{ijk}： ウィシャート分布の共分散行列
α_{ijk}： ウィシャート分布の自由度

4.6.2　MLLR法[15]

現在の音声認識では，トライフォンHMMを利用するのが一般的であるが，MAP法では，適応化用データに存在するトライフォンに対応したHMMしか適応化できず，少量の適応化データしか利用できない場合には，十分な効果が得られなかった．これに対して，以下で解説するMLLRは，複数の分布をひとまとめにして，クラスとして適応化を行うため，適応化用データに存在しないトライフォンのHMMも適応化可能である．

MLLRは，出力確率正規分布の平均ベクトルのみを適応化する方法として提案された[15]．いま，前項と同様，HMMパラメータを $\theta = \{\pi_i, a_{ij}, \lambda_{ijk}, m_{ijk}, \Sigma_{ijk}\}$，$\hat{\theta} = \{\pi'_i, a'_{ij}, \lambda'_{ijk}, m'_{ijk}, \Sigma'_{ijk}\}$ で表す．また，HMMとしては，混合分布連続型を前提とする．パラメータ θ に含まれるある分布の平均ベクトルを m_{ijk} とすると，m_{ijk} に以下の線形回帰（linear regression）演算を施して，適応化された平均ベクトル $\tilde{m}_{ijk}$ を得る．

$$\tilde{m}_{ijk} = W_c m_{ijk} + \omega_c \tag{4.129}$$

ここに，c は分布の集合（クラス）を表す．クラスとしては，トライフォンのクラスを用いる場合もあれば，共有化されたHMM状態の集合で定義される場合もある．場合によっては，全トライフォンを一つのクラスとみなし，すべての分布の平均ベクトルを式（4.129）で変換する場合もある．式（4.129）において，W_c は $p \times p$ 回帰行列（regression matrix）であり，ω_c はバイアスベクトルである．MLLRでは，適応化データに対する尤度を最大とする W_c，ω_c を求め，その結果得られる平均ベクトル $\tilde{m}_{ijk}$ を用いて音声認識を行う．

m_{ijk} の成分表示を $m_{ijk} = \left(m_{ijk}^{(1)}\ m_{ijk}^{(2)}\ \cdots\ m_{ijk}^{(p)} \right)^t$ とすると，m_{ijk} に対して，拡張された平均ベクトル

$$\xi_{ijk} = \begin{pmatrix} 1 & m_{ijk}^{(1)} & m_{ijk}^{(2)} & \cdots & m_{ijk}^{(p)} \end{pmatrix}^t \tag{4.130}$$

を考える．このとき，拡張された $p \times (p+1)$ 線形変換を

$$\overline{W}_c = (\omega_c \ W_c) \tag{4.131}$$

で表すと，式 (4.129) は

$$\tilde{m}_{ijk} = \overline{W}_c \xi_{ijk} \tag{4.132}$$

と変形される．

まず，クラス c がただ一つの分布のみからなる場合を考える．このとき，適応化データに対して尤度を最大化するには，以下の Q-関数 Q_b を最大化する $\overline{W}_c = \overline{W}_{ijk}$ を求めればよい．

$$\begin{aligned} Q_b(\theta, \hat{\theta}) &= \sum_{i=0}^{N-1} \sum_{j=0}^{N-1} \sum_{k=0}^{M-1} \sum_{l=0}^{n} \alpha_l(i) a_{ij} \lambda_{ijk} b_{ijk}(y(l)) \beta_{l+1}(j) \log \left(b'_{ijk}(y(l)) \right) \\ &= -\frac{1}{2} \sum_{i=0}^{N-1} \sum_{j=0}^{N-1} \sum_{k=0}^{M-1} \sum_{l=0}^{n} \alpha_l(i) a_{ij} \lambda_{ijk} b_{ijk}(y(l)) \beta_{l+1}(j) \\ &\quad \times \left[p \log 2\pi + \log |\Sigma_{ijk}| + \left(y(l) - \overline{W}_c \xi_{ijk} \right)^t \Sigma_{ijk}^{-1} \left(y(l) - \overline{W}_c \xi_{ijk} \right) \right] \end{aligned}$$
$$\tag{4.133}$$

このため，$Q_b(\theta, \hat{\theta})$ を $\overline{W}_c = \overline{W}_{ijk}$ で偏微分して 0 とおく．

$$\begin{aligned} &\frac{\partial}{\partial \overline{W}_c} Q_b(\theta, \hat{\theta}) \\ &= -\frac{1}{2} \sum_{l=0}^{n} \alpha_l(i) a_{ij} \lambda_{ijk} b_{ijk}(y(l)) \beta_{l+1}(j) \left[-2 \Sigma_{ijk}^{-1} \left(y(l) - \overline{W}_c \xi_{ijk} \right) \xi_{ijk}^t \right] \\ &= \sum_{l=0}^{n} \alpha_l(i) a_{ij} \lambda_{ijk} b_{ijk}(y(l)) \beta_{l+1}(j) \Sigma_{ijk}^{-1} \left(y(l) - \overline{W}_c \xi_{ijk} \right) \xi_{ijk}^t = 0 \end{aligned}$$
$$\tag{4.134}$$

ここに,式 (4.134) の最初の等号で,補題3(e)を用いた.式 (4.134) より,MLLR 基本式

$$\sum_{l=0}^{n} \alpha_l(i) a_{ij} \lambda_{ijk} b_{ijk}(y(l)) \beta_{l+1}(j) \Sigma_{ijk}^{-1} y(l) \xi_{ijk}^{t}$$
$$= \sum_{l=0}^{n} \alpha_l(i) a_{ij} \lambda_{ijk} b_{ijk}(y(l)) \beta_{l+1}(j) \Sigma_{ijk}^{-1} \overline{W}_c \xi_{ijk} \xi_{ijk}^{t} \quad (4.135)$$

を得る.いま,時刻が l から $l+1$ に移る際に HMM 状態が i から j に遷移して,混合分布の k 番目の分布から $y(l)$ が出力される確率を $\gamma_l(i,j,k)$ とすると,

$$\gamma_l(i,j,k) = P\{X(l)=i, X(l+1)=j, K(l)=k|$$
$$O(0)=y(0),\cdots,O(l)=y(l),\cdots,O(n)=y(n)\}$$
$$= \frac{\alpha_l(i) a_{ij} \lambda_{ijk} b_{ijk}(y(l)) \beta_{l+1}(j)}{P\{O(0)=y(0),\cdots,O(n)=y(n)\}} \quad (4.136)$$

と表される.このとき,MLLR 基本式 (4.135) は,次のように変形できる.

$$\sum_{l=0}^{n} \gamma_l(i,j,k) \Sigma_{ijk}^{-1} y(l) \xi_{ijk}^{t} = \sum_{l=0}^{n} \gamma_l(i,j,k) \Sigma_{ijk}^{-1} \overline{W}_c \xi_{ijk} \xi_{ijk}^{t} \quad (4.137)$$

この式を,$\overline{W}_c$ で解くと適応化のための線形変換が得られる.

線形変換を複数の分布間で共有する場合,その共有クラス c に対して,MLLR 基本式は,

$$\sum_{l=0}^{n} \sum_{(i,j,k) \in c} \gamma_l(i,j,k) \Sigma_{ijk}^{-1} y(l) \xi_{ijk}^{t} = \sum_{l=0}^{n} \sum_{(i,j,k) \in c} \gamma_l(i,j,k) \Sigma_{ijk}^{-1} \overline{W}_c \xi_{ijk} \xi_{ijk}^{t}$$
$$(4.138)$$

あるいは,

$$\sum_{l=0}^{n} \sum_{(i,j,k) \in c} \gamma_l(i,j,k) \Sigma_{ijk}^{-1} y(l) \xi_{ijk}^{t} = \sum_{(i,j,k) \in c} V_{ijk} \overline{W}_c D_{ijk} \quad (4.139)$$

で表される.ここに,

$$V_{ijk} \equiv \sum_{l=0}^{n} \gamma_l(i,j,k) \Sigma_{ijk}^{-1} \tag{4.140}$$

$$D_{ijk} \equiv \xi_{ijk} \xi_{ijk}{}^t = \begin{bmatrix} 1 & m_{ijk}^{(1)} & \cdots & m_{ijk}^{(p)} \\ m_{ijk}^{(1)} & m_{ijk}^{(1)} m_{ijk}^{(1)} & \cdots & m_{ijk}^{(1)} m_{ijk}^{(p)} \\ \vdots & \vdots & \ddots & \vdots \\ m_{ijk}^{(p)} & m_{ijk}^{(p)} m_{ijk}^{(1)} & \cdots & m_{ijk}^{(p)} m_{ijk}^{(p)} \end{bmatrix} \tag{4.141}$$

とおいた．更に，式 (4.139) の右辺を $G = (g_{rs})$ とおく．すなわち，

$$G \equiv \sum_{(i,j,k) \in c} V_{ijk} \overline{W}_c D_{ijk} \tag{4.142}$$

いま，D_{ijk} の rs-成分を $d_{ijk}^{(rs)}$，V_{ijk} の rs-成分を $v_{ijk}^{(rs)}$，$\overline{W}_c$ の rs-成分を $\overline{w}_c^{(rs)}$ と書く．このとき，

$$G = \begin{bmatrix} g_{11} & \cdots & g_{1\,p+1} \\ \vdots & \ddots & \vdots \\ g_{p1} & \cdots & g_{p\,p+1} \end{bmatrix}$$

$$= \sum_{(i,j,k) \in c} \begin{bmatrix} v_{ijk}^{(11)} & \cdots & v_{ijk}^{(1p)} \\ \vdots & \ddots & \vdots \\ v_{ijk}^{(p1)} & \cdots & v_{ijk}^{(pp)} \end{bmatrix} \begin{bmatrix} \overline{w}_c^{(11)} & \cdots & \overline{w}_c^{(1\,p+1)} \\ \vdots & \ddots & \vdots \\ \overline{w}_c^{(p+1\,1)} & \cdots & \overline{w}_c^{(p+1\,p+1)} \end{bmatrix}$$

$$\cdot \begin{bmatrix} d_{ijk}^{(11)} & \cdots & d_{ijk}^{(1\,p+1)} \\ \vdots & \ddots & \vdots \\ d_{ijk}^{(p+1\,1)} & \cdots & d_{ijk}^{(p+1\,p+1)} \end{bmatrix}$$

$$= \sum_{(i,j,k) \in c} \begin{bmatrix} \sum_{r=1}^{p} v_{ijk}^{(1r)} \overline{w}_c^{(r1)} & \cdots & \sum_{r=1}^{p} v_{ijk}^{(1r)} \overline{w}_c^{(r\,p+1)} \\ \vdots & \ddots & \vdots \\ \sum_{r=1}^{p} v_{ijk}^{(pr)} \overline{w}_c^{(r1)} & \cdots & \sum_{r=1}^{p} v_{ijk}^{(pr)} \overline{w}_c^{(r\,p+1)} \end{bmatrix} \begin{bmatrix} d_{ijk}^{(11)} & \cdots & d_{ijk}^{(1\,p+1)} \\ \vdots & \ddots & \vdots \\ d_{ijk}^{(p+1\,1)} & \cdots & d_{ijk}^{(p+1\,p+1)} \end{bmatrix}$$

$$= \sum_{(i,j,k) \in c} \begin{bmatrix} \sum_{r=1}^{p} \sum_{s=1}^{p+1} v_{ijk}^{(1r)} \overline{w}_c^{(rs)} d_{ijk}^{(s1)} & \cdots & \sum_{r=1}^{p} \sum_{s=1}^{p+1} v_{ijk}^{(1r)} \overline{w}_c^{(rs)} d_{ijk}^{(s\,p+1)} \\ \vdots & \ddots & \vdots \\ \sum_{r=1}^{p} \sum_{s=1}^{p+1} v_{ijk}^{(pr)} \overline{w}_c^{(rs)} d_{ijk}^{(s1)} & \cdots & \sum_{r=1}^{p} \sum_{s=1}^{p+1} v_{ijk}^{(pr)} \overline{w}_c^{(rs)} d_{ijk}^{(s\,p+1)} \end{bmatrix} \quad (4.143)$$

が成り立つから,

$$g_{uv} = \sum_{(i,j,k) \in c} \sum_{r=1}^{p} \sum_{s=1}^{p+1} v_{ijk}^{(ur)} \overline{w}_c^{(rs)} d_{ijk}^{(sv)} = \sum_{r=1}^{p} \sum_{s=1}^{p+1} \overline{w}_c^{(rs)} \left[\sum_{(i,j,k) \in c} v_{ijk}^{(ur)} d_{ijk}^{(sv)} \right] \quad (4.144)$$

である.

共分散行列 Σ_{ijk} が全共分散の場合,すなわち,その非対角成分が一般に 0 でない場合,式 (4.144) を $\overline{w}_c^{(rs)}$ で解くのは難しい.そこで,共分散行列が対角共分散の場合について,解法を述べる.いま,共分散行列を

$$\Sigma_{ijk} = \begin{bmatrix} \sigma_{ijk}^{(1)} & & 0 \\ & \ddots & \\ 0 & & \sigma_{ijk}^{(p)} \end{bmatrix} \quad (4.145)$$

とする.このとき,V_{ijk} も対角行列となる.

$$V_{ijk} = \begin{bmatrix} v_{ijk}^{(11)} & & 0 \\ & \ddots & \\ 0 & & v_{ijk}^{(pp)} \end{bmatrix} \quad (4.146)$$

ここに,

$$v_{ijk}^{(rr)} = \sum_{l=0}^{n} \gamma_l(i,j,k) \cdot \left(\sigma_{ijk}^{(r)} \right)^{-1} \quad (4.147)$$

とおいた.D_{ijk} の対称性を考慮すると,$d_{ijk}^{(sv)} = d_{ijk}^{(vs)}$ であるから,

第4章 音響モデルの学習と適応化

$$g_{uv} = \sum_{s=1}^{p+1} \overline{w}_c^{(us)} \left[\sum_{(i,j,k) \in c} v_{ijk}^{(uu)} d_{ijk}^{(vs)} \right] \qquad (4.148)$$

が成り立つ．いま，

$$h_{vs}^{(u)} \equiv \sum_{(i,j,k) \in c} v_{ijk}^{(uu)} d_{ijk}^{(vs)} \qquad (4.149)$$

と定義すると，

$$g_{uv} = \sum_{s=1}^{p+1} \overline{w}_c^{(us)} h_{vs}^{(u)} \qquad (4.150)$$

となる．よって，

$$H^{(u)} \equiv \begin{bmatrix} h_{11}^{(u)} & \cdots & h_{1\,p+1}^{(u)} \\ \vdots & \ddots & \vdots \\ h_{p+1\,1}^{(u)} & \cdots & h_{p+1\,p+1}^{(u)} \end{bmatrix} \qquad (4.151)$$

とおくと，

$$\begin{aligned}
\begin{bmatrix} g_{u1} & \cdots & g_{u\,p+1} \end{bmatrix} &= \begin{bmatrix} \sum_{s=1}^{p+1} \overline{w}_c^{(us)} h_{1s}^{(u)} & \cdots & \sum_{s=1}^{p+1} \overline{w}_c^{(us)} h_{p+1\,s}^{(u)} \end{bmatrix} \\
&= \begin{bmatrix} \overline{w}_c^{(u1)} & \cdots & \overline{w}_c^{(u\,p+1)} \end{bmatrix} \begin{bmatrix} h_{11}^{(u)} & \cdots & h_{p+1\,1}^{(u)} \\ \vdots & \ddots & \vdots \\ h_{1\,p+1}^{(u)} & \cdots & h_{p+1\,p+1}^{(u)} \end{bmatrix} \\
&= \begin{bmatrix} \overline{w}_c^{(u1)} & \cdots & \overline{w}_c^{(u\,p+1)} \end{bmatrix} \left(H^{(u)} \right)^t \qquad (4.152)
\end{aligned}$$

が成り立つ．$\overline{W}_c$ の第 u 行を $\overline{w}_c^{(u)}$，横ベクトル $(g_{u1} \cdots g_{u\,p+1})$ を g_u と書くと，式 (4.152) は，

$$g_u = \overline{w}_c^{(u)} \left(H^{(u)} \right)^t$$

$$(g_u)^t = H^{(u)} \left(\overline{w}_c^{(u)} \right)^t$$

と変形できるから,

$$\left(\overline{w}_c^{(u)}\right)^t = \left(H^{(u)}\right)^{-1} (g_u)^t \tag{4.153}$$

である.一方,式 (4.139) の左辺を F とし,その rs-成分を f_{rs} とする.このとき,$F = G$ より,

$$f_{rs} = g_{rs} \quad (r = 1, \cdots, p, s = 1, \cdots, p+1)$$

したがって,

$$F = \sum_{l=0}^{n} \sum_{(i,j,k) \in c} \gamma_l(i,j,k) \Sigma_{ijk}^{-1} y(l) \xi_{ijk}{}^t \tag{4.154}$$

の第 u 行を f_u と書くと,回帰行列 $\overline{W}_c$ の第 u 行ベクトルは,

$$\left(\overline{w}_c^{(u)}\right)^t = \left(H^{(u)}\right)^{-1} (f_u)^t \tag{4.155}$$

より求められる.

補足　ウィシャート分布と逆ウィシャート分布

(1) ウィシャート分布

p 次元ベクトル

$$X(0) = \begin{bmatrix} x_1(0) \\ x_2(0) \\ \vdots \\ x_p(0) \end{bmatrix}, X(1) = \begin{bmatrix} x_1(1) \\ x_2(1) \\ \vdots \\ x_p(1) \end{bmatrix}, \cdots, X(n-1) = \begin{bmatrix} x_1(n-1) \\ x_2(n-1) \\ \vdots \\ x_p(n-1) \end{bmatrix} \tag{4.156}$$

が,正規分布 $N(0, S)$ からの無作為標本であるとき,$p \times n$ 行列

$$X = (X(0) \quad X(1) \quad \cdots \quad X(n-1))$$

$$= \begin{bmatrix} x_1(0) & x_1(1) & \cdots & x_1(n-1) \\ x_p(0) & x_2(1) & \cdots & x_2(n-1) \\ \vdots & \vdots & & \vdots \\ x_p(0) & x_p(1) & \cdots & x_p(n-1) \end{bmatrix} \qquad (4.157)$$

に対して,

$$W \equiv XX^t = \begin{bmatrix} x_1(0) & x_1(1) & \cdots & x_1(n-1) \\ x_p(0) & x_2(1) & \cdots & x_2(n-1) \\ \vdots & \vdots & & \vdots \\ x_p(0) & x_p(1) & \cdots & x_p(n-1) \end{bmatrix} \begin{bmatrix} x_1(0) & x_2(0) & \cdots & x_p(0) \\ x_1(1) & x_2(1) & \cdots & x_p(1) \\ \vdots & \vdots & & \vdots \\ x_1(n-1) & x_2(n-1) & \cdots & x_p(n-1) \end{bmatrix}$$

$$= \begin{bmatrix} \sum_{l=0}^{n-1} x_1(l)x_1(l) & \sum_{l=0}^{n-1} x_1(l)x_2(l) & \cdots & \sum_{l=0}^{n-1} x_1(l)x_p(l) \\ \sum_{l=0}^{n-1} x_2(l)x_1(l) & \sum_{l=0}^{n-1} x_2(l)x_2(l) & \cdots & \sum_{l=0}^{n-1} x_2(l)x_p(l) \\ \vdots & \vdots & & \vdots \\ \sum_{l=0}^{n-1} x_p(l)x_1(l) & \sum_{l=0}^{n-1} x_p(l)x_2(l) & \cdots & \sum_{l=0}^{n-1} x_p(l)x_p(l) \end{bmatrix} \qquad (4.158)$$

の分布を,次元 p,共分散行列 S,自由度 ν のウィシャート分布といい,$W_p(S,\nu)$ で表す[16](この場合には,自由度 $\nu = n$).$W = (w_{ij})$ は対称行列であるから,この分布は,$p(p+1)/2$ 個の確率変数 $w_{ij}(i \leq j)$ の分布となっている.ウィシャート分布は,χ^2 分布の多変量の場合への拡張である.

$\nu \geq p$ のとき,ウィシャート分布の確率密度関数は,

$$p(W|S,\nu) = \frac{1}{2^{\frac{\nu p}{2}} \pi^{\frac{p(p-1)}{4}} \prod_{i=1}^{p} \Gamma\left(\frac{\nu+1-i}{2}\right)} \\ \cdot |S|^{-\frac{\nu}{2}} \cdot |W|^{\frac{\nu-p-1}{2}} \cdot \exp\left(-\frac{1}{2}\operatorname{tr}\left[S^{-1}W\right]\right) \qquad (4.159)$$

で表される．ここに，Γ はガンマ関数，tr は行列のトレースを表す．一方，$\nu < p$ のとき，ウィシャート分布は特異（singular）となって，密度関数は存在しない．

更に，$X(0), \cdots, X(n-1)$ が，$N(m, s)$ に従うとき，サンプル共分散行列

$$\hat{W} = \frac{1}{n} \sum_{i=0}^{n-1} (X(i) - \overline{X})(X(i) - \overline{X})^t$$

の密度関数は，

$$p(\hat{W}|S, \nu) = \left(\frac{n}{2}\right)^{\frac{\nu p}{2}} \frac{1}{\pi^{\frac{p(p-1)}{4}} \prod_{i=1}^{p} \Gamma\left(\frac{\nu + 1 - i}{2}\right)}$$

$$\cdot |S|^{-\frac{\nu}{2}} \cdot |W|^{\frac{\nu - p - 1}{2}} \cdot \exp\left(-\frac{1}{2} \mathrm{tr}\left[nS^{-1}W\right]\right) \quad (4.160)$$

となる [17]．式（4.159）の代わりに，式（4.160）を用いれば，MAP 話者適応化法における共分散行列の再推定式（4.128）は，

$$\Sigma'_{ijk}$$
$$= \frac{\alpha_{ijk} S_{ijk} + \sum_{l=0}^{n} c_{ijkl} (y(l) - m'_{ijk})(y(l) - m'_{ijk})^t + \tau_{ijk} (\mu_{ijk} - m'_{ijk})(\mu_{ijk} - m'_{ijk})^t}{(\alpha_{ijk} - p) + \sum_{l=0}^{n} c_{ijkl}}$$

$$(4.161)$$

となり，より重み付き平均に近い形が得られる．

（2） 逆ウィシャート分布

W が $W_p(S, \nu)$ に従うとき，W^{-1} は逆ウィシャート分布に従う．すなわち，$U \equiv W^{-1}$ の密度関数は，$\nu \geq p$ のとき，

$$p(U|S, \nu) = \frac{1}{2^{\frac{\nu p}{2}} \pi^{\frac{p(p-1)}{4}} \prod_{i=1}^{p} \Gamma\left(\frac{\nu + 1 - i}{2}\right)}$$

$$\cdot |S|^{-\frac{\nu}{2}} \cdot |U|^{-\frac{\nu+p+1}{2}} \cdot \exp\left(-\frac{1}{2}\operatorname{tr}\left[S^{-1}U^{-1}\right]\right) \quad (4.162)$$

で表される.逆ウィシャート分布の自由度を新たに,$\tilde{\nu} = \nu + p + 1$ で定義すると,逆ウィシャート分布の密度関数は,

$$p(U|S,v) = \frac{1}{2^{\frac{(\tilde{\nu}-p-1)p}{2}} \pi^{\frac{p(p-1)}{4}} \prod_{i=1}^{p} \Gamma\left(\frac{\hat{\nu}+1-i}{2}\right)}$$

$$\cdot |S|^{-\frac{\tilde{\nu}-p-1}{2}} \cdot |U|^{-\frac{\hat{\nu}}{2}} \cdot \exp\left(-\frac{1}{2}\operatorname{tr}\left[S^{-1}U^{-1}\right]\right) \quad (4.163)$$

で表される.

参 考 文 献

[1] 東京大学教養学部統計学教室(編),自然科学の統計学,東京大学出版会,1992.
[2] A. P. Dempster, N. M. Laird, and D. B. Rubin, "Maximum likelihood from incomplete data via the EM algorithm," J. Royal Statistical Society, Series B, vol. 39, pp. 1–38, 1977.
[3] 佐武一郎,線形代数学,裳華房,1958 など.
[4] 中川聖一,確率モデルによる音声認識,電子情報通信学会,1998.
[5] X. D. Huang, Y. Ariki, and M. A. Jack, Hidden Markov Models for Speech Recognition, Edinburgh Univ. Press, 1990.
[6] B.-H. Juang, "Maximum-likelihood estimation for mixture multivariate stochastic observations of Markov chains," AT&T Technical Journal, vol. 64, no. 6, pp. 1235–1249, 1985.
[7] S. J. Young, J. J. Odell, and P. C. Woodland, "Tree-based state tying for high accuracy acoustic modeling," Proc. ARPA Human Language Technology Workshop, pp. 307–312, March 1994.
[8] J.-L. Gauvain and C.-H. Lee, "Maximum a posterior estimation for multivariate Gaussian mixture observations of Markov chains," IEEE Trans. Speech Audio Process., vol. 2, no. 2, pp. 291–298, April 1994.
[9] 繁桝算男,ベイズ統計入門,東京大学出版会,1985.
[10] S. Kots, N. Balakrishman, and N. L. Johnson, Continuous Multivariate Distributions, vol. 1, 2nd Ed., Wiley, 2000.
[11] A. Gelman, J. B. Carlin, H. S. Stern, and D. B. Rubin, Bayesian Data Analysis, Chapman & Hall, 1995.
[12] K. Fukunaga, Introduction to Statistical Pattern Recognition, 2nd ed., Academic

Press, 1990.
[13] J. Wishart and M. S. Bartlett, "The generalized product moment distribution in a normal system," Proc. Cambridge Philosophical Soc., vol. 29, pp. 260–270, 1932.
[14] D. G. Keehn, "A note on learning for Gaussian properties," IEEE Trans. Inf. Theory, vol. IT-11, no. 1, pp. 126–132, Jan. 1965.
[15] C. J. Leggetter and P. C. Woodland, "Maximum likelihood linear regression for speaker adaptation of continuous density hidden Markov models," Computer Speech and Language, vol. 9, pp. 171–185, 1995.
[16] 日本数学会（編），岩波数学辞典第3版，岩波書店，1985．
[17] R. J. Muirhead, Aspects of Multivariate Statistical Theory, John Wiley & Sons, 1982.

第5章

言語モデル

本章では，式 (3.4) の $P(w)$ を計算するための言語モデルについて述べる．言語モデルとは，発話内容の言語的性質をモデル化するものである．

5.1 形態素解析[1]

日本語の原稿は，英語などのように単語単位で分かち書きされていないため，n-gram 言語モデルを学習する際には，原稿をある一定の単位で分割する必要がある．形態素解析は，このために利用される技術である．形態素とは，意味を有する最小の言語単位のことを指す．厳密には，形態素は単語と同じ

言語データベース：
　文部大臣の諮問機関，中教審，中央教育審議会は，国際化に合わせて，海外で学ぶ日本人のこどものために衛星通信などを使って国内と同じ内容の授業をしたり，幼いうちに海外から帰国した子どものために日本語教育を充実させるなどの報告案を，きょう開いた総会でまとめました．
　・・・・・・・・・・・・・・・・・・・

形態素分割結果：
　<s> 文部 大臣 の 諮問 機関 中教審 中央 教育 審議会 は 国際化 に 合わせて 海外 で 学ぶ 日本人 の こども の ため に 衛星 通信 など を 使って 国内 と 同じ 内容 の 授業 を したり 幼い うち に 海外 から 帰国 した 子ども の ため に 日本語 教育 を 充実 させる など の 報告案 を きょう 開いた 総会 で まとめ ました </s>
　・・・・・・・・・・・・・・・・・・・

図 5.1　言語データベースと形態素分割結果

か,単語より短い単位である.形態素解析ソフトが広く流通していることもあって,音声認識では,形態素解析で文章を分割し,分割された単位(形態素)で単語を定義することが多い.なお,形態素解析を行った後で,文頭に\<s>,文末に\</s>という記号を付与するのが一般的である.これらの記号も,文頭,文末における単語の生起確率を計算する上で利用される.

図5.1に,原稿を形態素解析により分割した例を示す.

5.2 n-gram 言語モデル

n-gram 言語モデルは,式 (3.4) の $P(w)$ を計算するためのモデルである.一般に,単語列 $w = w_1 \cdots w_m$ が与えられたとき,その生成確率は,

$$P(w) = P(w_1 \cdots w_m)$$
$$= P(w_1) P(w_2|w_1) \cdots P(w_m|w_1 \cdots w_{m-1}) \tag{5.1}$$

で表される.n-gram モデルは,ある時点での単語の出現確率は,直前 $n-1$ 個の単語にのみ依存すると仮定するモデルであり,$m \geq n$ とすると,

$$P(w_m|w_1 \cdots w_{m-1}) = P(w_m|w_{m-n+1} \cdots w_{m-1}) \tag{5.2}$$

が成り立つ*.n-gram モデルのうち,$n=1$ の場合のモデル(単語生起確率)をユニグラム(unigram),$n=2$ の場合をバイグラム(bigram),$n=3$ の場合をトライグラム(trigram)という.

ユニグラムモデル:$P(w_m|w_1 \cdots w_{m-1}) = P(w_m)$

バイグラムモデル:$P(w_m|w_1 \cdots w_{m-1}) = P(w_m|w_{m-1})$

トライグラムモデル:$P(w_m|w_1 \cdots w_{m-1}) = P(w_m|w_{m-2} w_{m-1})$

一般に,n-gram は,大量に集められた原稿から学習される.このような原

---

* 式 (5.2) は,n-gram モデルを M とすると,正確には,
$$P_M(w_m|w_1 \cdots w_{m-1}) = P_M(w_m|w_{m-n+1} \cdots w_{m-1})$$
と記すべきであるが,M を省略する略記法を用いた.以下,同様な略記法を用いる.

稿をコーパス (corpus) と呼ぶ．コーパス中で，単語列 $w_{m-n+1}\cdots w_m$ が出現する回数を $C(w_{m-n+1}\cdots w_m)$ とすると，n-gram は，

$$P(w_m|w_{m-n+1}\cdots w_{m-1}) = \frac{C(w_{m-n+1}\cdots w_{m-1}w_m)}{C(w_{m-n+1}\cdots w_{m-1})} \tag{5.3}$$

で推定される．ここに，単語全体の集合を V とおくと，式 (5.3) の分母 $C(w_1w_2w_3\cdots w_{n-1})$ は，

$$C(w_1w_2w_3\cdots w_{n-1}) = \sum_{w \in V} C(w_1w_2w_3\cdots w_{n-1}w) \tag{5.4}$$

で求められる．式 (5.3) は，4.1.1 項で述べた最尤推定量となっている．なお，音声認識では，n-gram モデルの式 (5.2) の右辺の式（場合によっては右辺の値）を，単に n-gram と呼ぶことがある．本書でも，例えば，$P(w_m|w_{m-2}w_{m-1})$ を単にトライグラムと呼ぶ．

実際のコーパスでは，出現回数が 1 回しかない単語列が，少なからず含まれている．このような単語列に対する n-gram は，推定精度が問題となる．出現回数が少ない単語列への対処法として，カットオフ (cut-off) と呼ばれる手法が用いられる．カットオフとは，出現回数に対するしきい値を定めておき，n-gram を計算する際には，出現回数がこのしきい値以下であった単語列を除いて計算する方法である．式 (5.4) の右辺の出現回数 $C(w_1w_2w_3\cdots w_{n-1}w)$ のうち，$C(w_1w_2w_3\cdots w_{n-1}w^{(1)})$, $C(w_1w_2w_3\cdots w_{n-1}w^{(2)})$, $\cdots$, $C(w_1w_2w_3\cdots w_{n-1}w^{(r)})$ がしきい値以下であったとする．このとき，n-gram $P(w^{(1)}|w_1w_2w_3\cdots w_{n-1})$, $P(w^{(2)}|w_1w_2w_3\cdots w_{n-1})$, $\cdots$, $P(w^{(r)}|w_1w_2w_3\cdots w_{n-1})$ を計算しないだけでなく，$w^{(1)},w^{(2)},\cdots,w^{(r)}$ 以外の単語 w_n に対して，式 (5.3) に従って n-gram を計算する際，分母には，補正回数

$$\hat{C}(w_1w_2w_3\cdots w_{n-1}) = \sum_{w \in \hat{V}} C(w_1w_2w_3\cdots w_{n-1}w) \tag{5.5}$$

を利用する．ここに，$\hat{V}$ は，V から $w^{(1)},w^{(2)},\cdots,w^{(r)}$ を除いた集合，すなわち

$$\hat{V} = V - \left\{w^{(1)},w^{(2)},\cdots,w^{(r)}\right\} \tag{5.6}$$

である.なお,カットオフで除かれた単語列は,通常,次節で述べるバックオフスムージングで補われる.カットオフには,計算時のメモリ量を大幅に削減できるという利点もある.

5.3 バックオフスムージング[2], [3]

n-gramモデルの場合も,トライフォンHMMの場合と同様に,コーパスに現れない単語列や,出現回数の少ない単語列の扱いが問題となる.以下,このスパースネスの問題に対処するために提案された,バックオフスムージング (back-off smoothing) 法を紹介する.

本節では,n個の単語の連なりを,n単語列[*]と呼ぶ.いま,コーパス中にr回出現したn単語列の個数をn_rと表す.コーパス中の全n単語列数をNとすると,

$$N = \sum_r r \cdot n_r \tag{5.7}$$

である.このとき,コーパス中にr回出現したn単語列の出現確率P_rを,

$$P_r = \frac{\hat{r}}{N} \tag{5.8}$$

で推定する.ここに,

$$\hat{r} = (r+1)\frac{n_{r+1}}{n_r} \tag{5.9}$$

である.式 (5.9) より,この推定では,コーパス中にr回出現したn単語列の出現回数を,$r+1$回出現したn単語列の出現回数を用いて推定していることがわかる.出現回数の少ないn単語列の出現回数を,より出現回数の多いn単語列の出現回数から,式 (5.9) で推定する方法を,グッド・チューリング推定 (Good-Turing esitimation) と呼ぶ[4].

コーパス中のn単語列xの出現回数を$C(x)$,全n単語列数をNとして,コ

---

[*] このnは,n-gramのnに対応している.

ーパス中に1回以上出現したすべてのn単語列に対して，グッド・チューリング推定に基づく出現確率の総和を計算すると，

$$\sum_{\{x|C(x)>0\}} P(x) = \sum_{r \geq 1} \frac{n_r \cdot \hat{r}}{N} = \sum_{r \geq 1} \frac{(r+1) \cdot n_{r+1}}{N} = \sum_{r \geq 1} \frac{r \cdot n_r}{N} - \frac{n_1}{N}$$

$$= \frac{\sum_{r \geq 1} r \cdot n_r}{N} - \frac{n_1}{N} = 1 - \frac{n_1}{N} \qquad (5.10)$$

となり，1よりもn_1/Nだけ小さくなる．すなわち，グッド・チューリングの推定を用いると，コーパス中に出現するすべてのn単語列に対する出現確率の和は，1に満たない．このことを，ディスカウンティング（discounting）と呼ぶ．バックオフスムージングでは，このようなディスカウンティングによって，出現確率の和を1より少なくしておき，その減少分をコーパス中に出現しなかったn単語列の出現確率に割り当てる．

いま，n単語列$w_1 w_2 \cdots w_n$の出現回数$C(w_1 w_2 \cdots w_n)$（ただし，$C(w_1 w_2 \cdots w_n) > 1$）に対して，ディスカウント係数（discount coefficient）$d_{C(w_1 w_2 \cdots w_n)}$を，

$$d_{C(w_1 w_2 \cdots w_n)} = \frac{\hat{C}(w_1 w_2 \cdots w_n)}{C(w_1 w_2 \cdots w_n)} \qquad (5.11)$$

で定義する．ここに，$\hat{C}(w_1 w_2 \cdots w_n)$は，$C(w_1 w_2 \cdots w_n)$の値を式（5.9）の$r$に代入することによって，コーパスから計算される$C(w_1 w_2 \cdots w_n)$のグッド・チューリング推定である．このとき，コーパス中のn単語列$w_1 \cdots w_{n-1} w_n$に対して，

$$\delta_{C(w_1 w_2 \cdots w_n)} \equiv (1 - d_{C(w_1 w_2 \cdots w_n)}) \frac{C(w_1 \cdots w_{n-1} w_n)}{C(w_1 \cdots w_{n-1})} \qquad (5.12)$$

を定義すると，この確率の総和$\beta(w_1 \cdots w_{n-1})$は，

$$\beta(w_1 \cdots w_{n-1}) = \sum_{\{w_n | C(w_1 \cdots w_n) > 0\}} \delta_{C(w_1 \cdots w_n)}$$

$$= \sum_{\{w_n | C(w_1 \cdots w_n) > 0\}} \left(1 - d_{C(w_1 w_2 \cdots w_n)}\right) \frac{C(w_1 \cdots w_{n-1} w_n)}{C(w_1 \cdots w_{n-1})}$$

$$= \sum_{\{w_n | C(w_1 \cdots w_n) > 0\}} \left(\frac{C(w_1 \cdots w_{n-1} w_n)}{C(w_1 \cdots w_{n-1})} - \tilde{P}(w_n | w_1 \cdots w_{n-1})\right)$$

$$= 1 - \sum_{\{w_n | C(w_1 \cdots w_n) > 0\}} \tilde{P}(w_n | w_1 \cdots w_{n-1}) \tag{5.13}$$

となる．ここに，

$$\tilde{P}(w_n | w_1 \cdots w_{n-1}) \equiv d_{C(w_1 w_2 \cdots w_n)} \frac{C(w_1 \cdots w_{n-1} w_n)}{C(w_1 \cdots w_{n-1})} \tag{5.14}$$

は，n 単語列 $w_1 \cdots w_{n-1} w_n$ に対するディスカウントされた n-gram 確率である．

バックオフスムージングによる n-gram 確率 $P_s(w_n | w_1 \cdots w_{n-1})$ は，以下のとおり再帰的に定義される．まず，2 単語列 $w_{n-1} w_n$ に対するバイグラム確率値を，

$$P_s(w_n | w_{n-1}) = \begin{cases} \tilde{P}_s(w_n | w_{n-1}), & C(w_{n-1} w_n) > 0 \\ \dfrac{\beta(w_{n-1})}{\sum_{\{w_n | C(w_{n-1} w_n) = 0\}} P(w_n)} \cdot P(w_n), & C(w_{n-1} w_n) = 0 \end{cases} \tag{5.15}$$

で定める．次に，$(n-1)$-gram 確率 $P_s(w_n | w_2 \cdots w_{n-1})$ が定まっているとき，n 単語列 $w_1 \cdots w_n$ に対する確率 $P_s(w_n | w_1 \cdots w_{n-1})$ を，

$$P_s(w_n | w_1 \cdots w_{n-1})$$

$$= \begin{cases} \tilde{P}(w_n | w_1 \cdots w_{n-1}), & C(w_1 \cdots w_n) > 0, \\ \dfrac{\beta(w_1 \cdots w_{n-1})}{\sum_{\{w_n | C(w_1 \cdots w_n) = 0\}} P_s(w_n | w_2 \cdots w_{n-1})} P_s(w_n | w_2 \cdots w_{n-1}), & C(w_1 \cdots w_n) = 0, \end{cases}$$

$$\tag{5.16}$$

で定める．なお，式（5.16）において，係数

$$\frac{\beta(w_1\cdots w_{n-1})}{\sum_{\{w_n|C(w_1\cdots w_n)=0\}} P_s(w_n|w_2\cdots w_{n-1})} \tag{5.17}$$

をバックオフ係数（back-off coefficient）と呼ぶ．

5.4 線形補間[3]

n-gram学習におけるスパースネスの問題に対処するための方法として，バックオフスムージングのほかに，線形補間（linear interpolation）が知られている．この方法では，n-gramの確率値を，ユニグラムモデルからn-gramモデルで推定された確率値の線形補間で与える．以下，トライグラムの線形補間について説明する．トライグラムモデルの確率値$P_i(w_m|w_{m-2}w_{m-1})$を，次式のように，ユニグラム，バイグラム，トライグラムモデルで推定された確率値の線形補間で与える．

$$P_i(w_m|w_{m-2}w_{m-1}) = \lambda_1 P(w_m|w_{m-2}w_{m-1}) + \lambda_2 P(w_m|w_{m-1}) + \lambda_3 P(w_m) \tag{5.18}$$

ここに，λ_1, λ_2, λ_3は，それぞれに対する重み係数であり，

$$\sum_{i=1}^{3} \lambda_i = 1 \tag{5.19}$$

を満たす．

式（5.18）は，$P_i(w_m|w_{m-2}w_{m-1})$を計算する際に，コーパスから得られたトライグラムの値そのものに対して，w_{m-2}の部分にコーパスで出現したすべての単語を当てはめて推定した値$P(w_m|w_{m-1})$と，w_{m-2}, w_{m-1}の両方にコーパスで出現したすべての単語の組合せを当てはめて推定した値$P(w_m)$をうすく加えることにより，本来の確率値をぼかしていると解釈できる．線形補間は，このようなぼかしにより，確率値のスムージングを行う方法である．式（5.18）に従うと，コーパス中に単語列w_{m-2}, w_{m-1}, w_mが存在する場合

には，対応するトライグラムはぼかされるが，コーパス中に単語列 w_{m-2}, w_{m-1}, w_m が存在しない場合には，トライグラムは，単語列 w_{m-1}, w_m 及び単語 w_m の出現確率により補われる．

式（5.18）の重み係数 λ_1, λ_2, λ_3 は，通常，削除補間法（deleted interpolation）という方法で推定する．コーパス全体を L とし，L を m 個の部分集合に直和分割する．

$$L = L_1 \cup L_2 \cup \cdots \cup L_m \tag{5.20}$$

L から L_j が削除された集合を $L^{(j)}$ とする．すなわち，

$$L^{(j)} \equiv L - L_j = L_1 \cup \cdots \cup L_{j-1} \cup L_{j+1} \cup \cdots \cup L_m \tag{5.21}$$

である．このとき，削除補間法は，以下の処理を行う．

(i) λ_1, λ_2, λ_3 の初期値を設定．

(ii) $j = 1, \cdots, m$ に対して，$L^{(j)}$ を利用して $P(w_m)$, $P(w_m|w_{m-1})$, $P(w_m|w_{m-2}w_{m-1})$ を推定しておく．

(iii) $j = 1, \cdots, m$ に対して，$L^{(j)}$ を利用して推定された $P(w_m)$, $P(w_m|w_{m-1})$, $P(w_m|w_{m-2}w_{m-1})$ を用いて，L_j に対して，重み係数 λ_1, λ_2, λ_3 を再推定（詳細は後述）．得られた係数を $\lambda_1^{(j)}$, $\lambda_2^{(j)}$, $\lambda_3^{(j)}$ と書く．

(iv) λ_1, λ_2, λ_3 を以下の式で更新．

$$\lambda_i = \frac{1}{m} \sum_{j=1}^{m} \lambda_i^{(j)} \tag{5.22}$$

(v) λ_1, λ_2, λ_3 の値が収束すれば終了．そうでない場合には，(iii) へ．

以下，(iii) の重み係数再推定の方法について述べる．式（5.18）は**図 5.2**のようなマルコフ連鎖で表される．ここに，s_0 は初期状態，$s_0 \to s_i$ ($i = 1, 2, 3$)，$s_4 \to s_0$ は NULL 遷移[*]である．

このマルコフ連鎖は，状態遷移を一意に確定できないため，HMM である．

---

[*] 通常の遷移では，一つの単語を観測するごとに遷移していくが，NULL 遷移では，単語が観測されなくても遷移する．

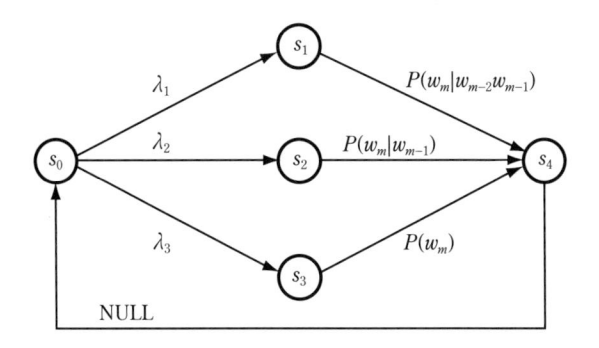

図5.2 トライグラムの線形補間のためのマルコフ連鎖

そこで，重み λ_1, λ_2, λ_3 を，EMアルゴリズムにより推定する．単語列 $\boldsymbol{w} = w_1 \cdots w_M$ が図5.2のHMMから生成されたとすると，状態 s_i を通過した回数を $C(s_i)$ としたとき，λ_i は，

$$\lambda_i = \frac{C(s_i)}{M-2} \tag{5.23}$$

で推定できる[*]．単語 w_m が生成されたときに，状態が $s_0 \to s_1 \to s_4$ と遷移する確率は，

$$P(s_0 \to s_1 \to s_4 | w_m) = \frac{P(s_0 \to s_1 \to s_4, w_m)}{P(w_m)}$$

$$= \frac{\lambda_1 P(w_m | w_{m-2} w_{m-1})}{\lambda_1 P(w_m | w_{m-2} w_{m-1}) + \lambda_2 P(w_m | w_{m-1}) + \lambda_3 P(w_m)} \tag{5.24}$$

である．状態 s_1 を通過した回数の期待値は，$s_0 \to s_1 \to s_4$ と遷移した回数の期待値に等しいので，$C(s_1)$ は，

---

[*] 状態 s_1 は，トライグラムモデルに対応しているため，$m = 1, 2$ のときは通過しない．そこで，重み係数の学習は，すべての状態 s_i ($i = 1, 2, 3$) から s_4 に遷移する場合にのみ行うこととする．

$$C(s_1) = \sum_{m=3}^{M} P(s_0 \to s_1 \to s_4 | w_m)$$

$$= \sum_{m=3}^{M} \frac{\lambda_1 P(w_m | w_{m-2} w_{m-1})}{\lambda_1 P(w_m | w_{m-2} w_{m-1}) + \lambda_2 P(w_m | w_{m-1}) + \lambda_3 P(w_m)} \tag{5.25}$$

と推定される．式 (5.23), (5.25) より，重み係数 λ_1 の再推定式は，

$$\lambda_1' = \frac{1}{M-2} \sum_{m=3}^{M} \frac{\lambda_1 P(w_m | w_{m-2} w_{m-1})}{\lambda_1 P(w_m | w_{m-2} w_{m-1}) + \lambda_2 P(w_m | w_{m-1}) + \lambda_3 P(w_m)} \tag{5.26}$$

で与えられる．同様に，λ_2, λ_3 の再推定式は，

$$\lambda_2' = \frac{1}{M-2} \sum_{m=3}^{M} \frac{\lambda_2 P(w_m | w_{m-1})}{\lambda_1 P(w_m | w_{m-2} w_{m-1}) + \lambda_2 P(w_m | w_{m-1}) + \lambda_3 P(w_m)} \tag{5.27}$$

$$\lambda_3' = \frac{1}{M-2} \sum_{m=3}^{M} \frac{\lambda_3 P(w_m)}{\lambda_1 P(w_m | w_{m-2} w_{m-1}) + \lambda_2 P(w_m | w_{m-1}) + \lambda_3 P(w_m)} \tag{5.28}$$

で与えられる．

5.5 発音辞書

　発音辞書は，認識対象となる単語（形態素）と，その発音記号列との対応表である．この辞書に基づいて，各単語は音素 HMM の連結で表現される．辞書の語彙の大きさは事前に決めておく．この数を N とする．言語モデルを学習する際に，学習データにおける各単語の出現頻度のデータが得られるが，発音辞書には，この出現頻度順に，上位 N 語を登録する．ただし，頻度順に並べた際に，N 番目の単語と，その前後の単語が同じ頻度の場合がある．この場合には，通常，N 番目の単語と同じ頻度の単語も，発音辞書に登録する[*]．

---

[*] この結果，一般に語彙の大きさは，N と一致しない．

単語	発音
亜鉛	a e N sp
亜熱帯	a n e Q t a i sp
阿蘇	a s o sp
阿南	a n a N sp
阿波	a w a sp
阿武	a N n o sp
阿武	a b u sp
阿部	a b e sp
哀悼	a i t o: sp
愛	a i sp
愛する	a i s u r u sp
愛犬	a i k e N sp
愛護	a i g o sp
愛好	a i k o: sp
:	:
計 N 単語	

図 5.3 単語発音辞書

登録された単語に対する発音記号列は,形態素解析ツールが出力する読み情報から自動的に作成できるが,現在の形態素解析ツールは常に正しい読みを付与するとは限らず,また,日本語では,同じ単語でも前後関係によって発音が異なる場合もあるため,最終的に人間の確認を通して作成することが望ましい.

図 5.3 に発音辞書の例を示す.図 5.3 において,Q は,促音を表す記号であり,sp は,発話時に単語と単語の間で息継ぎなどが行われることに対処するための短い無音(short pause)を表す記号である[*].

5.6 *n*-gram 言語モデルの適応化[3]

まず,複数の *n*-gram 言語モデルの混合について述べる.この場合,言語モデルを混合する際の重みを,いかにして決めるかが問題となる.この問題

---

[*] 認識時は,無音区間で学習された HMM を利用する.

は，5.4節の線形補間の場合と同様にEMアルゴリズムによって解くことができる．

以下，バイグラムの場合を例にとり，三つの言語モデル $P_1(w_m|w_{m-1})$，$P_2(w_m|w_{m-1})$，$P_3(w_m|w_{m-1})$ を混合する例を説明する．新たに得られる言語モデルを $P_a(w_m|w_{m-1})$ で表すと，

$$P_a(w_m|w_{m-1}) = \lambda_1 P_1(w_m|w_{m-1}) + \lambda_2 P_2(w_m|w_{m-1}) + \lambda_3 P_3(w_m|w_{m-1}) \tag{5.29}$$

で表される．式 (5.29) は，図5.4のようなマルコフ連鎖で表される．ここに，図5.2と同様，s_0 は初期状態，$s_0 \to s_i$ $(i=1,2,3)$，$s_4 \to s_0$ は NULL 遷移である．

このマルコフ連鎖も，状態遷移を一意に確定できないため，HMMであり，重み λ_1，λ_2，λ_3 は，EMアルゴリズムにより推定できる．単語列 $w = w_1 \cdots w_M$ が図5.4のHMMから生成されたとすると，状態 s_i を通過した回数を $C(s_i)$ としたとき，λ_i は，

$$\lambda_i = \frac{C(s_i)}{M} \tag{5.30}$$

で推定される．単語 w_m が生成されたときに，状態が $s_0 \to s_i \to s_4$ $(i=1,2,3)$ と遷移する確率は，

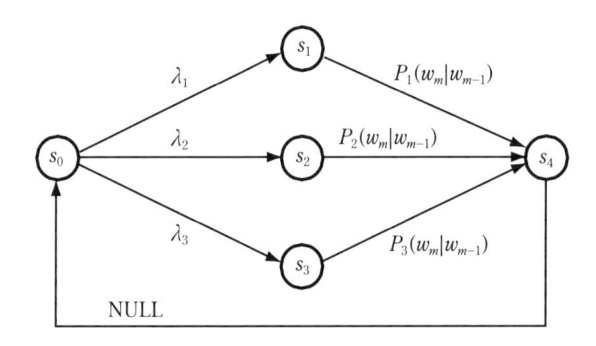

図5.4　言語モデル混合のためのマルコフ連鎖

$$P(s_0 \to s_i \to s_4 | w_m) = \frac{P(s_0 \to s_i \to s_4, w_m)}{P(w_m)}$$

$$= \frac{\lambda_i P_i(w_m | w_{m-1})}{\lambda_1 P_1(w_m | w_{m-1}) + \lambda_2 P_2(w_m | w_{m-1}) + \lambda_3 P_3(w_m | w_{m-1})}$$

(5.31)

である．$C(s_i)$ は，式 (5.25) と同様，

$$C(s_i) = \sum_{m=2}^{M} P(s_0 \to s_i \to s_4 | w_m)$$

$$= \sum_{m=2}^{M} \frac{\lambda_i P_i(w_m | w_{m-1})}{\lambda_1 P_1(w_m | w_{m-1}) + \lambda_2 P_2(w_m | w_{m-1}) + \lambda_3 P_3(w_m | w_{m-1})}$$

(5.32)

と推定される．式 (5.30), (5.32) より，重み係数 λ_i の再推定式は，

$$\lambda_i' = \frac{1}{M} \sum_{m=2}^{M} \frac{\lambda_i P_i(w_m | w_{m-1})}{\lambda_1 P_1(w_m | w_{m-1}) + \lambda_2 P_2(w_m | w_{m-1}) + \lambda_3 P_3(w_m | w_{m-1})}$$

(5.33)

で与えられる．

　大量のコーパスを用意できないタスクに対しては，データ量の不足から，高精度の言語モデルを構成できない場合がある．このような場合，他のタスクも含む大量のコーパスで学習した「一般」の言語モデルと，当該タスクのコーパスで学習した「タスク用」言語モデルとの重み付け和によって，タスクに適応化した言語モデルを作成する方法が考えられる．この場合には，二つの言語モデルの混合化によって解決できる．この際，重みは，λ_1 と λ_2 の二つとなるが，λ_2 は，$1-\lambda_1$ で表されるため，λ_1 のみを推定すればよい．

5.7　その他の言語モデル[5]〜[7]

　n-gram 言語モデルは，強力な方法であるが，大量のコーパスが利用でき

ない場合には，効果を発揮できない．このような場合であって，かつタスクが簡易である場合には，ルールベースの言語モデルが有効である．ルールベースの言語モデルとしては，有限オートマトン（正規文法）や，文脈自由文法などが用いられる．

5.7.1 句構造文法

Σ を，文字の有限個の集合とする．文字列を，Σ の要素の並びで定義する．ある文字列が，m 個の文字からなるとき，その長さは m であるという．文字を一つももたない列，すなわち長さが0である列を，空列（empty string）と呼び，ε で表す．Σ の要素の並びのうち，長さが m であるものの全体を，Σ^m と記す．このとき，Σ 上の列の集合 Σ^* を

$$\Sigma^* \equiv \Sigma^0 \cup \Sigma^1 \cup \cdots \cup \Sigma^n \cup \cdots = \bigcup_{i=0}^{\infty} \Sigma^i \tag{5.34}$$

で定義する．すなわち，Σ^* は，空列も含めた任意の長さの文字列の全体である．また，Σ の要素のうち，長さが1以上の列の全体を，Σ^+ で表す．すなわち，

$$\Sigma^+ \equiv \bigcup_{i=1}^{\infty} \Sigma^i \tag{5.35}$$

である．

句構造文法（phrase structure grammar）は，以下の N, T, P, S の組（N, T, P, S）で定義される．

N：非終端記号の有限集合
T：終端記号の有限集合 $(T \subset \Sigma^*)$ であり，$N \cap T = \phi$
P：$\alpha \rightarrow \beta$ の形*をした生成規則の集合，$\alpha \in (N \cup T)^+$，$\beta \in (N \cup T)^*$
S：文法の出発記号，$S \in N$

ここに，非終端記号（nonterminal）とは，生成規則に従って，更に別の記号に置き換えられる記号のことであり，終端記号（terminal）とは，どの生

---

* $\alpha \rightarrow \beta$ とは，α から β が導出される（α が β に置き換えられる）ことを意味する．

成規則を用いても，これ以上置き換えられない記号のことを指す．以下は，句構造文法の簡単な例である．

$$N = \{S, A, B\},\ T = \{a, b\},\ P = \{S \to A|B, A \to aA|a, B \to bB|b\} \quad (5.36)$$

ここに，$S \to A|B$ とは，$S \to A$ あるいは $S \to B$ の略記であり，非終端記号 S から，非終端記号 A または B が導出されることを表す．いま，最初に $S \to A$ という規則を利用し，その後，規則 $A \to aA$ を $n-1$ 回利用して最後に $A \to a$ を適用したとすると，

$$S \Rightarrow A \Rightarrow aA \Rightarrow a(aA) \Rightarrow \cdots \Rightarrow a^{n-1}A \Rightarrow a^n$$

という導出により，文字列 a^n が得られる．結局，式（5.36）の文法からは，文字列 a^n と文字列 b^n（$n>0$）が生成される．

文脈自由文法（context free grammar: CFG）とは，生成規則が

$$A \to \beta \quad \left(A \in N, \beta \in (N \cup T)^* \right) \quad (5.37)$$

の形をした句構造文法（N, T, P, S）のことを指す．式（5.36）の文法は，文脈自由文法でもある．文脈自由文法では，

$$A \to \varepsilon \quad (5.38)$$

の形の生成規則も許容される．式（5.38）の形の生成規則を，ε-生成規則と呼ぶ．

正規文法（regular grammar）は，句構造文法（N, T, P, S）であって，条件
(i) P に ε-生成規則が含まれる場合には，「$S \to \varepsilon$」に限られる
(ii) ε-生成規則を除く P の要素は，

$$\begin{aligned} & A \to a \quad (A \in N, a \in T) \\ & A \to aB \quad (A, B \in N, a \in T) \end{aligned} \quad (5.39)$$

の形に限られる

を満たす．正規文法は，文脈自由文法でもある．

5.7.2 有限オートマトン

与えられた文字列が，ある言語の文として受理可能かどうかを判定するモデルの一つに，有限オートマトン（finite state automaton）がある．有限オートマトンは，3.2.1項の一様なマルコフ連鎖において，状態の遷移を確率的に行うのではなく，可能かどうかという2値で制御するモデルに相当する．有限オートマトン FA は，

$$FA = (Q, \Sigma, \delta, q_0, F) \tag{5.40}$$

と表される．ここに，

Q：状態の有限集合　　$Q = \{q_0, q_1, \cdots, q_n\}$
Σ：入力文字の有限集合
δ：状態遷移関数　　$\delta : Q \times \Sigma \to Q$
q_0：初期状態　　　　$q_0 \in Q$
F：最終状態の集合　　$F \subseteq Q$

である．また，δ の定義域を $Q \times \Sigma^*$ に拡張した関数 $\hat{\delta}$ を，

$$\forall q \in Q : \hat{\delta}(q, \varepsilon) = q$$

$$\forall w \in \Sigma^*, \forall a \in \Sigma : \hat{\delta}(q, wa) = \delta\left(\hat{\delta}(q, w), a\right) \tag{5.41}$$

で定義する．有限オートマトン $FA = (Q, \Sigma, \delta, q_0, F)$，及び入力列 x に対して，式

$$\hat{\delta}(q_0, x) \in F \tag{5.42}$$

が成り立つとき，x は FA で受理されるという．

有限オートマトンにおいて，一つの状態から，同じ入力記号で複数の状態（0個，1個の場合も含む）に遷移可能な場合，これを非決定性有限オートマトン（nondeterministic finite state automaton: NFSA）という．NFSAでない有限オートマトンを，決定性有限オートマトン（deterministic finite state automaton: DFSA）と呼ぶ．

さて，L をある言語とする．このとき，次の (i), (ii), (iii) が等価であることが知られている [6]．

(i) L は非決定性有限オートマトンで受理される．
(ii) L は決定性有限オートマトンで受理される．
(iii) L は正規文法で生成される．

したがって，正規文法で生成される言語と，有限オートマトンで受理可能な言語とは等価である．

5.8 テストセットパープレキシティ [8]

言語モデルの性能を調べるために，テストセットパープレキシティ（test-set perplexity）が用いられる．これは，ある言語モデルを利用してテストセットを表現した場合の，単語接続における分岐数の平均に相当する量である．

言語 L による，単語列 $\boldsymbol{w} = w_1 \cdots w_m$ の出現確率を $P(w_1 \cdots w_m)$ とすると，言語 L のエントロピーは，

$$H_0(L) \equiv -\sum_{w_1 \cdots w_m} P(w_1 \cdots w_m) \log_2 P(w_1 \cdots w_m) \tag{5.43}$$

で定義される．また，1 単語当りのエントロピー（entropy）は，

$$H(L) \equiv -\sum_{w_1 \cdots w_m} \frac{1}{m} P(w_1 \cdots w_m) \log_2 P(w_1 \cdots w_m) \tag{5.44}$$

である．

言語モデル M によるテストセットパープレキシティは，テストセット $w_1 \cdots w_m$ に対する 1 単語当りのエントロピー

$$H \equiv -\frac{1}{m} \log_2 P_M(w_1 \cdots w_m) \tag{5.45}$$

から求められる．ここに，$P_M(w_0 \cdots w_{m-1})$ は，言語モデル M を用いて計算した場合の，単語列 $w_0 \cdots w_{m-1}$ の出現確率である．このとき，テストセットパープレキシティは，

$$PP \equiv 2^H = P_M(w_1 \cdots w_m)^{-\frac{1}{m}} \tag{5.46}$$

で計算される．

以下，トライグラムパープレキシティの計算法について述べる．いま，文字列 $w_1 \cdots w_m$ に，文頭と文末の記号 <s>, </s> も含まれているとする．このとき，式 (5.46) の $P_M(w_1 \cdots w_m)$ は，次式で計算する．

$$P_M(w_1 \cdots w_m) = P(w_2|w_1) P(w_3|w_1 w_2) P(w_4|w_2 w_3) \cdots P(w_m|w_{m-2} w_{m-1}) \tag{5.47}$$

式 (5.47) は，右辺のすべての確率値が与えられている場合には，問題なく計算できる．ところが，場合によっては，言語モデルを学習したコーパス中に，対応する単語の三つ組が存在せず，トライグラムが学習できていない場合がある．このような場合には，バックオフスムージングを用いて計算するのが一般的である．

参 考 文 献

[1] 鹿野清宏，伊藤克亘，河原達也，武田一哉，山本幹雄（編著），音声認識システム，オーム社，2001.
[2] S. M. Katz, "Estimation of probabilities from sparse data for the language model component of a speech recognizer," IEEE Trans. Acoust. Speech Signal Process., vol. ASSP-35, no. 3, pp. 400–401, March 1987.
[3] 北 研二，中村 哲，永田昌明，音声言語処理，森北出版，1996.
[4] I. J. Good, "The population frequencies of species and the estimation of population parameters," Biometrika, vol. 40, parts 3 and 4, pp. 237–264, Dec. 1953.
[5] 長尾 真，言語工学，昭晃堂，1983.
[6] V. J. Rayward-Smith（著），吉田敬一，石丸清登（訳），コンピュータ・サイエンスのための言語理論入門，サイエンス社，1986.
[7] 中川聖一，パターン情報処理，丸善，1999.
[8] 中川聖一，確率モデルによる音声認識，電子情報通信学会，1998.

第 6 章

サ ー チ

　本章では，1.3節で紹介したサーチについて，より詳しく記述する．音声認識におけるサーチとは，言語モデルで表現された単語列の集合の中から，音響モデルを利用しながら，正解候補を探索していく技術である．言語モデルで生成可能な単語列の集合を W，入力音声を音響分析して得られたパラメータ列の集合を Y とする．いま，入力音声の分析結果が，$y = y_0, \cdots, y_n$ ($y \in Y$) であったとする．このとき，音声認識におけるサーチとは，ベイズの識別規則に基づき，$P(y|w) \cdot P(w)$ を最大化する単語列 $w = w_0, \cdots, w_m$ ($w \in W$) を探索することである（3.1節参照）．言い換えれば，

$$\hat{w} = \arg\max_{w \in W} \{P(y|w) \cdot P(w)\} \tag{6.1}$$

を満たす単語列 $\hat{w}$ を求める[*]．なお，3.1節でも述べたように，$P(y|w)$，$P(w)$ はそれぞれ，音響モデルと言語モデルによって与えられる．

　音声認識におけるサーチの問題は，

- $\hat{w}$ の単語数が未知
- 単語列 w の各単語 $w_0, \cdots, w_m$ とパラメータ列 y の各パラメータ $y_0, \cdots, y_n$ との対応が未知

---

[*] 実際には，$\hat{w} = \arg\max_{w \in W} \{\log P(y|w) + \lambda \log P(w)\}$ を求める．ここに，λ は言語重みと呼ばれるパラメータである．

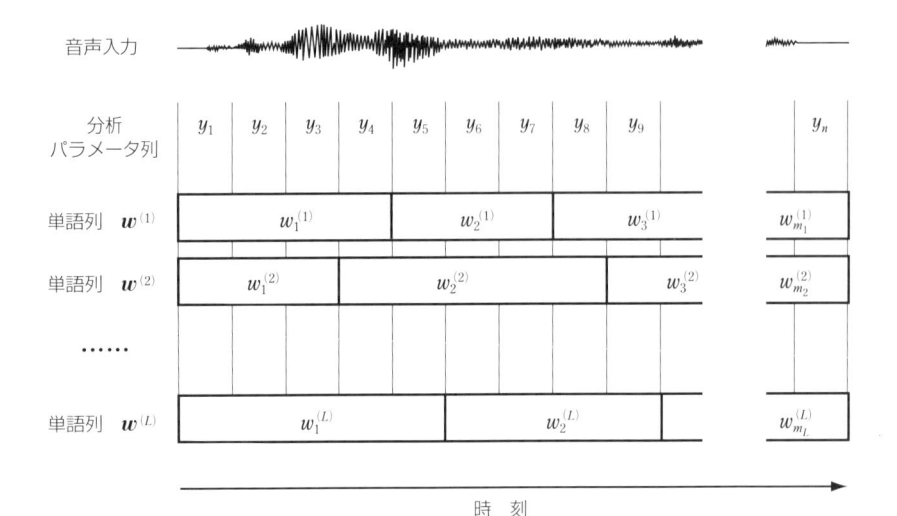

図 6.1 音声認識における分析パラメータと単語との対応

というところにある．この状況を，図 6.1 に示す．これらの問題に対処するため，音声認識では，音響モデルと言語モデルが一体となったネットワークを構成し，実際の音声と照合しながら，このネットワークを探索する方法をとる．

6.1 木の探索[1], [2]

音声認識の探索手法について述べる前に，まず，一般の木探索について説明する．探索としては，試行錯誤による方法もあるが，必ず解を求めたいのであれば，系統的な探索を行う．ところが，探索空間が膨大で，すべてを探索することが不可能な場合には，探索スコアを利用して効率的に行う必要がある．これらの探索方法は，以下のように分類できる．

- すべてを系統的に調べる方法
  （1）縦型探索（depth-first search）
  （2）横型探索（breadth-first search）
- スコアを利用して部分的に探索する方法
  （3）最良優先探索（best-first search）

（4）ビームサーチ（beam search）

以下，各方法について述べる．

6.1.1 縦型探索と横型探索

　縦型探索は，深さ優先探索とも呼ばれ，木の深いノードを先に調べる．すなわち，調べているノードが，子のノード*をもつならば，次には子のノードを探索していく．探索が行き詰まった場合**に限り，後戻りして，より浅いレベルのノードを探索する．**図6.2**の木では，探索順は，S→A→C→D→B→E→G→H→Fとなる．

　縦型探索に対して，横型探索は，幅優先探索とも呼ばれ，木の浅いノードを先に調べる．現在調べているノードに対して，もし同じ深さのノードを調べつくしていない場合には，これらのノードを優先して探索する．子のノードの探索に移るのは，同じ深さのノードを調べつくした場合にのみである．図6.2の例では，S→A→B→C→D→E→F→G→Hの順に探索する．縦型探索と横型探索では，探索空間が有限の場合には，目標のノードを探索

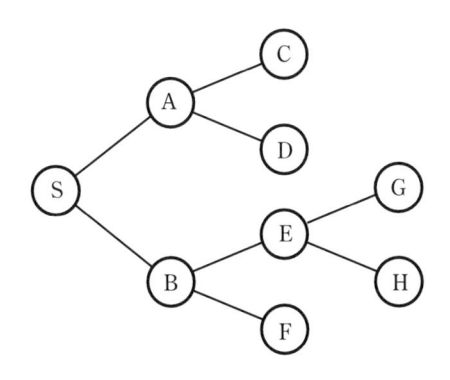

図6.2　木　の　例

---

* そのノードの後に接続されているノードのことを，子のノードという．例えば，図6.2のAのノードの子のノードはCとDである．一方，そのノードが接続しているノードのことを親のノードという．例えば，図6.2のEのノードの親のノードはBである．
** 目標ノードに到達しておらず，かつ，同じ深さのノードや，子のノードにも未探索のノードがない場合を指す．

することができる．一般に，目標ノードが木の深いところにある場合には，縦型探索の方が有利であり，浅いところにあれば横型探索が有利である[1]．これらの探索では，目標ノードに関する情報を利用しないため，望みのない方向への探索に，多くの時間を費やす可能性がある．

6.1.2 最良優先探索

縦型探索と横型探索は，すべてのノードを系統的に調べる方法であった．一方，探索空間の大きさや計算コストなどの関係で，すべてのノードを探索できない場合には，各ノードでの部分スコアを計算しながら探索を行い，最適解が見つかる見込みのない方向への探索は，途中で打ち切るのが一般的である．このような探索では，目標ノードに関する事前の知識を利用する．このような知識を，ヒューリスティック（heuristic）な知識と呼ぶ．

いま，ノード n までの探索で得られたスコアを $g(n)$，ノード n から目標ノードまでのヒューリスティックな知識に基づく関数を $h(n)$ とする．このとき，評価関数 $f(n)$ を次式で定義する．

$$f(n) = g(n) + h(n) \tag{6.2}$$

ヒューリスティックな知識に基づく探索では，ヒューリスティック関数の選び方が探索結果に大きく影響する．例えば，最適解に対するヒューリスティック関数が実際のスコアよりも小さく見積もられた場合には，最適解以外の解への探索が優先され，最適解まで到達できない可能性がある．

適切なヒューリスティック関数 $h(n)$ が得られている場合には，探索の部分スコアを，評価関数 $f(n)$ で定義し，部分スコアが良くなる方向に探索を進めるのが自然である．このような縦型探索を行う方法として，最良優先探索が知られている．最良優先探索では，あるノードから探索を進める場合に，そのノードより一つ深い位置にあるすべてのノードに探索を進めた場合の部分スコア $f(n)$ を計算し，最もスコアの高かったノードへ探索を進める．例えば，図6.2において，Bから探索を進める場合，Eに進めた場合と，Fに進めた場合の部分スコアを比較し，Eに進めた方が部分スコアが高くなった場合には，Eに探索を進める．また，それ以上探索を進めても高いスコアが望めないときは，浅いノードの方向に後戻り（back-track）する．最良優先

探索では，後戻りの処理があるため，音声認識のように，時間とともに信号が入力されてくる場合では，その探索は時間とは同期しない．

　ヒューリスティック関数を，目標ノードまでの実際のスコアを決して下回らない見積りになるよう選ぶことができれば，最適な探索が可能となる．このようなヒューリスティック関数を，許容的ヒューリスティック（admissible heuristic）と呼ぶ[*]．また，ヒューリスティック関数が許容的な場合の最良優先探索を，A^*探索（A^* search）と呼ぶ．A^*探索については，6.2.1項で詳しく述べる．

6.1.3　ビームサーチ

　A^*探索で必要な，効率的なヒューリスティック関数を，常に見つけることができるとは限らない．横型の探索は，同じ深さのノードを比較していくため，$g(n)$ のみでも探索可能であり，適切なヒューリスティック関数が得られない場合に有効である．部分探索を横型で行う方法として，ビームサーチが知られている．ビームサーチは，ノードを一つずつ深くしながら探索を行っていくが，その際，それぞれの深さにおいて，各ノードに対する部分スコアを計算し，スコアが高いノードについてのみ，探索を続けていく．それ以外のノードは，探索の範囲から除外する．探索の範囲から除外する処理を，枝刈り（pruning）と呼ぶ．例えば，図6.2において，2番目の深さのノード（C，D，E，F）の探索で，それぞれの部分スコアを計算し，ノードEのスコアが特に低い場合には，Eより下のノード（G，H）の探索は打ち切る．この際，最良候補からのスコアの順位に基づいて一定数の候補のみを保持し，それ以外については探索を打ち切る場合と，最良スコアからのスコア値の差が一定値以内の候補のみを保持し，それ以外については探索を打ち切る場合がある．前者は，仮説数を制御できるが，枝刈りの際にスコアの順序を計算する必要があり，計算量が多くなる．後者は，仮説数の制御ができない代わりに，最良スコアの計算だけで済むため，計算量を削減できる．前者の場合には許容する仮説数，後者の場合には最良候補からのスコアの差を，ビーム

---

[*] 評価関数が大きい方が望ましい場合には，実際よりも過小評価されないヒューリスティック関数が，許容的となる．一方，距離関数のように小さい方が望ましい場合には，過大評価されないヒューリスティック関数が，許容的となる．

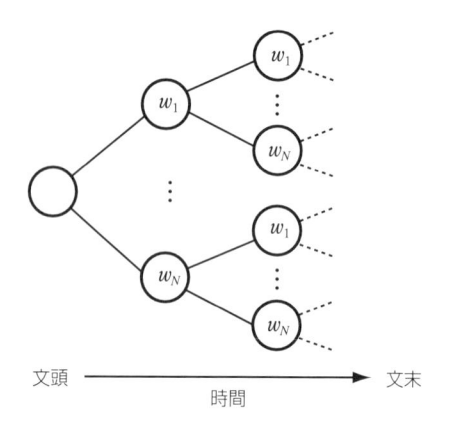

図 6.3 音声認識処理の木による表現

幅 (beam width) と呼ぶ.

音声認識の場合には，ビームサーチを用いると，時間同期探索 (time-synchronous search) が可能である．これは，特にリアルタイムで音声認識を行う際には，重要な特徴である．

6.1.4 音声認識における探索

音声認識は，入力音声に対応する単語列の探索であるから，登録単語数を N とした場合，最初の深さのノードに N 個のノードが存在し，k 番目の深さでは，N^k 個のノードをもつ木の探索問題として定式化できる（**図 6.3**）．探索は，時刻とともに，深いノードの方向に進む．すべてのノードを系統的に調べるためには，膨大な処理が必要となるため，スコアを利用して，部分的に探索する方法が利用される．音声認識では，特に，A^* 探索に基づくスタックデコーダと，ビームサーチに基づくビタビサーチがよく用いられる．これらの方法については，6.2, 6.3 節で解説する．

6.2　A^* 探索とスタックデコーダ[3]

認識処理において，信頼できるヒューリスティックな知識が与えられている場合には，A^* 探索の利用が有効である．スタックデコーダは，A^* 探索に基づく音声認識アルゴリズムである．スタックデコーダでは，時間非同期の

探索を行うため，長さの異なる部分仮説を比較する必要がある．また，各音素や単語が，入力音声のどの部分で終わるかを定めていくメカニズムも必要とされる．このためにヒューリスティックな知識が活用される．

6.2.1 A^* 探索アルゴリズム

A^* 探索を利用して，スコア関数 $g(w_1 w_2 \cdots w_m)$ を最大化する単語列 $w_1 w_2 \cdots w_m \in W$ を求める．評価関数を

$$f(w_1 w_2 \cdots w_m) = g(w_1 w_2 \cdots w_m) + h(w_1 w_2 \cdots w_m) \tag{6.3}$$

と定義する．ここに，$h(w_1 w_2 \cdots w_m)$ はヒューリスティック関数である．いま，関数 h に対して，

$$h(w_1 w_2 \cdots w_m) = 0 \tag{6.4}$$

であり，かつ，すべての単語列 $z_1 \cdots z_{m-k}$ $(k \leq m)$ に対して，

$$h(w_1 \cdots w_k) \geq g(w_1 \cdots w_k z_1 \cdots z_{m-k}) - g(w_1 \cdots w_k) \tag{6.5}$$

という条件を与える．つまり，ヒューリスティック関数（heuristic function）は，探索が最後まで進むと 0 となり（式 (6.4) の条件），途中段階では，それまでの探索で得られた単語列 $w_1 w_2 \cdots w_k$ に，単語列 $z_1 \cdots z_{m-k}$（ただし長さは $m-k$）を付け加えて得られる単語列 $w_1 \cdots w_k z_1 \cdots z_{m-k}$ を考え，付け加える単語列 $z_1 \cdots z_{m-k}$ がどのようなものであっても，$h(w_1 w_2 \cdots w_m)$ の値は，単語列 $w_1 \cdots w_k z_1 \cdots z_{m-k}$ に対する評価関数値から，$w_1 \cdots w_k$ に対する評価関数値を差し引いた値より大きくなるように設定する（式 (6.5) の条件）．

関数 h に課した条件より，単語列 $\tilde{w}_1 \cdots \tilde{w}_k$ に対して，$f(w_1 \cdots w_m) \geq f(\tilde{w}_1 \cdots \tilde{w}_k)$ であったとすると，任意の単語列 $z_1 \cdots z_{m-k}$ に対して，式

$$g(w_1 \cdots w_m) = f(w_1 \cdots w_m) \quad (\because h(w_1 \cdots w_m) = 0)$$

$$\geq f(\tilde{w}_1 \cdots \tilde{w}_k)$$

$$= g(\tilde{w}_1 \cdots \tilde{w}_k) + h(\tilde{w}_1 \cdots \tilde{w}_k)$$

$$\geq g\,(\tilde{w}_1\cdots\tilde{w}_k) + g\,(\tilde{w}_1\cdots\tilde{w}_k z_1\cdots z_{m-k}) - g\,(\tilde{w}_1\cdots\tilde{w}_k)$$

$$= g\,(\tilde{w}_1\cdots\tilde{w}_k z_1\cdots z_{m-k}) \tag{6.6}$$

が成り立つ．すなわち，$f(w_1\cdots w_m) \geq f(\tilde{w}_1\cdots\tilde{w}_k)$ であれば，途中段階の単語列 $\tilde{w}_1\cdots\tilde{w}_k$ に対して，更に探索を進めることによって，その後にどのような単語列が付け加わったとしても，$g(w_1\cdots w_m)$ より大きいスコアを得ることはできない．したがって，途中段階の単語列 $\tilde{w}_1\cdots\tilde{w}_k$ に対する探索は打ち切ってよい．単語の有限集合（具体的には，発音辞書に登録された単語の全体）を V，その要素数を N とすると，式 (6.6) より，単語列探索のための A^* 探索アルゴリズムを得る．

A^* 探索アルゴリズム（単語列探索）

(i) スタックに，V のすべての要素（単語）を一つずつ積む．この際に，$f(v)$ を最大とする単語 v が一番上になるように，f に対する値の順に積む．

(ii) 繰り返し：

(ii-1) スタックの一番上に積まれた単語列 $w_1\cdots w_k$ を取り出す．

(ii-2) $k = n$ であれば，アルゴリズムを終了する．

(ii-3) 取り出された単語列 $w_1\cdots w_k$ に対して，V の要素 $v_1, v_2, \cdots, v_N$ を付け加えた単語列 $w_1\cdots w_k v_1$, $w_1\cdots w_k v_2$, $\cdots$, $w_1\cdots w_k v_N$ を作成する．これらを $f(w_1\cdots w_k v_i)$ が大きいものが上にくるようにスタックに積む．

(ii-4) スタック内では，今まで積まれたものも含め，f の値の順に並んでいるよう，必要に応じて並べ換える．

6.2.2 スタックアルゴリズム

音声認識の目的は，式 (6.1) を満たす単語列 $\hat{w}$ を探索することである．評価関数として，

$$f(w_1\cdots w_k) = \max_{z_1\cdots z_r}\{\log(P(y(0)\cdots y(n)|w_1\cdots w_k z_1\cdots z_r)P(w_1\cdots w_k z_1\cdots z_r))\}$$

$$= \max_{z_1\cdots z_r}\{\log(P(y(0)\cdots y(n), w_1\cdots w_k z_1\cdots z_r))\} \tag{6.7}$$

を考える.いま,

$$l(k) = \underset{1 \le l \le n+1}{\arg\max} \{P(y(0)\cdots y(l-1), w_1\cdots w_k)\} \qquad (6.8)$$

とする.$l(k)$は,単語列$w_1\cdots w_k$に対する確率が最大となる音声パターン列の長さである.$l(k)$を用いると,式(6.7)は,

$$\begin{aligned}
f(w_1\cdots w_k) &= \log P(y(0)\cdots y(l(k)-1), w_1\cdots w_k) \\
&\quad + \max_{z_1\cdots z_r}\{\log(P(y(l(k))\cdots y(n), z_1\cdots z_r | w_1\cdots w_k))\} \\
&= \log P(y(0)\cdots y(l(k)-1), w_1\cdots w_k) \\
&\quad + \log\left[\max_{z_1\cdots z_r} P(y(l(k))\cdots y(n), z_1\cdots z_r | w_1\cdots w_k)\right]
\end{aligned} \qquad (6.9)$$

と変形される.式(6.9)は,式(6.3)と同様,$f=g+h$の形をしており,式(6.9)右辺第2項をヒューリスティック関数と考えることができる.

式(6.9)を用いたA^*探索によって解を求める際に,注意すべきことが二つある.一つは,アルゴリズムの終了条件(ii-2)である.音声認識では,発話された単語数nも未知である.そこで,終了条件を,

(ii-2) スタックの一番上に積まれている単語列$w_1\cdots w_k$が,

$$f(w_1\cdots w_k) = \log(P(y(0)\cdots y(n), w_1\cdots w_k)) \qquad (6.10)$$

を満たすならば,アルゴリズムを終了する.

とする.この終了条件は,単語列$w_1\cdots w_k$の後に,単語を何も付け加えなくても,既に評価関数の最大化が実現できていることを意味する.もう一つの問題は,ヒューリスティック関数(式(6.9)右辺第2項)をどのように計算するかである.この計算を正確に行うのは難しい.そこで,ヒューリスティック関数の代わりに,その上限を用いる.上限を用いることにより,実際のスコアを下回らない見積りになるため,探索の許容性(admissibility)は維持される.実際には,この上限として,未探索部分に対応するパターンの長さに比例した関数が用いられる[3].

この場合の評価関数は

$$f(w_1 \cdots w_k) \equiv \log P(y(0) \cdots y(l(k)-1), w_1 \cdots w_k) + (n - l(k) + 1)\Delta \tag{6.11}$$

で定義される．式 (6.11) の Δ は，音響モデルを学習する際に，学習データから，単位フレーム当りのスコアに基づいて計算される（詳しい計算法については，文献 [3] の 6.4, 6.5 節，あるいは文献 [4] の 12.5 節を参照されたい）．

6.2.3 マルチスタックアルゴリズム

評価関数として，

$$f(y(0) \cdots y(l), w_1 \cdots w_k) = g(y(0) \cdots y(l), w_1 \cdots w_k) + h(y(0) \cdots y(l)) \tag{6.12}$$

を考える．いま，

$$f^*(y(0) \cdots y(l)) \equiv \max_{w_1 \cdots w_k} \{f(y(0) \cdots y(l), w_1 \cdots w_k)\} \tag{6.13}$$

と定義する．式 (6.13) は省略された表現であり，実際には，その右辺の最大化は，可能なすべての長さの単語列について行うこととする．式 (6.13) より，

$$f^*(y(0) \cdots y(l)) = g^*(y(0) \cdots y(l)) + h(y(0) \cdots y(l)) \tag{6.14}$$

が成り立つ．ここに，

$$g^*(y(0) \cdots y(l)) \equiv \max_{w_1 \cdots w_k} \{g(y(0) \cdots y(l), w_1 \cdots w_k)\} \tag{6.15}$$

である．式 (6.12) から式 (6.14) を辺々差し引くことにより，評価関数は

$$f(y(0) \cdots y(l), w_1 \cdots w_k) = g(y(0) \cdots y(l), w_1 \cdots w_k) + f^*(y(0) \cdots y(l))$$

$$-g^*(y(0)\cdots y(l)) \tag{6.16}$$

と変形される.式 (6.16) の評価関数において,右辺第2項 $f^*(y(0)\cdots y(l))$ の代わりに,その上限を用いても,探索の許容性は維持される.この上限は定数となるため,この項を評価関数から除いても,得られる結果は変わらない.したがって,評価関数としては,

$$f(y(0)\cdots y(l), w_1\cdots w_k) = g(y(0)\cdots y(l), w_1\cdots w_k) - g^*(y(0)\cdots y(l)) \tag{6.17}$$

を用いればよい [5].

いま,式 (6.15) の最大化を,t フレーム目で行うこととする*.

$$g_t^*(l) \equiv \max_{\substack{\text{at frame } t \\ w_1\cdots w_k}} \{f(y(0)\cdots y(l), w_1\cdots w_k)\} \tag{6.18}$$

また,以下,$y(0)\cdots y(l)$ を単に l と略記する.このとき,評価関数 (6.17) は,

$$f_t^*(l, w_1\cdots w_k) = g(l, w_1\cdots w_k) - g_t^*(l) \tag{6.19}$$

と変形される.マルチスタックアルゴリズムでは,各フレームごとにスタックを用意する.l 番目(l フレーム目)のスタックには,$g(l, w_1\cdots w_k)$ が大きい順に,単語列 $w_1\cdots w_k$ などの仮説の情報を積む.なお,単語列の長さ k は,一般に仮説ごとに異なる.

実際のアルゴリズムは,以下のとおりである.

(i) $l = 0, \cdots, n$ に対して,以下の処理を行う(n は最終フレームの番号):
すべての単語 $v \in V$ に対して,0 フレームから l フレームまでの音声に対する単語 v のスコア $g(l, v)$ を計算し,各 v について,このスコアが大きい順に,スタック l に仮説として積む.この際,同一スコアの仮説

---

* マルチスタックアルゴリズムは,時間非同期の探索法であるため,l と t とは一般に異なる.

が複数ある場合のスタックに積む順序は，どのような基準で決めてもかまわない．

(ii) スタック0の一番上のスタックに積まれた仮説に対するスコアを，$g_0^*(0)$ とする．すなわち，

$$g_0^*(0) = \max_{v \in V} g(0, v) \tag{6.20}$$

$g_0^*(0)$ の値は，この時点で確定する．また，すべての単語 $v \in V$ に対して，評価関数

$$f_0^*(0, v) = g(0, v) - g_0^*(0) \tag{6.21}$$

を計算する．

(iii) 評価関数 $f_0^*(0, v)$ が0となる仮説（単語）の集合を $V^{(0)}$ とする．

$$V^{(0)} = \left\{ v \in V \mid f_0^*(0, v) = 0 \right\} \tag{6.22}$$

$V^{(0)}$ のすべての要素を，スタックから取り出す．

(iv) $V^{(0)}$ のすべての要素 $v^{(0)}$ と，すべての単語 $v \in V$，及び $i = 0, \cdots, n-1$ に対して，$g(1+i, v^{(0)}v)$ を計算する．得られた $g(j, v^{(0)}v)$ は，0フレームを単語 $v^{(0)}$ に割り当て，1〜jフレームを単語 v に割り当てた際の最良スコアである．

(v) $i = 0, \cdots, n$ に対して，(iv)で得られたスコア $g(i, v^{(0)}v)$ 及びそれに対応する仮説 $v^{(0)}v$ をスタック i に積む．併せて，各スタックごとに，仮説をスコア順に並べ換える．

(vi) $l = 1, \cdots, n-1$ に対して，繰り返し：

(vi-1) スタック l に積まれているすべての単語列の集合を W_l とする（単語列の長さは，一般に W_l の要素ごとに異なる）．スタック l に対してスコア関数

$$g_l^*(l) = \max_{w \in W_l} g(l, w) \tag{6.23}$$

及び，評価関数

$$f_l^*(l,w) = g(l,w) - g_l^*(l) \tag{6.24}$$

を計算する．

(vi-2) 評価関数 $f_l^*(l,w)$ が0となる単語列の集合を $W^{(l)}$ とする．

$$W^{(l)} = \left\{ w \in V^* \middle| f_l^*(l,v) = 0 \right\} \tag{6.25}$$

$W^{(l)}$ の要素をスタックから取り出す．

(vi-3) $W^{(l)}$ のすべての要素 $w^{(l)}$ と，すべての単語 $v \in V$，及び $i = 1, \cdots, n-l$ に対して，$g(l+i, w^{(l)}v)$ を計算する．

(vi-4) $i = l+1, \cdots, n$ に対して，(iv) で得られたスコア $g(i, v^{(0)}v)$ 及びそれに対応する仮説 $w^{(l)}v$ をスタック i に積む．併せて，各スタックごとに，仮説をスコア順に並べ換える．

(vii) スタック n の一番上の仮説を出力する．

6.2.4 ファーストマッチ

マルチスタックアルゴリズムは，そのままでは，大語彙の音声認識をリアルタイムで実行するのは難しい．その理由は，入力の各フレームごとに，語彙 V の大きさに応じた仮説展開を行うため（アルゴリズムの (iv), (vi-3)），語彙が大きくなるほど，多くの処理量を必要とするからである．ところが，すべての単語に対して仮説展開するのではなく，入力音声にマッチした単語のみの展開で済めば，処理量は大幅に削減される．このような展開すべき単語の（限定された）リストを作成する方法として，ファーストマッチ (fast match) が知られている[6]．ファーストマッチは，単語レベルや音素レベルなど，様々なレベルでの導入が可能であるが，本書では，単語レベルのファーストマッチについて述べる．

入力音声を $\boldsymbol{y} = y(0) \cdots y(n)$ とする．このとき，単語 w の HMM のパラメータを $\theta = \{\pi_i, a_{ij}, b_{ij}()\}$ とすると，この HMM が $\boldsymbol{y}$ を出力する確率は，

で与えられる. いま, 出力 $y(i)$ に対するこの HMM の出力確率の最大値を,

$$m_w(y(i)) \equiv \max_{(j,k)} \{b_{jk}(y(i))\} \tag{6.27}$$

とおく. このとき, 以下の不等式が成り立つ.

$$P(\boldsymbol{y}|w) \leq \sum_{i_0=0}^{N-1} \sum_{i_1=0}^{N-1} \cdots \sum_{i_{n+1}=0}^{N-1} \left(\pi_{i_0} a_{i_0 i_1} a_{i_1 i_2} \cdots a_{i_n i_{n+1}} \prod_{i=0}^{n} m_w(y(i)) \right)$$

$$= \prod_{i=0}^{n} m_w(y(i)) \cdot \sum_{i_0=0}^{N-1} \sum_{i_1=0}^{N-1} \cdots \sum_{i_{n+1}=0}^{N-1} \pi_{i_0} a_{i_0 i_1} a_{i_1 i_2} \cdots a_{i_n i_{n+1}} \tag{6.28}$$

$$P(\boldsymbol{y}|w) = \sum_{i_0=0}^{N-1} \sum_{i_1=0}^{N-1} \cdots \sum_{i_{n+1}=0}^{N-1} \pi_{i_0} a_{i_0 i_1} a_{i_1 i_2} \cdots a_{i_n i_{n+1}} b_{i_0 i_1}(y(0)) b_{i_1 i_2}(y(1)) \cdots$$

$$b_{i_n i_{n+1}}(y(n)) \tag{6.26}$$

したがって,

$$q_{\max}(w) \equiv \max_{n} \left\{ \sum_{i_0=0}^{N-1} \sum_{i_1=0}^{N-1} \cdots \sum_{i_{n+1}=0}^{N-1} \pi_{i_0} a_{i_0 i_1} a_{i_1 i_2} \cdots a_{i_n i_{n+1}} \right\} \tag{6.29}$$

とし, これを用いて, $F(\boldsymbol{y}|w)$ を

$$F(\boldsymbol{y}|w) \equiv q_{\max}(w) \cdot \prod_{i=0}^{n} m_w(y(i)) \tag{6.30}$$

と定義すると,

$$P(\boldsymbol{y}|w) \leq F(\boldsymbol{y}|w) \tag{6.31}$$

が成り立つ. $F(\boldsymbol{y}|w)$ を $\boldsymbol{y}$ に対する単語 w の音響ファーストマッチスコア (acoustic fast match score) と呼ぶ. このスコアの計算は, 図 **6.4** に示すように, 遷移確率 1 で同じ状態に遷移しながら, $m_w(y(i))$ を出力していき, 最後に遷移確率 $q_{\max}(w)$ で最終状態に遷移するモデル[*]で表現できる. したが

---

[*] このモデルは, 状態遷移確率の総和が 1 とならないため, 厳密には HMM ではない.

第6章 サ ー チ

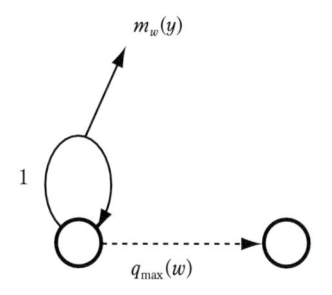

図6.4 ファーストマッチのモデル

って，単語HMM（音素HMM状態数×単語の音素数だけの状態をもつ）よりも簡易なモデルでスコアを計算するため，はるかに高速にスコア計算を行うことが可能である．ファーストマッチを利用する場合には，音響ファーストマッチスコアが大きい単語のみで，仮説展開すべき単語リストを作成する．

A^*探索の場合と同様に，ファーストマッチでも，許容性の概念が導入される．ファーストマッチで枝刈りを行った後に詳細な探索（$P(\boldsymbol{y}|w)$を用いた探索）を行った場合の認識誤りが，最初から詳細な探索を行った場合の認識誤りと一致するとき，すなわち，詳細な探索における最適なパスがファーストマッチによって枝刈りされないとき，そのファーストマッチは，許容的と呼ばれる．いま，

$$w_b \equiv \underset{w \in V}{\arg\max} \{F(\boldsymbol{y}|w)\} \tag{6.32}$$

とし，これに基づいて，単語リストΛを，

$$\Lambda = \{w \in V | F(\boldsymbol{y}|w) \geq P(\boldsymbol{y}|w_b)\} \tag{6.33}$$

で定義する．Λは，入力$\boldsymbol{y}$に対する音響ファーストマッチスコアが，単語w_bのHMMで計算されるスコア（確率）を上回るような単語のリストである．このとき，単語リストΛを利用して単語の仮説展開をしていくファーストマッチは許容的である．なぜならば，もし，$\boldsymbol{y}$に対して，任意の単語w_cのHMMで計算したスコアが，他の単語HMMによるスコアよりも大きかった

とする.このとき,不等号*

$$P(\boldsymbol{y}|w_b) \le P(\boldsymbol{y}|w_c) \le F(\boldsymbol{y}|w_c) \tag{6.34}$$

が成り立つため,w_c は単語リスト Λ に含まれる.したがって,単語 w_c は,ファーストマッチによって枝刈りされないため,このファーストマッチは許容的である.

ここでは,スタックデコーダのためのファーストマッチを紹介した.近似的な尤度計算に基づいて計算量を削減するこのような考え方は,スタックデコーダだけでなく,次節で述べる時間同期ビタビビームサーチにも応用可能である.

6.3 時間同期ビタビビームサーチ[4],[8]

時間同期ビタビビームサーチでは,図6.3の木をネットワーク構造にし,各単語ノードの代わりに,単語HMMを用いた,HMM状態のネットワークが利用される.単語HMMは,発音辞書に従い,left-to-right型の音素HMMを連結して構成する.この際,認識性能向上のため,単語の先頭音素と最終音素はバイフォン,中間音素はトライフォンを用いるなど,3.5節で述べた環境依存型HMMの利用が一般的である.

認識開始前は,状態は初期状態「S」にあり,音声の最初のフレームが入力されると,各単語HMMの最初の状態に移行する.認識候補を保持しているHMMの状態を,アクティブノード(active node)と呼ぶ.以後,入力のフレーム番号が進むに従って,アクティブノードが推移していく.同じ状態に戻るループがあるため,時間とともにアクティブなノード数は増加する.アクティブな各ノードごとに,そのスコアを記憶しておき,各フレームごとに,最良のスコアに比べて,一定値以上低いスコアをもつアクティブノードがあった場合には,そのノードをアクティブでない状態とする(ビームサーチによる枝刈り).単語の終端ノードに達したら,その単語を,その候補の

---

* 式(6.34)において,最初の不等号は仮定によるものであり,第2の不等号は,式(6.31)による.

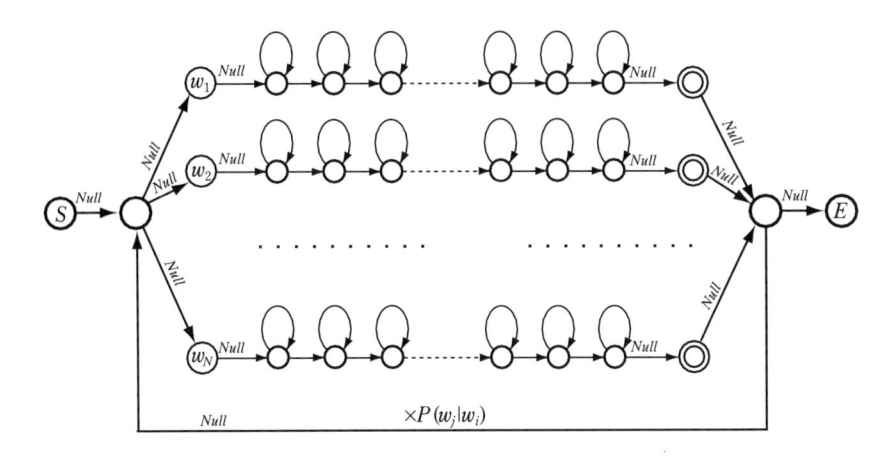

図6.5 バイグラムを用いたHMMネットワークの例

$Null \longrightarrow$: NULL 遷移

単語履歴に加えた後，NULL遷移[*]により，すべての単語の先頭ノードにフィードバックする．その際に，言語モデルの値がスコアに加味される．入力音声の最終フレームに到達したら，その時点で終端ノード「E」に到達している候補を調べ，最良の候補が記憶している単語履歴を認識結果とする．図6.5は，言語モデルとしてバイグラムを用いた場合のHMMネットワークの例である．ここに，アークの上に$Null$と書いてあるのは，NULL遷移を意味する．

以下では，言語モデルとして単語バイグラムを用いた場合の時間同期ビタビビームサーチについて述べる．式 (6.1) 右辺の条件付き確率 $P(\boldsymbol{y}|\boldsymbol{w})$ は，音響モデルとしてHMMを用いた場合，次式で表される．

$$P(\boldsymbol{y}|\boldsymbol{w}) = \sum_{i_0=0}^{N-1} \sum_{i_1=0}^{N-1} \cdots \sum_{i_n=0}^{N-1} P(\boldsymbol{y}, X(0)=i_0, \cdots, X(n)=i_n|\boldsymbol{w}) \quad (6.35)$$

ここに，$X(i)$はiフレームにおけるHMM状態の番号[**]，NはHMMの全状

---
[*] 通常は，入力フレームに同期して，1状態ずつ遷移していくが，NULL遷移では，入力によらず即座に遷移する．
[**] この場合には，単語HMMを連結した，単語列HMMの状態番号である．

態数である.ビタビビームサーチ(Viterbi beam search)では,式を

$$P(\bm{y}|\bm{w}) \cong \max_{i_0 \cdots i_n} P(\bm{y}, X(0)=i_0, \cdots, X(n)=i_n|\bm{w}) \qquad (6.36)$$

で近似する.これをビタビ近似(Viterbi approximation)と呼ぶ.求める単語列は

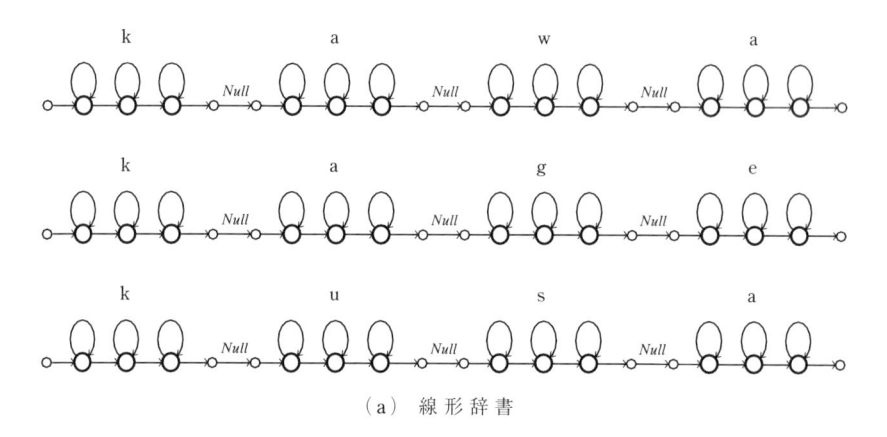

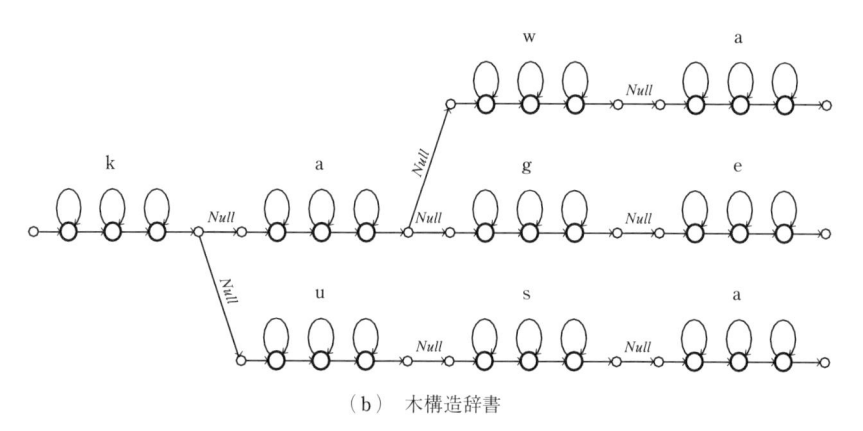

$$\hat{\bm{w}} = \arg\max_{\bm{w} \in W} \left\{ P(\bm{w}) \cdot \max_{i_0 \cdots i_n} \{ P(\bm{y}, X(0)=i_0, \cdots, X(n)=i_n|\bm{w}) \} \right\} \qquad (6.37)$$

(a) 線形辞書

(b) 木構造辞書

図 6.6 線形辞書と木構造辞書

を満たす．ビタビ近似は，与えられた音声に対する最尤単語列を，最尤状態列で近似するものである．ベイズ識別の意味での最適性は保証されないが，この近似は，実用上はほとんど問題とならない．

なお，図6.5のように，それぞれの単語HMMを別々に探索する場合，単語HMMの集合を線形辞書（linear lexicon）と呼ぶ．一方，単語HMMの集合を図6.6(b)のように木構造化した場合，これを，木構造辞書（tree lexicon）と呼ぶ．

6.3.1 線形辞書の利用

まず，以下の二つの関数を用意する．

$q(t,s;w)$：時刻tまでに，単語wのHMMの状態sに至る最適パスのスコア
$b(t,s;w)$：上記最適パスにおける単語wの開始時刻

ビタビビームサーチでは，単語HMM内と単語間で，遷移ルールが異なる．単語HMM内では，動的計画法（dynamic programming）に基づく，次のルールを用いる[*]．

$$q(t,s;w) = \max_{s'}\{\log p(y(t-1),s|s',w) + q(t-1,s';w)\} \qquad (6.38)$$

$$b(t,s;w) = b(t-1, s_{\max}(t,s;w); w) \qquad (6.39)$$

ここに，$s_{\max}(t,s;w)$は，tフレームで，単語wのHMMの状態sに至る最適パスにおける，一つ前のフレームの状態である（図6.7の例では，$s_{\max}(t,s;w)$=$s-1$）．このルールでは，tフレームにおいて，単語wのHMM状態sで保持する仮説は，$t-1$フレームで単語wのHMMの各状態に保持された仮説のスコアと，フレームが$t-1$からtに移る際に，状態sに移ることによって$y(t-1)$を出力するスコアとの和が最大とする仮説（最適な仮説）を選ぶ．式(6.38)はそのスコアを表す．状態sに至るそれ以外の仮説は棄却される．式(6.39)は，最適な仮説の単語開始フレームがコピーされていくことを示す．

仮説が単語の終端に至った場合には，言語モデル（単語バイグラム）によるスコアを考慮する必要がある．このため，以下の関数を定義する．

---

[*] 本書では，HMMは，時刻$t-1$からtに状態遷移するときに，$y(t-1)$を出力するという記述で統一している．

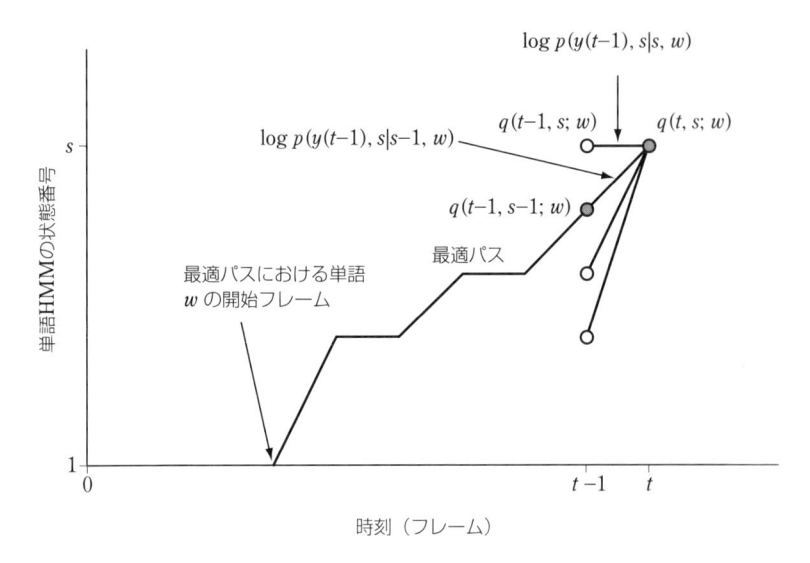

図 6.7 ビタビビームサーチにおける単語内遷移

$$h(w;t) \equiv \max_{v \in V}\{\log p(w|v) + q(t,s_v;v)\} \tag{6.40}$$

ここに，s_v は，単語 v の HMM の最終状態であり，新しく接続する単語を w で表す．単語 w の HMM で，初期状態から NULL 遷移で接続される状態（すなわち，同じ時刻（フレーム）において直ちに初期状態から遷移できる状態）の全体を S_0 とする．S_0 に含まれる各状態 s に対して，スコアと開始フレームの関数を，次式で与える．

$$q(t,s;w) = h(w;t) \tag{6.41}$$

$$b(t,s;w) = t \tag{6.42}$$

この単語間接続ルールにより，図 6.5 の各単語の初期状態には，前の単語の最終状態のスコアと単語バイグラムスコアとの和を最大とするスコア $h(w;t)$，及びこれに対応する仮説が保持される．式 (6.40) を最大化しなかった仮説については，最適な仮説でないためこの段階で棄却される．また，図 6.5 よ

り，各単語の最終状態と次単語の初期状態とがNULL遷移で接続されていることから，次単語wの開始フレームとして，全単語の最終フレームtを代入する（式 (6.42)）．

なお，上記の処理でも，仮説数は膨大となるため，実際には，ビームサーチの手法の併用が必要である．ビーム幅としては，最良仮説のスコアからの差が用いられることが多い（6.1.3項参照）．時間同期ビタビビームサーチは，同一時刻（同一フレーム）内では同じ深さのノードに対する処理を行うが，時刻が進行すると，処理は常に深いノードの方向に進む．この意味で，処理の方向と時間軸の方向が一致しており，時間同期型探索となっている．6.2.1項で述べたスタックデコーダと比べると，認識性能の差はあまりなく，処理量の面では，スタックデコーダの方が有利と思われる．しかしながら，リアルタイムファクタ*が1より小さい場合には，探索は，フレームごとの音声入力を待ちながら行うことになるため，ビタビビームサーチの演算量は問題とならない．この場合には，むしろ，後戻り処理のない時間同期型であることのメリットの方が大きい．今後，計算機などのハードウェアの能力がいっそう向上することを考えると，時間同期型のビタビビームサーチの方が，より有利になるものと思われる．

6.3.2 木構造辞書の利用

辞書を木構造化すると，高速な探索が可能となることが知られている[9]．しかしながら，言語モデルと組み合わせて探索する際には，木の深いノードまで探索を進めないと，言語モデルによるスコアを加味できないという問題が生じる．図6.6の例で考えると，線形辞書では，最初の音素/k/の段階で，それがどの単語の/k/なのかが定まっているが，木構造辞書の場合には，最初の音素/k/の段階では，単語が/kawa/，/kage/，/kusa/のいずれなのかが定まらない．したがって，式 (6.40) のwを決めることができず，このままでは，前単語との言語的な接続が期待できない候補でも，保持しておく必要がある．この結果，場合によっては，最適解が，探索途中段階のビーム幅

---

* 認識処理に要する時間と入力音声の時間との比．リアルタイムファクタが1より大きい場合には，認識処理は，音声入力に追いつかないが，1より小さい場合には，音声入力を待ちながらの処理となる．

の外に出てしまって，棄却されるおそれがある．

　この問題に対処する方法として，仮説の前単語と，そのノードより深い部分のノードに対応する単語との言語スコアの最大値を利用する方法が知られている[10]．木構造辞書において，現探索中のHMM状態sを共有している単語の集合を$V(s)$とする．例えば，図 **6.6**(b) で，2番目の音素/a/のHMMの第2状態をsとすると，$V(s) = \{/\text{kawa}/, /\text{kage}/\}$となる．探索中の候補の前単語を$v$とすると，前単語$v$と探索中の単語とのバイグラム言語スコアとして，

$$\max_{w \in V(s)} \{P(w|v)\} \tag{6.43}$$

を利用する．

　最大値を利用する方法の実装手段の一つとして，言語モデル確率のファクタリング（factoring）が知られている[11]，[12]．いま，探索中の仮説の前単語をvとする．また，木のあるノードsの親のノード（一つ浅いノード）を$parent(s)$と記す．このとき，

$$P^*(s) = \max_{w \in V(s)} \{P(w|v)\} \tag{6.44}$$

$$f(s) = \frac{P^*(s)}{P^*(parent(s))} \tag{6.45}$$

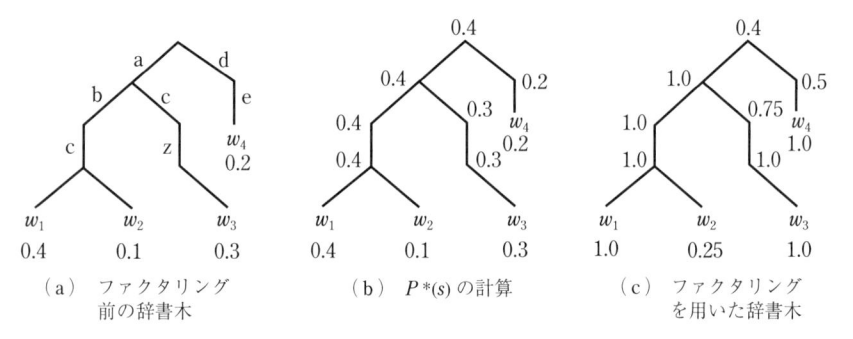

（a）ファクタリング
　　　前の辞書木

（b）$P^*(s)$の計算

（c）ファクタリングを用いた辞書木

図**6.8**　言語モデル確率のファクタリング

を定義する．ファクタリングは，各ノードsにおける言語スコアを式 (6.45) の$f(s)$で計算する方法である．図**6.8**に，発音記号列 /a b c/, /a b c/, /a c z/, /d e/ をもつ四つの単語 ($w_1 \sim w_4$) に対するファクタリングの例を示す [12]．なお，各単語の前単語とのバイグラム確率は，それぞれ，0.4，0.1，0.3，0.2 とした．図6.8(c) において，例えば，単語w_2の言語スコアが各分岐点ごとに乗算され，最終的に

$$0.4 \times 1.0 \times 1.0 \times 1.0 \times 0.25 = 0.1$$

となることに注意されたい．

6.4 マルチパスサーチ

音声認識では，言語モデルとして単語トライグラムの利用が一般的であるが，最初から単語トライグラムを利用した認識を行うと，探索空間が大きくなりすぎて，リアルタイム処理が難しくなる．このような問題を解決する方法として，マルチパスサーチ (multi-pass search) が知られている [13]．マルチパスサーチは，最初のパスで，簡易な音響モデルや言語モデルを用いて，Nベスト文（尤度の高いN個の認識候補）を生成する．その後のパスでは，より詳細な音響モデルや言語モデルを用いて，Nベスト文のスコアを再計算して，認識結果を確定する．図**6.9**に，2パスの場合の概念図を示す．

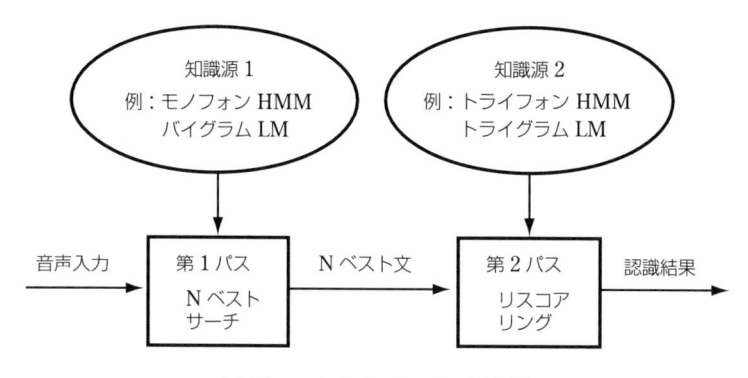

図**6.9** マルチパスサーチの概念図

6.4.1 Nベストサーチ

マルチパスサーチの第1パスでは，最適な候補のみを求めるのではなく，スコア順に複数（N個）の候補を生成する必要がある．このためのアルゴリズムについて，以下で解説する．

（1） 文依存Nベストアルゴリズム[13]　サーチの途中段階での部分仮説を，五つ組 (id, t, s, w, g) で表す．ここに，

- id：部分仮説につけられた識別番号．
- t：部分仮説に対応する時刻（入力フレーム番号）
  部分仮説が，入力音声信号の，時刻0（音声入力の開始部分）から，時刻tまでに対応していることを意味する．
- s：部分仮説に対応するHMMの状態番号
  時刻tで到達しているHMMの状態番号．後述のw（単語列）の最後の単語を構成する音素のHMMのいずれかの状態．
- w：単語ヒストリー
  部分仮説を構成する単語列．
- g：スコア
  時刻tで状態sに至るまでの部分仮説のスコア．スコアが対数尤度で表現される場合には，通常，音響モデルによるスコアと言語モデルによるスコアの重み付き平均で計算される[*]．

である．文依存Nベストアルゴリズム（sentence-dependent N-best algorithm）は，時間同期のビタビビームサーチに基づいて探索を行う方法である．あらかじめ，各状態に対応する部分仮説の数の上限nを設定しておく．この上で，$t=0$からtを一つずつ増やしながら探索を進めていき，

(i) 同じ状態sに到達する部分仮説が複数存在した場合でも，単語ヒストリーwが異なるのであれば，別々に記録する．

---

[*] 原論文（文献[13]）では，ビタビサーチではなく，フォワードアルゴリズムを利用した認識が前提となっている．したがって，スコアは対数尤度ではなく，尤度（確率値）で定義され，仮説のスコアは，音響モデルによる確率のべき乗と，言語モデルによる確率のべき乗との積で表現される．一方，本書では，より一般的に利用されているビタビアルゴリズムを前提とし，スコアは対数尤度で与えることとした．

(ii) 同じ状態 s に同じ単語ヒストリー w をもつ複数の仮説が到達した場合には，これらをマージする．このとき，これらの部分仮説を (id_i, t, s, w, g_i) $(i = 1, \cdots, l)$ とすると，新たに部分仮説 (id_1, t, s, w, g^+) のみを保持し，(id_i, t, s, w, g_i) $(i = 2, \cdots, l)$ は棄却する．ここに，

$$g^+ = \max_{1 \leq i \leq l} \{g_i\} \tag{6.46}$$

である*．

(iii) 処理（i）（ii）の後で，各状態に対応する部分仮説の数が n を超えた場合には，スコアの小さい部分仮説を棄却することにより，各状態に対応する仮説数を n 以下に保つ．

という処理を行う．これによって，複数の候補を保持しながら，音声入力の最後まで探索を行う．最終的には，単語の最終状態に到達した部分候補から，Nベスト文を選択する．

（2） 単語依存Nベストアルゴリズム[13]　文依存Nベストアルゴリズムでは，そのスコアが最良仮説のスコアから一定の範囲に入る，すべての仮説を生成することが保証されている．しかしながら，t, s が一致する場合の部分仮説のマージは，単語ヒストリーが一致した場合しか行われないので，結果として多くの部分仮説が保持され，計算コストも大きくなる．そこで，この単語ヒストリーの一致という条件を緩めて，時刻 t に探索している単語の前単語さえ一致していれば，それ以前の単語が異なっていても，マージしてしまうこととする．このような近似的なアルゴリズムを，単語依存Nベストアルゴリズム（word-dependent N-best algorithm）と呼ぶ．単語依存Nベストアルゴリズムは，文依存Nベストアルゴリズムと比べ，認識率を余り下げることなく，演算量を削減できることが知られている．

6.4.2　2パスデコーダ

最も簡易なマルチパスサーチは，いうまでもなく，2パスサーチである．

---

* 原論文では，フォワードアルゴリズムを用いているため，マージされた仮説のスコアは，$g^+ = \sum_{i=1}^{l} g_i$ となる．

特に，第1パスで一定精度の音響モデル（例えば，単語トライフォン）と簡易な言語モデル（例えば単語バイグラム）を用いたNベスト探索を行ってNベスト文を生成し，第2パスでは，得られたNベスト文に対して，言語スコアのみをより詳細な言語モデル（例えば単語トライグラム）を利用して再計算を行う方法は，比較的実装しやすい．この場合，第2パスの音響スコアは，第1パスの結果がそのまま利用される．第1パスでバイグラム，第2パスでトライグラムを利用する2パスデコーダは，第1パスで生成されるNベスト文のNの数を大きめに設定しておけば，最初から複雑な言語モデルを利用する1パストライグラムデコーダと同等の認識性能を与えることが知られている[14]．

以下，第1パスと第2パスを，より密に関連させた2パスデコーダとして，BBNのフォワード-バックワードサーチアルゴリズム（forward-backward search algorithm: FBS）[13] を紹介する．FBSでは，第1パスで，簡易な音響モデル，言語モデルを用いて，時間同期の前向きサーチを行う．その際に，各フレームごとに，単語HMMの最終状態のうちアクティブな状態のスコア（音響スコア＋言語スコア）を記録していく．時刻t（tフレーム）において，対応するHMMの最終状態がアクティブな単語の集合を，Ω^t と書く．また，Ω^t の要素ω に対して，記録されたスコアを$\alpha(\omega,t)$ とする．

第1パスの簡易な前向きサーチが終わった後，詳細な音響モデル，言語モデルを用いて，音声の最終フレームから後ろ向きに第2パスのサーチを行う．この際，時刻t以降の音声に対するサーチが終了し，時刻tにおいて，一つ前の単語ω'の探索を始める際のスコアを，$\beta(\omega',t)$ とする．この際，$\beta(\omega',t)$ には，最後に探索した単語（時間的にはω'の次にくる単語）とω'との言語スコアも加味しておく．ただし，第1パスの結果を利用するため，単語ω'がΩ^t に含まれない場合には，そのような仮説は棄却する．また，途中段階のスコア$\beta(\omega',t)$ がしきい値以下の場合や，時刻t以前の部分のスコアを第1パスの結果で予測したスコア $\alpha(\omega',t)+\beta(\omega',t)^{*}$ がしきい値以下の場合にも仮

---

* スコアとして対数尤度を利用する場合．文献[13]のように，フォワードアルゴリズムで認識を行い，スコアとして尤度を利用する場合には，予測したスコアは$\alpha(\omega',t)\beta(\omega',t)$となる．なお，この場合には，4.4節で述べたスケーリングが必要となる．

説を棄却する．このようにして，音声の先頭までサーチを進め，第2パスのスコアで最適となった仮説を認識結果とする．

なお，FBSを改良した方法として，正規化フォワード-バックワードサーチ（normalized forward-backward search algorithm）[13]がある．これは，FBSのスコア $\alpha(\omega, t)$，$\beta(\omega, t)$ の代わりに，これらをそれぞれの最大値で正規化して用いる方法である．

6.5 クロスワードトライフォン

サーチの技術そのものではないが，サーチに関連するものとして，クロスワードトライフォン（cross-word triphone）について紹介する．音素HMMを接続して単語HMMを構成する際，単語の中間音素はトライフォンを用いるが，単語境界ではバイフォンで接続するのが一般的である．この場合，例えば「内閣」「の」「総辞職」という単語列については，

$$\cdots, /a\text{-}k\text{+}u/, /k\text{-}u/, /n\text{+}o/, /n\text{-}o/, /s\text{+}o/, \cdots \qquad (6.47)$$

と接続されるため，「内閣」の最終母音/u/から「の」の子音/n/への調音結合や，「の」の母音/o/から，「総辞職」の先頭子音/s/への調音結合が表現できない．その結果，助詞などの短い単語の認識性能が劣化する．クロスワードトライフォンは，各単語の先頭あるいは最終音素HMMもトライフォンを利用するものである．クロスワードトライフォンを利用したサーチでは，図6.5における単語終端から単語始端に移行する際に，前単語の終端では後続単語の先頭音素を予測し，後続単語の先頭音素では前単語の最終音素を考慮して，

$$\cdots, /a\text{-}k\text{+}u/, /k\text{-}u\text{+}n/, /u\text{-}n\text{+}o/, /n\text{-}o\text{+}s/, /o\text{-}s\text{+}o/, \cdots \qquad (6.48)$$

のように単語境界もトライフォンで接続する．クロスワードトライフォンでは，仮説ごとに，単語始端及び終端音素のHMMを切り換える必要があるため，メモリの利用量は増加するが，1〜2音素からなる短い単語の認識性能が向上することが報告されている[15]．

参　考　文　献

[1] 白井良明, 辻井潤一, 人工知能, 岩波書店, 1982.
[2] S. Russell, P. Norvig (著), 古川康一 (監訳), エージェントアプローチ 人工知能, 共立出版, 1997.
[3] F. Jelinek, Statistcal Methods for Speech Recognition, MIT Press, 1997.
[4] X. Huang, A. Acero, and H.-W. Hon, Spoken Language Processing, A Guide to Theory, Algorithm, and System Development, Prentice Hall PTR, 2001.
[5] D. B. Paul, "An efficient A* stack decoder algorithm for continuous speech recognition with a stochastic language model," Proc. ICASSP92, vol. 1, pp. I-25-I-28, 1992.
[6] L. R. Bahl, S.V. De Gennaro, P. S. Gopalakrishnan, and R. L. Mercer, "A fast approximate acoustic match for large vocabulary speech recognition," IEEE Trans. Speech Audio Process., vol. 1, no. 1, pp. 59-67, Jan. 1993.
[7] P. S. Gopalakrishnan and L. R. Bahl, "Fast match techniques," in Automatic Speech and Speaker Recognition, Advanced Topics, ed. C.-H. Lee, F. K. Soong, and K. K. Paliwal, Kluwer Academic Publishers, 1996.
[8] H. Ney and S. Ortmanns, "Dynamic programming search for continuous speech recognition," IEEE Signal Process. Mag., vol. 16, no. 5, pp. 64-83, Sept. 1999.
[9] J.W. Klovstad and L.F. Mondshein, "The CASPERS linguistic analysis system," IEEE Trans. Acoust. Speech Signal Process., vol. ASSP-23, no. 1, pp. 118-123, Feb. 1975.
[10] J. J. Odell, V. Valtchev, P. C. Woodland, and S. J. Young, "A one pass decoder design for large vocabulary recognition," Proc. ARPA Human Language Technology Workshop, pp. 405-410, March 1994.
[11] M. Federico, M. Cettolo, F. Brugnara, and G. Antoniol, "Language modelling for efficient beam-search," Computer Speech and Language, vol. 9, pp. 353-379, 1995.
[12] F. Alleva, X. Huang, and M.-Y. Hwang, "Improvement on the pronunciation prefix tree search organization," Proc. ICASSP-96, pp. 133-136, 1996.
[13] R. Schwartz, L. Nguyen, and J. Makhoul, "Multiple-pass search strategies," in Automatic Speech and Speaker Recognition, Advanced Topics, ed. C.-H. Lee, F. K. Soong, and K. K. Paliwal, Kluwer Academic Publishers, 1996.
[14] 本間真一, 今井 亨, 安藤彰男, "ニュース音声認識のための1パストライグラムデコーダの検討," 音響講論集, 2-8-9, pp. 45-46, March 2000.
[15] 本間真一, 今井 亨, 安藤彰男, "クロスワードトライフォンの検討—2パスデコーダの第1パスでの実装," 音響講論集, 2-1-2, pp. 57-58, Sept.-Oct. 1999.

第7章

リアルタイムシステム

　本章では，リアルタイム音声認識の実用化例として，生放送番組に対する字幕放送を実現するため開発した音声認識システムを紹介する．まず最初に，ニュース番組に対する字幕放送で利用している音声認識システムについて述べ，次に，ニュース以外の生放送番組字幕化のためのシステムを紹介する．また，リアルタイム音声認識の関連技術として，誤りのない字幕放送を実現するため開発された，認識誤り修正システムも紹介する．

7.1　音声認識の実用化

　今まで，音声認識技術実用化の試みが多くなされたが，実際に実用化された例は，さほど多くない．その主な理由として考えられるのは，キーボードなど他の代替手段を用いた方が，音声認識を用いるよりも簡便に目的を達成できるということであろう．例えば，銀行のATM機を利用する際，最初に「引出し」「預入れ」「残高照会」「通帳記入」「振込み」「振替え」などのメニューをタッチパネルで選択するのが一般的であるが，このような少数のメニュー選択は，音声認識よりも，タッチパネルの方が素早く，かつ確実に行うことができる．最近の計算機技術の進展に伴い，音声認識技術も実用化レベルに到達したとはいえ，音声認識技術が実用化されるには，他の代替手段よりも，音声認識の方が有利であることが前提となる．最も望ましいのは，現状の音声認識の技術レベルでも，用途等を制限すれば応用可能で，しかも，音声認識を利用しなければ，原理的あるいはコスト的に実現できない問題を

取り扱うことである.

本章では,音声認識の実用化例として,NHKが開発した字幕放送のための音声認識システムについて紹介する.最初に述べるのは,ニュース字幕放送実現のために開発した,ニュース音声認識システムである.このシステム開発時には,他の代替手段がなく,音声認識技術にとって極めて好ましい応用例であった.ニュースの字幕放送は,欧米では特殊なキーボードの利用により実現されていたのに対し,我が国では,キーボード入力がアナウンサーの話すスピードに追いつかず[*],ニュースの字幕放送は実現されていなかった.また,アナウンサーの読む原稿も,放送直前に修正が加わることが多いため,そのまま放送に出すことはできなかった.図7.1は,記者原稿が修正されて,最終的な読み原稿になるまでのプロセスである.NHKでは,記者は,基本的に,原稿をワープロなどで電子的に作成する.この原稿は,担当デスクの校正を経て,印刷される.印刷された原稿は,放送直前に,制作担当者によって,手書きで修正が加えられる.この修正は,番組内の時間調整のための部分削除や,複数の原稿の統合化などの編集作業である場合が多い.手書き修正された原稿は,アナウンサーによって,読みやすいように,更に手書きで修正が加えられる.このほか,電子化されず,手書きやファックスなどで入稿される緊急な項目などもあるため,事前に電子化された原稿と実

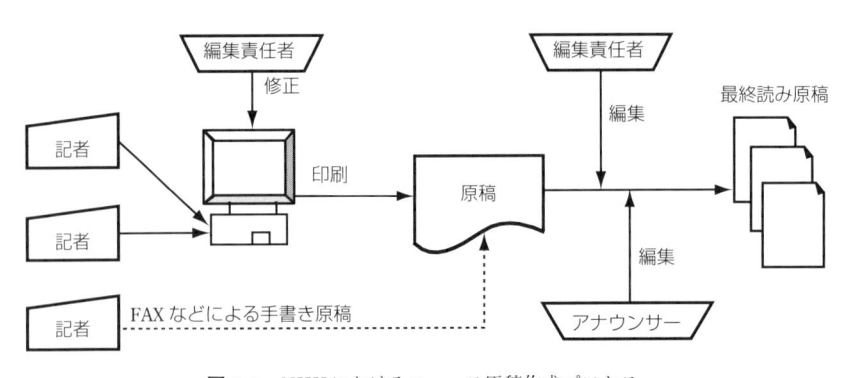

図7.1　NHKにおけるニュース原稿作成プロセス

---

[*] 日本語では,仮名漢字変換に時間がかかるため,英語のキーボード入力に比べ,入力速度は遅い.

際の放送音声とは，必ずしも一致しない．また，放送直前まで「読み原稿」が確定しないため，ワープロのみによる字幕原稿作成が難しい項目も少なくない．ところで，ニュースにおける最終的な情報は，アナウンサーの発話内容であることから，ニュースの字幕化における音声認識の利用は，ごく自然に想定される．しかも，記者の事前原稿を用いて言語モデルを適応化しておけば，音声認識システムは，アナウンサーが記者原稿をそのまま発声した場合に高い認識性能を示すだけでなく，原稿に加えられた編集にも柔軟に対応できる．以上のような意味で，ニュース番組中のアナウンサーが原稿を読む部分の字幕化は，音声認識にとって好ましい応用例ということができる．NHKでは，音声認識を用いたニュース字幕放送実現を目指してニュース音声認識システムを実用化し[1]，2000年3月27日から，ニュースの字幕放送を開始した．

　本章では，もう一つの実用化例として，スポーツなどの生中継番組字幕放送用の音声認識システムについて述べる[2]．生放送番組に対する字幕放送実現の要望が高まる中，NHKでは，2001年12月31日の「紅白歌合戦」で，ニュース以外の生放送に対する，我が国初の字幕放送を実現した．ニュース音声認識システム実用化以降，特殊なキーボードを用いて6人がかりで入力するキーボード入力システムも開発されていたが[*]，「紅白歌合戦」で求められたのは，時間遅れの少なさであった．音声認識システムは，認識遅れ時間1秒程度で，声を文字に変換できたのに対して，上記キーボード入力システムは，文字入力の遅れ時間が5秒程度あったため，音声認識の代替手段とはならなかったのである．このシステムは，2002年2月のソルトレークシティオリンピック中継や，2002年6月のFIFAワールドカップサッカー中継でも利用された．

　音声認識では，性能がいくら向上したとしても，誤りを完全になくすことは極めて困難である．誤りをなくすためには，認識結果を人間が修正するシステムが必要である．本章では，最後に，このような人間による修正を即座に行い，時間遅れを蓄積しないシステムを紹介する．

---

[*] 2001年8月末から，NHKのニュース字幕放送でも，音声認識の補完入力システムとして，このシステムを導入した．

7.2 ニュース音声認識システム

ニュース番組音声の認識に関しては,米国で,DARPA (defense advanced research projects agency) のHub4を中心として,放送ニュース音声を対象とした大語彙連続認識の研究が行われた[3]. 米国では,既にキーボード入力によるニュース番組の字幕放送が実現されている. したがって,同プロジェクトは,

(1) バッチ処理が基本であり,リアルタイム性を追及するものではない.
(2) 発声内容の正確な文字化よりも,音声認識結果を用いた情報検索を目指している.

など,ニュース音声から字幕原稿を即座に作成するリアルタイム音声認識とは,目的が異なるものであった.

これに対して,本章で述べるニュース音声認識システムは,ニュース番組に対する字幕原稿をリアルタイムで作成することを目標としている. この研究を行うにあたり,認識率95%以上,認識遅れ時間2秒以内の実現を,研究目標とした[4]. ここに,認識遅れ時間とは,ニュース中の文を発声し終わ

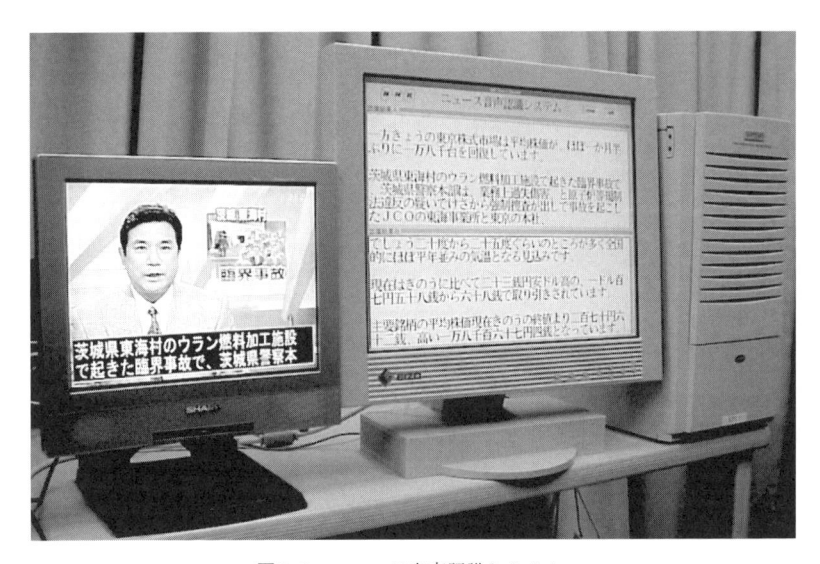

図7.2 ニュース音声認識システム

```
入力音声 → 音響分析 → デコーダ → 認識結果
                         ↓      ↓
                       HMM    n-gram
                     音響モデル  言語モデル
```

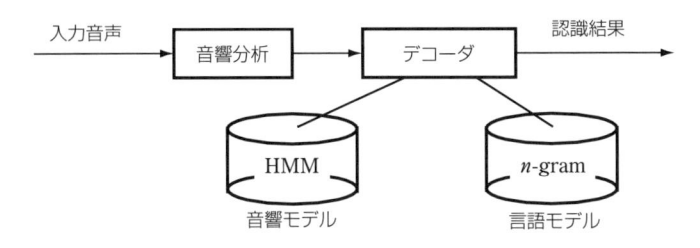

図 7.3 ニュース音声認識システムブロック図

表 7.1 音響分析条件

標本化周波数	16 kHz
量子化精度	16 bit
窓関数	ハミング窓
フレーム長	25 ms
フレーム周期	10 ms
MFCC分析の次数	12

ってから，その文全体に対する認識結果が出力されるまでの時間である．システムの概観を**図 7.2**に，またシステムのブロック図を，**図 7.3**に示す．

7.2.1 音響分析

音響分析部では，入力音声を，サンプリング周波数16 kHz，量子化精度16ビットでディジタル化し，ハミング窓を用いて，短時間周波数分析を行う．分析フレームの長さは25 ms，フレーム周期10 msとした．周波数分析結果から，各フレームごとに，12次元のMFCC係数，12次元のΔ-MFCC係数，12次元の$\Delta\Delta$-MFCC係数を計算する．また，各フレームごとの対数パワーと，そのΔ，$\Delta\Delta$も求め，これらすべてをまとめて，各フレームごとに39次元の音響パラメータを得る．音響分析条件を，**表 7.1**に示す．

7.2.2 音響モデル

音響モデルとしては，性別依存の不特定話者トライフォンHMMを用いた．HMMのタイプは，8混合のガウス分布を用いた3状態の混合分布連続型・状態共有化HMMである．正規分布の共分散行列は，対角型のものを用いた．音素としては，以下の42個を用いた．

/a/, /i/, /u/, /e/, /o/, /a-/, /i-/, /u-/, /e-/, /o-/, /k/, /s/, /t/, /n/, /h/, /m/, /y/, /r/, /g/, /z/, /d/, /b/, /p/, /w/, /N/, /ky/, /sh/, /ch/, /ny/, /hy/, /py/, /ry/, /gy/, /j/, /ts/, /my/, /by/, /f/, /dy/, Q, sp, sil

ここに，Qは促音，spは単語間の短い息継ぎなどを表現するためのshort pause，silは無音区間に対する発音記号である．HMMは，男性24名，女性21名のNHKのニュース担当アナウンサーが発声した，過去に放送されたニュース音声を用いて学習した[5]．トライフォンHMMの学習には，4.4節で述べた，決定木によるクラスタリングを用いたアルゴリズム[6]を利用した．

7.2.3 言語モデル

言語モデルは，NHK記者が作成したニュース原稿を用いて学習した．日本語の文章は，単語ごとに区切られていないため，「茶筌」[7]を利用した形態素解析によりニュース原稿を形態素単位で分割し，CMU-Cambridge SLM Toolkit [8]を用いて言語モデルを学習した．ニュース原稿中の出現頻度順に単語を選択し，単語発音辞書に登録した．更に，同辞書に登録されている単語について，ニュース原稿より，単語バイグラム，トライグラムを計算した．この際，バックオフスムージングにはグッド・チューリング推定を利用した．その際のバイグラム，トライグラムに対するカットオフは，それぞれ1，2とした．

7.2.4 デコーダ

認識候補を選択するためのデコーダには，2パスデコーダを採用した（図7.4参照）．第1パスでは，音響モデルとしてトライフォンHMM，言語モデルに単語バイグラムを用いて，単語依存Nベストアルゴリズム[9]に基づくビタビビームサーチを行う．その際，HMMの各状態ごとに，そのHMMを含む単語の前に接続される単語の候補については，スコア順に4単語分まで保存し，それ以外の候補は棄却する．探索時の，各候補のスコアとしては，音響モデルを用いて計算した音響スコア（対数確率）と単語バイグラムを用いて計算した言語スコア（対数確率）の重み付け平均により算出する．なお，ビーム幅（スコアの差）は，単語内では160，単語終端では110とした．単

第7章 リアルタイムシステム

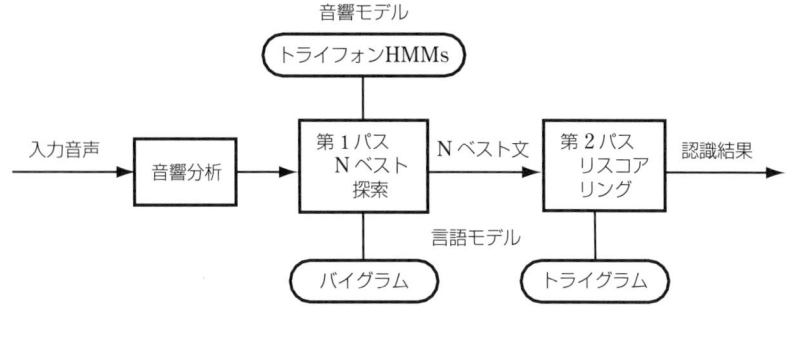

図7.4 2パスデコーダ

語終端でのビーム幅を狭めている理由は，単語終端のスコアは，単語の途中におけるスコアよりも信頼性が高いためであり，単語終端のビーム幅を狭めることにより，認識率をあまり劣化させることなく，候補数を削減している．第1パスでは，最終的に200文の候補を出力する．第2パスでは，第1パスの出力として得られた200-ベスト文に対して，それぞれの言語スコアを，単語トライグラムを用いて再計算する．第1パスと第2パスでの，音響スコアと言語スコアとの重みは，同じ値を利用した（音響スコアに対して，言語スコアを14倍して加算[*]）．

なお，本デコーダでは，フィラー[**]の登録やフィラーを考慮した処理は行っていない．したがって，発声された不要語や，言い直しに対しては，登録された単語の組合せの中で，文全体のスコアが最大となるものを認識結果とする．

以下，デコーダの第1パスについて，詳しく述べる[10]．第1パスでは，単語のネットワークを木構造で表現している．木構造のネットワークは，語頭部分のノードを共有するため，語頭でのアクティブなノードの数を制限でき，処理量が削減されるという長所をもっている．しかし，単語を特定できるノードに処理が進むまでは，バイグラムを用いた言語スコアの計算ができ

---

[*] 式 (6.1) の脚注参照．
[**] 「えー」「あのー」など，話の調子を変えたり，話の続き具合を知らせるために利用される間投的な単語．

表 7.2　デコーダのパラメータ

各状態で保存されるパスの最大数	4
第1パスで出力される文数	200
ビーム幅	160
（単語終端ビーム幅	110）
言語スコア重み	14
挿入ペナルティ	0

ない．そこで，通常は，枝刈りの際，前単語とノードを共有する単語とのバイグラムのうち最大の値が利用される．この方法では，ノードの遷移に伴い，共有単語のリストが変化した場合に，最大バイグラムを再計算しなければならず，処理量の増加を招く可能性がある．そこで，アクティブになる割合の高い語頭の L レイヤまでの全ノードと，$L+1$ レイヤ目の単語のうち，ユニグラム確率の高い順に K 番目の単語に対応するノードについて，事前に最大バイグラムを計算しておくことにした．デコーダの第1パスのパラメータを表7.2に示す．なお，表7.2中，挿入ペナルティとは，単語間を遷移する際に，各候補のスコアに加えられる一定値のことである．正の値を加えれば多くの単語からなる候補が採用されやすくなり，負の値を加えれば，少ない単語からなる候補が採用されやすくなる．今回は，挿入ペナルティは0と設定した．なお，処理の高速化のため，本デコーダでは，単語間もトライフォンを用いるクロスワードトライフォンは，利用していない．

7.2.5　逐次2パスデコーダ

逐次2パスデコーダは，前項の2パスデコーダを，リアルタイム処理向きに改修したものである．一般に，マルチパスデコーダでは，第1パスで簡易なモデルを用いて認識候補を絞り込み，発話終了後，より詳細なモデルを使って2パス目以降の処理を行う[9]．この方法だと，ニュース音声認識の場合のような文単位の認識では，文末に到達してから第2パス以降の処理が行われるため，字幕として表示するには，遅れ時間が多すぎる．そこで，認識結果を入力音声の一定フレームごとに確定していく，逐次2パスデコーダを開発した[11]．逐次2パスデコーダと，従来の2パスデコーダの比較を，図

第7章 リアルタイムシステム

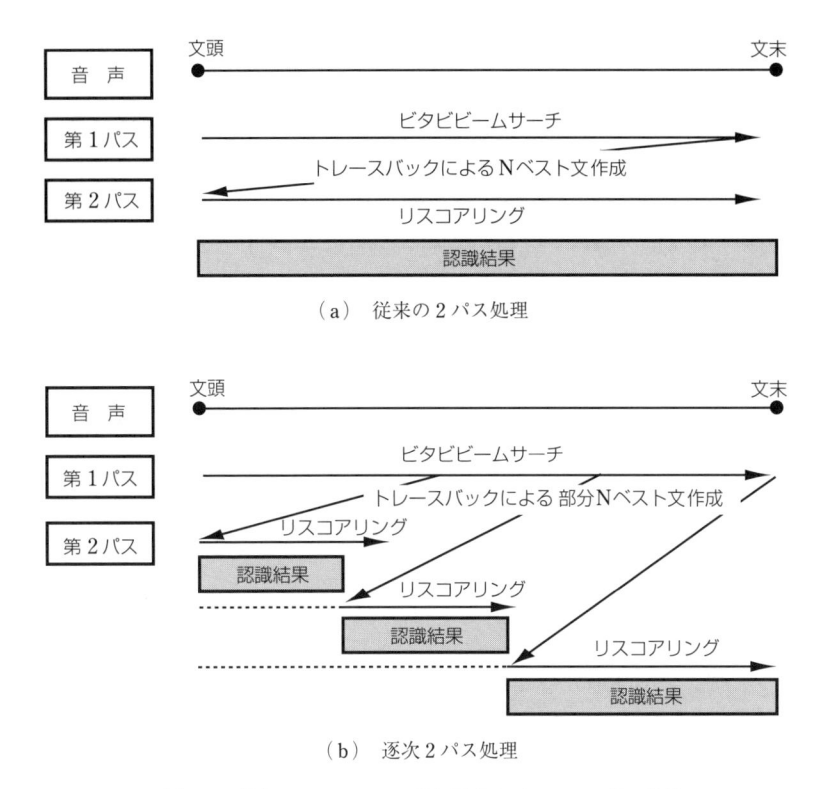

(a) 従来の2パス処理

(b) 逐次2パス処理

図7.5 従来の2パスデコーダと逐次2パスデコーダの比較

7.5に示す．

以下，逐次2パスデコーダのアルゴリズムを述べる．アルゴリズムは，以下のとおりである．

(1) 音声が入力されるに従って，簡易なモデルを用いた1パス目の処理を実行．

(2) Δt フレームおきに，第1パスでのスコアが最も高い音素を出発点として単語ラティスをトレースバックし，Nベスト単語列を生成．

(3) (2)のNベスト単語列を，詳細なモデルを用いて再評価し，最良単語列 (1-ベスト単語列) を決定．

(4) Δt フレーム前の1-ベスト単語列と，現時点の1-ベスト単語列を比較

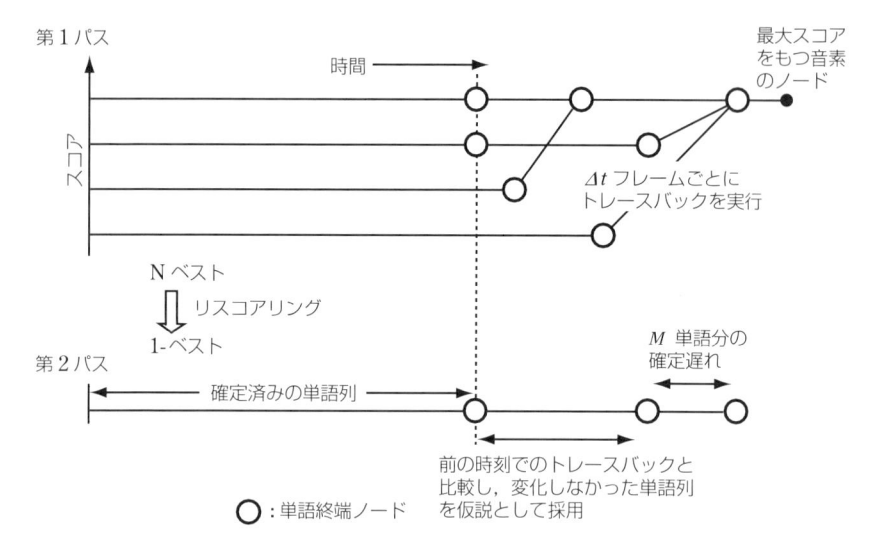

図7.6 逐次2パスデコーダ

し，既に確定された単語以降で一致する単語列を認識結果として確定．ただし，実際に実行させる場合には，
(a) (2)のトレースバックにおいて，既に確定された最終単語の終了フレーム以前での，単語ラティスの分岐は考慮しない．
(b) (4)の確定において，現フレームの近傍での単語仮説は変更される可能性が高いので，文末以外では，現1-ベスト単語列の最終M単語は確定対象としない．一方，既に単語が確定されている区間で，現1-ベスト単語列に変化が生じても無視する．

という条件を設ける．逐次2パスデコーダを図7.6に示す．今回の実用化では，第1パスで環境依存トライフォンHMMと単語バイグラム言語モデルを用い，第2パスでは，言語モデルのみ詳細化して，単語トライグラムモデルを用いた．

7.2.6 言語モデルの適応化

ニュースでは，新しい単語が次々に出現する．そこで，記者が逐次入稿してくる原稿を利用した適応化言語モデルである時期依存言語モデル（time dependent language model: TDLM）[12]を採用した．7.1節で述べたように，ほとんどの場合，記者は事前に原稿をワープロなどで電子的に作成する．記者が作成した原稿は，実際の放送音声の内容とは，必ずしも一致しないが，事前原稿には，新しく出現した人名，地名などの単語が含まれている可能性が高く，この原稿を用いて言語モデルを適応化することにより，認識性能の向上が期待される．以前に調査した結果では，放送されたニュース項目の約3/4には，そのもととなる事前原稿が存在した[13]．

図7.7に，事前原稿を用いた言語モデル適応化法を示す．数年にわたって蓄積された大量の原稿（100万文以上）を用いれば，単語n-gramを精度良く求めることができる．一方最近のニュース原稿（1日当り1,000文程度）だけで接続確率を求めた場合，新しい単語も含んだ単語n-gramを作成可能であるが，原稿の量が少ないため，得られた確率値の統計的な信頼性が低い．そこで，単語n-gramを求める際に，大量のニュース原稿のほかに，最近のニュース原稿を1,000回程度重複して用いることで，得られるn-gramの推定精度を維持しながら，出現が期待される単語に対するn-gram確率を上昇させた．また，この処理により新しく出現した単語に関するn-gram確率を求めることが可能となる[14]．

単語バイグラムの場合を例にとり，本手法を説明する．日本の小泉総理大臣は，厚生大臣に就任していたこともあるため，長期間にわたって蓄積された大量のニュース原稿中には，「小泉」の後に「厚生大臣」が続いている場合が多い．例えば，「小泉」の後に「厚生大臣」が続いていた場合が4,900回，

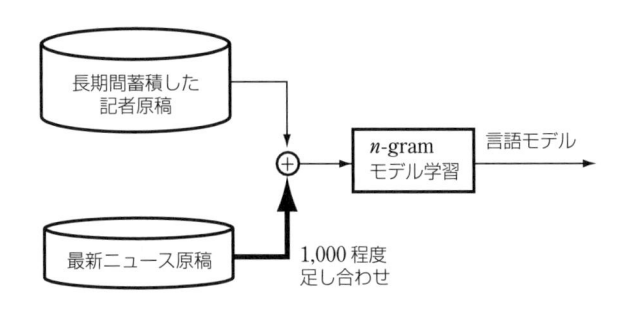

図7.7　最新の記者原稿を用いた言語モデルの適応化

「総理大臣」が続いていた場合が100回であって，その他の単語は続いていなかったものとする．この場合には，バイグラム確率P(「総理大臣」|「小泉」)は，

$$P(\text{「総理大臣」}|\text{「小泉」}) = 100/5000 = 0.02 \tag{7.1}$$

である．一方，最近のニュース原稿中では，「小泉」の後に「総理大臣」が続く場合が5回であり，「厚生大臣」が続く場合はなかったとする．最近のニュース原稿を1,000回重複して長期間ニュース原稿に足し合わせる場合には，

$$P(\text{「総理大臣」}|\text{「小泉」}) = (5\times1000+100)/10000 = 0.51 \tag{7.2}$$

となる．この処理により，「小泉」「総理大臣」という単語の列を含む音声が，はるかに認識しやすくなる．また，この処理により，新しく原稿中に出現した単語に対するバイグラム確率を推定することができるため，自動的に，これらの単語を含む音声が認識可能となる．

以下，時期依存言語モデルの学習法について，バイグラムの学習を例にとって，詳しく述べる[12]．時期依存言語モデルは，繰返し処理により学習される．長期間のニュース原稿の語彙をV_0，最新ニュース原稿の語彙をV_1とする．初期語彙$V^{(0)}$を，

$$V^{(0)} = V_0 \cup V_1 \tag{7.3}$$

と定める．ただし，V_0, V_1とも，事前に上限を決める（20,000語など）．単語$u, v \in V_0 \cup V_1$について，時期依存バイグラム$P(u|v)$を，長期間ニュース原稿から作られたバイグラム$P_0(u|v)$と，最新ニュース原稿から作られたバイグラム$P_1(u|v)$から，

$$P(u|v) = \lambda P_0(u|v) + (1-\lambda) P_1(u|v) \tag{7.4}$$

で与える．λは，EMアルゴリズムにより求める（5.6節参照）．長期間ニュース原稿に対するテキスト重みwは，長期間原稿と，最新原稿の原稿の大きさ（総単語数）をM_0, M_1とすると，

$$w = \frac{(1-\lambda) M_0}{\lambda M_1} \qquad (7.5)$$

で求める．テキスト重み w で，最新ニュース原稿を，長期間原稿に足し合わせて得られた原稿から，頻度順に語彙 $V^{(1)}$ を決め直す．$V^{(1)}$ に基づいて，バイグラム P_0, P_1 を再度計算し，テキスト重み w を再決定する．このような語彙更新とテキスト重み再計算を，重み w が一定の値になるまで繰り返す．時期依存言語モデルの学習プロセスを，図7.8に示す．

言語モデルの適応化手法としては，いくつかの方法が提案されているが[14]，時期依存言語モデルは，確率値レベルでEMアルゴリズムにより重みを決めた後，テキスト重みに変換して，テキストレベルでの重み付けを行う．

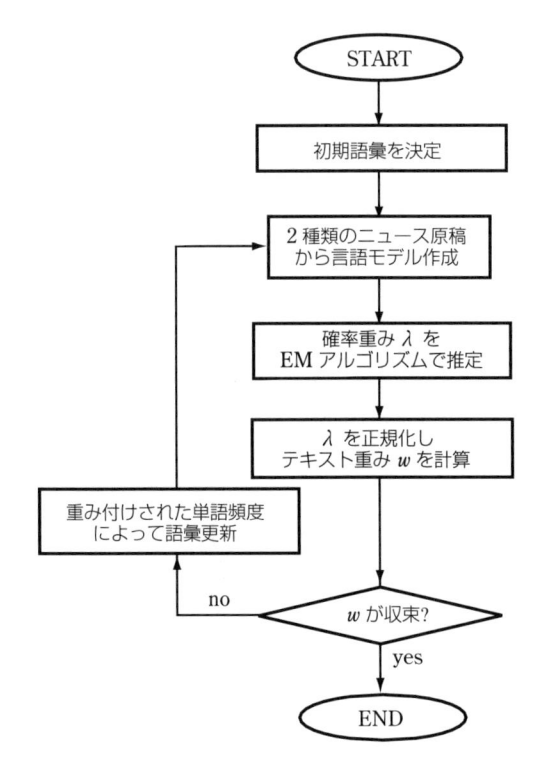

図7.8 時期依存言語モデルの学習

言語モデルの適応化とともに，語彙も自動的に更新されることも，時期依存言語モデルの特徴である．

7.2.7　性 能 評 価

逐次2パスデコーダを用いた認識実験の結果を紹介する[11]．評価用音声としては，NHK総合テレビで1999年10月28日に放送されたニュース番組「おはよう日本」「正午のニュース」「ニュース7」の中で，スタジオで男性アナウンサーが発話した計162文を，450 ms以上の無音で自動的に分割した224発話を用いた．話者数は9名，合計単語数は5,894単語である．評価用音声に対するテストセットパープレキシティは，バイグラムが81.4，トライグラムが37.0で，未知語率（out-of-vocabulary rate）[*]は0.7%である．性能は，次式の単語正解精度（word accuracy）を用いて行った．

単語正解精度
＝（総単語数－置換単語数－挿入単語数－脱落単語数）÷総単語数　(7.6)

ここに，置換単語とは，正解の単語が別の単語に誤認識された場合であり，挿入単語とは，本来単語がない部分に認識結果として単語が出力された場合，脱落単語とは，単語があるべき部分に認識結果が何も出力されなかった場合である．

実験の結果，従来の文末確定型の2パスデコーダを用いた単語正解精度は，95.9%であり，逐次2パスデコーダの単語正解精度は，95.6%であった．一方，各単語の発話終了から，認識結果として確定するまでの平均遅れ時間は，文確定型の平均4.5秒に対し，逐次2パスでは平均0.5秒と約1/9に短縮されていた．これにより，逐次2パスデコーダによって，認識性能をあまり損なうことなく，リアルタイム処理ができることが確認された．

7.2.8　ニュース音声認識システムの実用化状況

2000年3月27日の「ニュース7」字幕放送開始以来，NHKでは，毎日，このシステムを利用してニュース字幕放送を実施している．2001年4月2日

---

[*] テストセットに含まれる単語のうち，システムの語彙に含まれていない単語の割合を示すものである．この際，同じ単語でもテストセット中の別の場所に現れる場合には，別の単語として扱うこととする．

からは,「ニュース9」でも字幕放送を開始した.本システムを利用して,北海道有珠山の噴火など,重要な多くのニュースの字幕放送を実施しているが,特に,2000年5月3日のバスジャック事件では,「ニュース7」の放送延長に伴い,午後7時から午後10時まで字幕放送を実施し,刻々と変化する現場の状況をリアルタイムで伝えて,特に耳の不自由な方々から大きな反響を得た.なお,2002年12月までの段階で,故障などによる放送中断は起こっていない.音声認識を用いて,字幕放送を実施している部分の認識率は,単語正解精度で98%程度であり,残りの2%については,7.4節で述べる認識誤り修正システムを用いて,誤りを修正している.

ニュース項目の中には,早い段階でアナウンサーの読み原稿が確定しているものがある.このような項目を対象に,事前に原稿を電子化しておき,字幕として送出するシステムも併せて開発している.このシステムを,事前原稿系と呼ぶ.これは,字幕表示の遅れが許されない場合(例えば,次のニュース項目が,地方局発などの場合)や,修正オペレータの疲労防止などのために,実際に利用されている.事前原稿系は,放送開始10分前に,アナウンサーの読み原稿が確定したニュース項目にのみ用いられる.

また,2001年8月27日からは,特殊なキーボードを用いて6人がかりで入力するシステムも併用して,現時点の音声認識技術では字幕化できない対談,現場リポート部分などを中心に,補完的に字幕原稿を作成し,ニュース番組全体の字幕放送を実現している.

7.3 生中継番組用音声認識システム

7.2節で述べたニュース音声認識システムは,アナウンサーがスタジオで原稿を読んだ音声を対象としたシステムである.

- アナウンサーという訓練された人間の単独発声
- 原稿読み上げであり,発話内容は基本的に書き言葉

という,音声認識にとっては有利な特徴をもっていたため,番組中の音声を直接認識するシステムの実用化が可能であった.一方,ニュース以外の生放送番組,例えば,紅白歌合戦のようなバラエティー番組や,スポーツ中継では,番組中の音声に,多くの背景雑音が混合されており,複数の人間が同時

に発話する場合もある．また発話スタイルも，原稿読み上げよりは自発的な発話（spontaneous speech）に近い．これらの理由から，現状の音声認識技術では，番組中の音声をそのまま認識することは難しい．そこで，生中継番組の字幕化のために，専門のキャスターが，番組中の音声を聞きながら再発声した音声を認識するシステムを開発し，実用化した[2]．

話者が，別の音声を聞きながら再発声し，その音声を認識する方式は，リスピーク（re-speak）方式として知られており，イギリスの放送局BBCは，この方式を用いて，一部の限定されたスポーツ中継番組（スヌーカー，ゴルフなど）で字幕放送を実現している．BBCが一部のスポーツ競技に限定しているのは，例えばサッカーのようなテンポの速い競技や，バラエティー番組では，

（a）複数の人間の同時発話があり，これをうまく扱うことが難しい
（b）自発的な発話内容が多く，言語モデルがうまくカバーできない

などの理由で，単なるリスピークでは一定の認識率を達成できないためである．「紅白歌合戦」の字幕放送を実施するにあたり，忠実にリスピークを行うのではなく，適宜言い換えながらリスピークすることとした．システムのブロック図を，図7.9に示す．

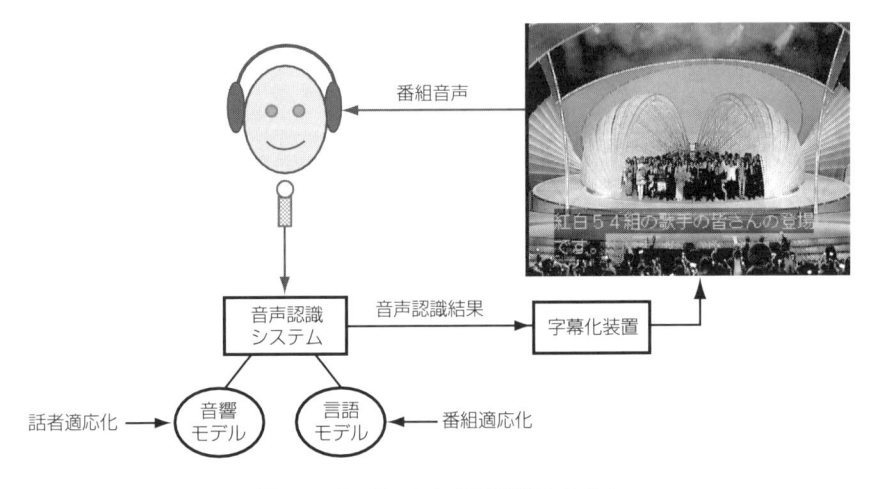

図7.9　リスピーク方式音声認識システム

なお，このシステムでは，ニュース音声認識システムと同じく，音響分析として，MFCC分析を採用し，得られた12次のMFCC係数と対数パワーのほか，動的特徴量としてこれらの Δ, $\Delta\Delta$（2.6節参照）を計算して，音声の特徴パラメータとした．分析時の標本化周波数は16 kHz，量子化精度は16ビットとし，分析窓としては，25 msのハミング窓を採用した．

7.3.1 リスピーク方式

リスピーク方式とは，番組中の話者とは異なる人間が，番組中の音声を注意深く聞きながら，再発声する方式である．リスピークする人間のことをリスピーカー（re-speaker）と呼ぶ．リスピーカーは，スタジオの中でヘッドホンを用いて番組音声を聞き，その内容を言い直す．この方式は，番組音声を認識する場合の音響モデルのミスマッチを改善することが可能であり，音声認識にとって，次のようなメリットがある．

(1) 静かなスタジオの中で発声されたリスピーク音声を認識するため，たとえ番組音声で背景雑音があったとしても，音声認識性能には影響しない．

(2) リスピーカーは数人に限られるため，音響モデルを各リスピーカー専用に適応化できる．

以上は，一般的なリスピーク方式の特徴であるが，このままでは，先に指摘した問題(a)(b)を扱うことができない．そこで，発話内容を言い直すこととした．この場合には，更に，以下のメリットを生み出すことができる．

(3) 不要語やあいづちなどが音声認識に与える影響を回避できる．

(4) 会話などに現れる主語などの欠落を補うことにより，発話と言語モデルとの整合性を維持できる．

(5) 倒置法など複雑な構文で話された内容を，平易な文に言い直したり，くだけた調子で話された話し言葉を，書き言葉風に言い直すことにより，言語モデルの整合性を維持できる．

(6) 番組中で複数の人間が同時に発話した場合でも，リスピーカーが内容を整理して，1人で発声することにより，音声認識では厳しい条件である同時発話を回避することができる．

(7) リスピーカーは，事前のテスト等で音声認識システムの性能を知っ

ており，音声認識システムにとっての未知語や認識しにくい単語を，別の単語で言い換えることにより，誤認識を防ぐことができる．

非リアルタイムで制作される，従来からの事前収録番組の字幕放送では，画面に表示される文字数などを考慮した結果，番組中の発話内容を要約することがある．一方，リアルタイム字幕制作では，要約を行いながらリスピークするのは，極めて難しい．要約というのは，文の前後関係を用いて行われるものであり，リアルタイムの場合には，将来発話される内容が必要とされるからである．そこで，発話内容を取捨選択し，逐次的に短文に分割しながら，言い直す方式を採用した．リスピーカーを訓練する段階で与えた指示は，以下のとおりである．

- 接続詞，感動詞はリスピークしない（例：「それから」，「あれっ」）
- 不要語や意味不明な内容はリスピークしない．
- 主語がない文は，主語を補足．
- 文が不完全に終わった場合は，文末を補足．
- インタビューやアドリブなど，文が複文や重文になっていて長い場合，適宜短文に分割．
- 複数の人間の「掛け合い」の場合には，だれが聞き手で，だれが話し手であるかを判断し，話し手の内容を中心にリスピークする[*]．

このような指示を明示すれば，一定以上の聞き取り能力のある人間であれば，数か月のトレーニングで，言い換えながらのリスピークが可能となる[**]．リスピークの様子を図 **7.10** に示す．

7.3.2 音響モデル

リスピーク方式では，話者を特定できるという大きな利点がある．そこで，各リスピーカーごとに，音響モデルを話者適応化した．初期音響モデルは，ニュース音声から性別に分けて取り出した 200 時間程度の音声を用いて学習した．音響モデルは，16 混合のガウス分布を用いた 3 状態の混合分布連続

---

[*] 放送番組ではアナウンサーが聞き手であることが多いので，アナウンサー以外の人間の発話を重視することとなる．

[**] リスピーカーとして最も要求されるのは，自らが発話しながらも，番組中の音声に追従して聞き取っていく能力である．

図7.10 リスピークの様子

型・状態共有化トライフォンHMMである．適応化音声は，リスピーカーを訓練しながら収録した3時間程度の音声を用いた．適応化は，MLLR法とMAP法とを併用した．まず，MLLR法で全トライフォンを一つのクラスとした適応化を行って，各分布の平均ベクトルを変換した後，MAP法を用いて，適応化音声に出現したトライフォンについて更なる適応化を行った．MLLR法は，適応化データにないトライフォンも適応化可能であるが，適応化データにあるトライフォンについては，よりきめ細かな学習が可能なMAP法の方が望ましい．特にオリンピック放送など，外国の人名，地名を音声認識する場合，これらの固有名詞には，日本語では出現しないトライフォンが含まれている可能性が高い．このような理由から，人名，地名などを事前にリスピーカーに発声させておき，MLLRによる話者適応化のほか，MAP適応化も併用した．

7.3.3 言語モデル

言語モデルは，対象となる番組ごとに作成方法が異なる．例えば，「紅白歌合戦」用の言語モデル学習に，スポーツ原稿を用いてもあまり効果がない．一方，サッカー用の言語モデル学習にニュースの原稿を用いると，「暴動」などの不穏当な言葉や，政党名などが出力されることがあり，不適切である．

ここでは，2001年紅白歌合戦と，2002年2月のソルトレークシティーオリンピックのための言語モデル作成の事例を紹介する．

　紅白歌合戦では，歌手名や曲名など，他の放送では現れない単語が出現する一方で，時事的な話題も扱われる．そこで，ニュース原稿をベースとして，1994～2000年に放送された過去の紅白歌合戦の書き起こしデータのほか，歌謡曲が多く扱われる番組である「NHK歌謡コンサート」，ポップス関係の曲が登場する「ポップジャム」の2000年1月～2001年12月放送分の書き起こし原稿を用意し，更に，2001年紅白歌合戦用の台本を加えて学習することとした．この台本は，内容は放送時とほぼ同じであったが，具体的な言い回しは異なっている場合が多く，アドリブのギャグの部分は記載されていなかった．言語モデルを学習する際には，5.6節で述べた言語モデル適応化法を用いて，それぞれの原稿に基づく言語モデルを，異なる重みで混合することとした．重み係数は，2000年紅白歌合戦の書き起こし原稿に対してパープレキシティが最小となるように調整した．

　ソルトレークシティーオリンピックでは，開会式と，スピードスケート男子500 m，スキージャンプ団体戦の字幕放送を実施したが，開会式と，競技とでは性質が異なるため，言語モデル作成方法もそれぞれに応じた方法を採用した．開会式用言語モデルは，開会式事前台本，スポーツ関係のニュース原稿，NHKスポーツ番組「サンデースポーツ」の書き起こし，過去の夏季，冬季オリンピック開会式放送（1992年アルベールビル，1992年バルセロナ，1994年リレハンメル，1996年アトランタ，1998年長野，2000年シドニー）の書き起こしのほか，ソルトレークシティーオリンピック参加選手名，競技名，国名のリストも加えて，それぞれ異なる重みで混合して作成した．開会式の事前台本は，現地では完成されたものができていたが，放送前に日本に送られて来なかったため，未完成の台本を利用した．一方，台本のないスピードスケート男子500 mとスキージャンプ団体戦については，過去の国際，国内大会の書き起こしを中心に，選手名などのリストを加えて学習した．また，スピードスケート男子500 mは2日間にわたって行われたが，初日については，数日前に行われていた5,000 mの書き起こしを利用し，2日目については，初日の放送も書き起こして利用した．スキージャンプ団体戦につい

ては，その前に行われていた個人戦のノーマルヒル，ラージヒルの放送を書き起こして利用し，認識性能向上に努めた．

7.3.4 性能評価

リスピークにおける言い換えの効果を調べた実験結果について紹介する．紅白歌合戦とソルトレークシティーオリンピック開会式を担当したリスピーカー4人[*]に，ソルトレークシティーオリンピックの500 mスピードスケートとジャンプ団体戦のビデオを見せながら，忠実なリスピーク（おうむ返し）と，言い換えを行うリスピークの2種類のリスピークをさせ，その声を評価データとして，認識実験を行った．評価データの概要を，**表7.3**に示す．

表7.4に，評価用音声に対する言語モデルの性能を示す．ここに，言語モデルは，各競技ごとに，7.3.3項で示した方法で作成した．**表7.5**は認識実験の結果であり，言い換えによって，認識性能が向上し，音声認識実用化の一つの目安である認識率95%[1]を超えていることがわかる．スピードスケ

表7.3 リスピーク方式評価データ

競技名	スピードスケート		スキージャンプ	
リスピーク方式	忠実復唱	言い換え	忠実復唱	言い換え
総文数	977	668	1,616	1,367
総単語数	11,289	8,545	20,302	15,419

表7.4 評価データに対する言語モデルの性能

競技名	スピードスケート		スキージャンプ	
リスピーク方式	忠実復唱	言い換え	忠実復唱	言い換え
パープレキシティ	142.2	99.6	144.5	96.1
トライグラムヒット率	61.5%	65.9%	61.4%	65.4%
未知語率（OOV）	0.28%	0.19%	0.07%	0.06%

---

[*] ソルトレークシティーオリンピックのスピードスケート500 mとジャンプ団体戦の字幕放送では，競技に対する専門的知識を有するアナウンサーが，リスピークを行った．

ートの評価データのうち,忠実復唱と言い換えについて,内容的に対応する文の対を調べ,そのうち言い換えが行われた対,計793組について,言い換え方法を分類した.結果を,**表7.6**に示す.ここに,その他の言い換えとは,語の補完や置換,削除などが複合して行われている場合を指す.表7.6により文の削除が最も多く行われていることがわかる.一方,これらの分類ごとに,言い換えによるパープレキシティ削減効果を調べたところ,語の補完によるものが最も大きく,音声認識に最も寄与していることがわかった.

表7.7は,紅白歌合戦,ソルトレークシティーオリンピックの実際の字幕放送結果から,音声認識率を計算したものである.スピードスケート以外では,95%以上の認識率が得られていることがわかる.スピードスケートは,事前の書き起こしデータが少なかったため,十分な認識性能は得られなかっ

表 7.5 認識実験の結果

競技名	スピードスケート		スキージャンプ	
リスピーク方式	忠実復唱	言い換え	忠実復唱	言い換え
認識率 (%)	92.4	95.2	94.0	95.6

表 7.6 言い換え方法の分類

分 類	文 数
語の補完	118
語の置換	123
語の削除	114
文の削除	310
その他	128
合 計	793

表 7.7 実際の字幕放送における音声認識性能

番組名	紅白歌合戦	ソルトレークシティーオリンピック		
		開会式	スピードスケート	スキージャンプ
単語正解精度 (%)	95.0	97.2	94.4	96.9

たが，同じく台本がなかったスキージャンプについては，個人戦の放送の書き起こしが功を奏して，十分な認識性能が得られた．

7.4 音声認識結果の修正

放送では，誤りのない番組を制作するのが基本である．特にニュースの場合には，誤りの種類によっては，社会的な問題を引き起こすおそれがある．一方，音声認識では，認識率100%の達成は極めて困難であるため，誤りのない字幕放送を実現するには，生じた誤りを修正する必要がある．しかも，ニュースや生中継番組の字幕放送では，誤り修正のために，字幕表示までの遅れ時間が蓄積することは許されない．本節では，ニュースの字幕放送を開始するにあたって開発した，音声認識誤りを，人間が少ない遅れ時間*で修正するためのシステムを紹介する[4]．この音声認識誤り修正システムは，音声サーバ，修正サーバ，修正サブシステムから構成される．システムのブロック図を**図7.11**に示す．

7.4.1 音声サーバ

音声認識の誤りを即座に修正する作業では，修正の基準となるのは，あくまで音声情報である．音声認識システムでは，単語トライグラムなどの単語

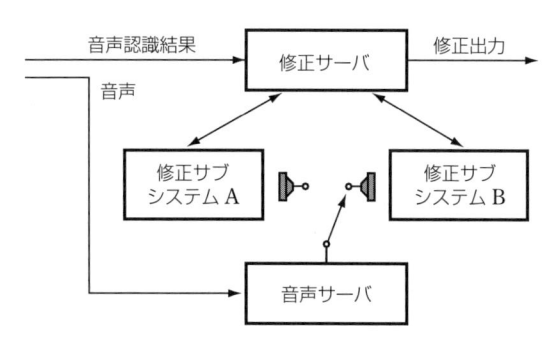

図7.11 認識誤り修正システム

---

* 人間が誤り修正作業をする以上，作業に伴う遅れ時間は避けられない．ここでの少ない遅れ時間とは，遅れ時間が蓄積していかない程度の遅れ時間を指す．遅れ時間が蓄積しなければ，字幕表示は，発話内容に一定の遅れ時間内で追従可能である．

の接続情報を利用して認識を行うため，誤りを含んだ認識結果であっても，一見したところでは自然な日本語にみえることが多い．したがって，認識誤りを見逃さないためには，視覚にのみ頼って不自然な文字列を発見するのではなく，視覚と聴覚を連動させた作業，すなわち，音声を聞きながら，対応する認識結果を連続的に確認していくという作業が必要である．音声サーバは，なるべく認識結果に同期させた音声呈示を行うため，話速変換の技術[15]を利用している．

また，音声サーバは，検出された無音区間に合わせて，音声を二つの修正サブシステムに分配する．例えば，入力音声の最初の部分は，Aサブシステムに分配する．入力音声中に，無音区間が検出された場合には，その後の入力音声はBサブシステムに分配する．以後，無音区間が検出されるたびに，入力音声は二つのサブシステムに順番に分配する．

7.4.2 修正サーバ

修正サーバは，音声認識結果の確認・修正作業を制御するサーバである．二つのサブシステムの画面上に，そのサブシステムが確認・修正すべき認識結果を表示する．また，修正された認識結果を，字幕原稿として出力する．修正サーバと修正サブシステムの関係を図 **7.12** に示す．

7.4.3 修正サブシステム

人間は，認識誤りを修正する作業に注意を集中していると，その間に発生した認識誤りを聞き逃したり，あるいは，認識結果が誤っていることはわか

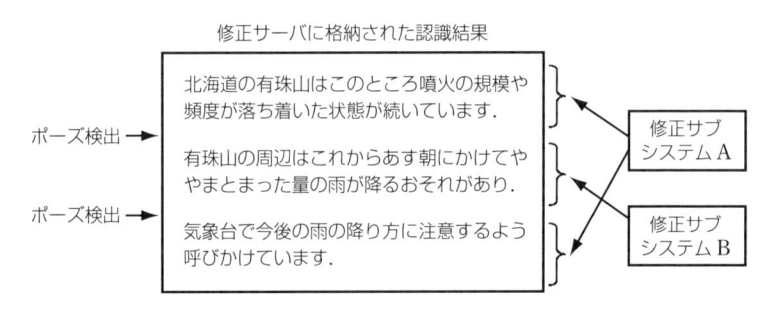

図 **7.12** サーバと二つのサブシステムによる認識誤り修正

第7章 リアルタイムシステム

るが，正解は何であったかを聞き漏らしたりする．そこで，修正の精度向上と迅速化のため，修正作業を，誤り発見と，発見された誤りの修正という二つの作業に分ける方式を採用し，修正サブシステムを，誤り発見端末と誤り修正端末とで構成した[16]．修正は，単語（形態素）単位で行う．誤り発見端末は，タッチパネルを備えたディスプレイを備えている．誤り発見者は，誤りを発見したら，該当する単語を指でタッチして確定し，誤り修正者に送る．その際，発見者は，修正者に，音声で正解を伝える．誤り修正者は，正しい内容の単語を入力して，発見者に送り返す．発見者は最終的に正しく修正されたことを確認した後，送出する．発見端末と修正端末の例を，**図7.13**に示す．図7.13において，左側は発見端末，右側は修正端末の画面の例である．1行目の薄く表示された文字は，発見者によって既に送出された文字列である．また，2行目先頭の「仲間4人」は認識誤りであり，発見者がこの単語列をタッチしたため，修正端末の画面の下の部分に，転送されている．修正端末の一番下の画面は，修正者が打ち込んだ正解「中のようす」であり，修正者が，TABキーを押すと，両端末画面の2行目の単語列が，正解に置き

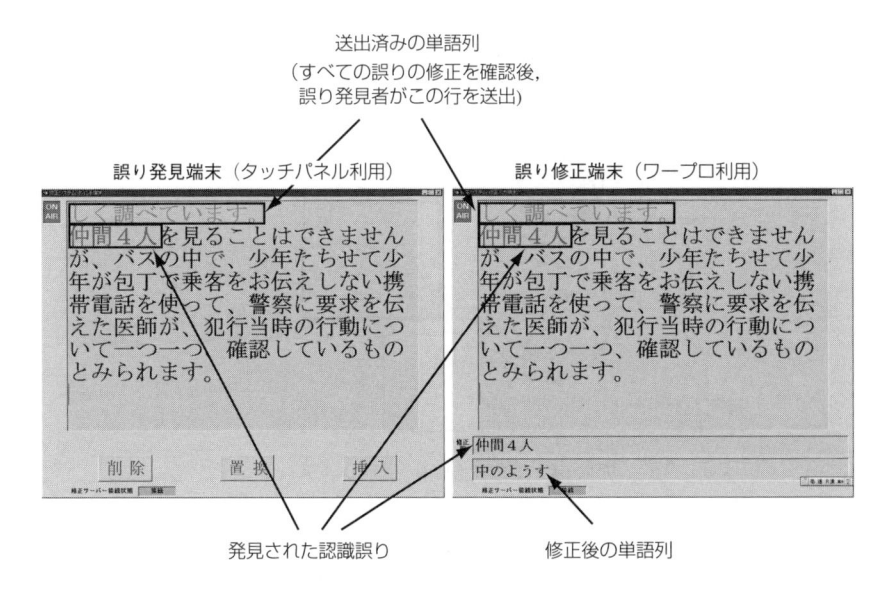

図7.13 発見・修正端末

換わる.

7.4.4 簡易修正システム

今まで述べた修正システムは，音声認識誤りを完全に直すことを目的として開発したものである．このため，実際のニュース字幕放送では，10秒程度の表示遅れが生じている[*]．一方で，スポーツ中継などでは，10秒の遅れ時間が許容できない場合がある．このような即時性が要求される場合のために，簡易修正システムを開発した．システムのブロック図を，図7.14に示す．ニュース用の認識誤り修正システムが，誤り発見者と修正者各2名，計4名の修正オペレータが必要であったのに対し，このシステムではオペレータは1名である．文字データ修正端末が，1台で，図7.11の修正サーバと修正サブシステムの機能も受け持つ．音声サーバーに対応するサーバはなく，番組音声はそのまま修正者のヘッドホンで再生される．修正にあたっては，修正単位を，文字単位，単語（形態素）単位，句読点を切れ目とする単位，文単位（句点を切れ目とする単位）のうちから選択することができる．

このシステムでは，認識誤りを修正することもできるが，リアルタイムでの修正は困難なので，実際には，誤りを削除する機能を主に用いる．すなわち，誤りを修正するのではなく，放送として出すと誤解を招くおそれのある

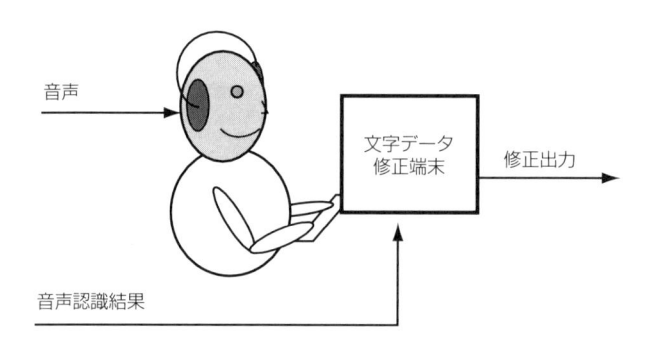

図7.14　簡易型認識誤り修正システム

---

[*] 音声認識による遅れ時間（1〜2秒），誤りの修正・確認に要する時間（5〜6秒）のほか，字幕として15文字×2行で表示させるためのバッファリングの時間が含まれている．

誤りを削除するのである．2002年5〜6月に行われたFIFAワールドカップサッカーの字幕放送では，このシステムが利用された．実際の利用法としては，誤解されるおそれのある誤りを含む文を全文削除し，必要に応じて，その部分を再度リスピークすることとした．

7.5 ま と め

リアルタイム字幕放送においては，瞬時に字幕原稿を作成しなければならないため，字幕内容の誤りや，表示時間の遅れなどの問題が伴う．これらは，番組制作側としては，許容しがたい問題である．一方，聴覚障害者からは，字幕に多少の誤りがあってもよいから，字幕放送の実施を優先してほしいという要望が寄せられている．番組制作側の要求を最大限考慮しながら，聴覚障害者からの要望にこたえるためには，番組ごとの特質を十分考慮した字幕制作を行う必要がある [17]．

まず，ニュース番組では，アナウンサーが原稿を読む部分など，精度良く自動認識することが可能な音声が含まれている．一方で，字幕の誤りは，原則として一切許容されない．そこで，

（1）番組中のアナウンサーの声を音声認識（7.2節）
（2）認識結果中の誤りは，即座に修正（7.4節）

という特徴をもつ字幕制作システムを開発し，ニュース字幕放送を実施している．

ニュース以外の生放送番組，例えば，紅白歌合戦のようなバラエティー番組や，スポーツ中継では，番組中の音声に，多くの背景雑音が混合されている．また発話スタイルも，原稿読み上げよりは自発的な発話に近く，番組中の音声をそのまま認識することは難しい．そこで，リスピーク方式に基づく音声認識システムを開発した（7.3節）．このシステムの利用法としては，リスピークのほかに，独自解説が考えられる．リスピークでは，キャスターが，番組中の音声を聞きながら適宜言い換えなどを行うこともあるが，基本的には，番組中の発話内容を伝えるものである．これに対して，独自解説とは，キャスターが映像情報に合わせたコメントを，自らの判断で発声して字幕化する．この場合，番組中の音声は参考程度に用いられる．字幕放送を，リス

表 7.8 音声認識を用いた字幕化の観点からの生放送番組の分類

生番組の種類		番組音声の直接認識	許容可能性		対処方針
			誤り	時間遅れ	
ニュース		部分的に○	×	△	番組音声の認識＋誤り修正
バラエティー	台本どおり進行	×	△	×	忠実なリスピーク
	部分的に台本あり	×	△	×	言い換え含むリスピーク
スポーツ	イベント（開会式など）	×	△	×	言い換え含むリスピーク
	一定の間隔で実施される競技（ジャンプなど）	×	△	×	言い換え含むリスピーク
	急な展開が伴う競技（サッカーなど）	×	△	×	独自解説＋リスピーク

ピークで行うか，独自解説で行うかは，番組の性質に依存する．聴覚障害者からの要望は，健常者が聞いている内容の文字化であるため，紅白歌合戦や，オリンピックの開会式など，台本が存在する場合には，リスピークが望ましい（ただし，アドリブによるコメントに対しては，言い換えが必要）．サッカーのように，展開が急な競技では，番組中の発話が途中で打ち切られてしまったり，センテンス中で発話内容が変化していくことがある．このような場合には，発話をそのまま文字化すると，混乱を来す可能性がある．サッカーのような競技を字幕化する際には，リスピークをベースとして，独自解説の手法も取り入れることが必要かと思われる．**表 7.8** に，番組ジャンルごとの字幕化方法を示す．

参 考 文 献

[1] A. Ando, T. Imai, A. Kobayashi, H. Isono, and K. Nakabayashi, "Real-time transcription system for simultaneous subtitling of Japanese broadcast news programs," IEEE Trans. Broadcast., vol. 46, no. 3, pp. 189–196, Sept. 2000.

[2] 本間真一，松井 淳，佐藤庄衛，小早川健，尾上和穂，今井 亨，安藤彰男，"生放送のための音声認識—システムの概要とリスピークの効果，"信学技報，SP2002-50, June 2002.

[3] Proceedings of DARPA Speech Recognition Workshop, Morgan Kaufmann, Feb. 1996.

[4] 安藤彰男, 今井　亨, 小林彰夫, 本間真一, 後藤　淳, 清山信正, 三島　剛, 小早川剛, 佐藤庄衛, 尾上和穂, 世木寛之, 今井　篤, 松井　淳, 中村　章, 田中英輝, 都木　徹, 宮坂栄一, 磯野春雄, "音声認識を利用した放送用ニュース字幕制作システム," 信学論 (D-II), vol. J84-D-II, no. 6, pp. 877-887, June 2001.
[5] 安藤彰男, 宮坂栄一, "ニュース音声データベースの構築," 音響講論集, 2-Q-9, March 1997.
[6] S. J. Young, "Tree-based state tying for high accuracy acoustic modeling," Proc. ARPA Human Language Technology Workshop, pp. 307-312, 1994.
[7] 松本裕治, 北内　啓, 山下達雄, 平野善隆, 今　一修, 今村友明, "日本語形態素解析システム「茶筌」version 1.5使用説明書," July 1997.
[8] P.R. Clarkson and R. Rosenfeld, "Statistical language modeling using the CMU-Cambridge toolkit," Proc. Eurospeech 97, 1997.
[9] R. Schwarz and S. Austin, "A Comparison of several approximate algorithms for finding multiple (N-best) sentence hypotheses," Proc. IEEE ICASSP-91, pp. 701-704, May 1991.
[10] 今井　亨, 尾上和穂, 小林彰夫, 安藤彰男, "ニュース音声認識用デコーダの開発," 音響講論集, 3-1-12, Sept. 1998.
[11] 今井　亨, 田中英輝, 安藤彰男, 磯野春雄, "最ゆう単語列逐次比較による音声認識結果の早期確定," 信学論 (D-II), vol. J84-D-II, no. 9, pp. 1942-1949, Sept. 2001.
[12] 小林彰夫, 今井　亨, 安藤彰男, 中林克己, "ニュース音声認識のための時期依存言語モデル," 情処学論, vol. 40, no. 4, pp. 1421-1429, April 1999.
[13] 尾上和穂, 今井　亨, 安藤彰男, "記者原稿を用いたニュース音声認識結果の修正法," 音響講論集, 1-6-6, March 1998.
[14] 伊藤彰則, 好田正紀, "N-gram出現回数の混合によるタスク適応の性能解析," 信学論 (D-II), vol. J83-D-II, no. 11, pp. 2418-2427, Nov. 2000.
[15] 清山信正, 今井　篤, 都木　徹, "ポータブル話速変換器の開発," NHK技研R&D, vol. 52, pp. 61-68, Aug. 1998.
[16] 後藤　淳, 今井　亨, 清山信正, 今井　篤, 都木　徹, 安藤彰男, 磯野春雄, "ニュース音声認識結果のリアルタイム修正装置," 2000信学総大, A-15-15, March 2000.
[17] 安藤彰男, "音声認識を利用した生番組字幕制作システム," 信学技報, SP2002-100, WIT2002-40, Oct. 2002.

第 8 章

今後の課題

　第7章で，リアルタイム音声認識の実用化例を紹介したが，既に述べたように，音声認識技術は，まだ，どのような音声でも認識できるレベルではなく，解決すべき課題が多く残されている．本章では，ディクテーション以外の音声認識の実験例を示すことによって，現状の音声認識技術の限界と，今後の課題を明らかにしてみたい．読者が，音声認識の研究を試みる場合に，参考として頂ければ幸いである．

8.1　現状の音声認識性能

　第1章で述べたように，現状の音声認識で実用化レベルに達しているのは，ディクテーション（読み上げ音声の認識）のみである．ところで，7.3節では，言い直しを導入しているものの，原稿読み上げではない部分に対しても，音声認識が実用化できることを示した．では，現状の音声認識技術は，実用化レベルの認識性能を維持しながら，原稿読み上げという狭い枠からどの程度まで認識対象を広げられるのであろうか．

　この疑問に対して答えるため，7.2節のニュース音声認識システムを用いて，ニュース番組全体を認識した例を紹介する[1]．評価用音声として，2000年6月1日〜7日に放送されたNHKニュース番組「ニュース7」，「おはよう日本」からテストセットを作成した．テストセットの構成を**表8.1**に示す．表8.1のうち，自由発話には，対談，解説音声のほか，ニュース項目のつなぎや現場とのやり取りなどが含まれる．スポーツ音声のうち，雑音小と

第8章 今後の課題

表 8.1 テストセットの概要

	条件	ID	含まれる文章数
1	アナウンサーによる原稿読み上げ	studio_news	339
2	自由発話（解説・対談音声など）	spontaneous	160
3	アナウンサー以外によるスタジオ発話	studio_report	30
4	天気予報	weather	340
5	スポーツ　雑音小	sports.clean	139
	雑音ミックス	sports.noisy	254
6	記者の現場リポート	field_report	109
7	アナウンサー原稿読み上げ＋雑音	noisy_news	140

いうのは，スタジオでのアナウンサー発話を意味し，雑音ミックスは，スタジオでの発話に，現場での雑音がミックスされていることを示す．アナウンサー原稿読み上げ＋雑音は，スタジオの読み上げ音声に現場の様々な音がミックスされていることを示す．

現状の認識性能を評価するため，このテストセット全体の認識を行った．音響モデルは，1996年6月1日〜6月30日，1997年6月1日〜7月31日，1998年4月1日〜9月30日，及び1999年4月1日〜2000年5月30日に放送された，同番組の音声によって学習した．言語モデルは，1991年4月1日から，テストセット中の音声データが放送された時点までに作成された記者原稿をベースラインとして，放送直前6時間分の原稿でTDLMにより適応化した．認識結果を**表8.2**に示す．

表8.2より，アナウンサーの原稿読み上げ部分については，実用化の目安である95％の目標性能が達成されていることがわかる．また，アナウンサーの原稿読み上げに雑音がミックスされていても（noisy_news），95％を超える認識性能が得られている．したがって，その他の部分に対する認識性能の向上が課題である．自由発話のうち，解説部分については，83％程度の認識精度が得られている．以下で，現状の音声認識性能の限界を明らかにするため，解説部分とスポーツ部分に対する，認識性能改善の試みを紹介する．

表 8.2 テストセットの認識結果

	ID	トライグラムパープレキシティ	未知語率	単語正解精度
1	studio_news	5.1	0.24	98.32%
2	spontaneous	50.7	4.09	78.05%
3	studio_report	14.4	3.44	87.86%
4	weather	50.5	0.92	77.21%
5	sports.clean	21.5	1.98	88.09%
	sports.noisy	51.3	2.99	72.15%
6	field_report	20.0	1.05	91.77%
7	noisy_news	8.6	0.30	96.56%

8.1.1 ニュース解説音声の認識

　ニュース解説とは，ニュース番組中で，重要な項目や難解な項目を，図表や模型などを利用してわかりやすく説明する箇所のことを指す．記者などが出演して対談形式になる部分もあるが，ここでは，アナウンサー単独で発声する部分のみを対象とする．

　ニュース解説では，アナウンサー自身が読み原稿を作成するが，これは，あくまで話を進める目安であり，実際には，この原稿が忠実に読まれることは少ない．このため，完全な読み上げ音声ではなく，一部において自発的発話に近いものが含まれる．また，図などを指し示したり，時折原稿を見るなど，アナウンサーが顔を頻繁に動かすため，口とマイクとの距離の変動が大きく，収音された音声の質が一定していない．このような状況が相まって，ニュース解説では，読み上げ音声を対象とした場合ほどの認識性能は得ることは難しい．以下，ニュース解説音声の，言語的特徴，音響的特徴を整理する．

　（1） ニュース解説の言語的特徴[2]　2000年3月27日から6月12日までに「ニュース7」で放送された12項目の解説部分の原稿を，担当アナウンサーから入手し，実際の発話の書き起こしと比較して，ニュース解説の言語的特徴を調査した．その結果を，以下の9項目に整理した．

　（1）不要語の頻出　例：「で」「え」「えー」．母音の引き延ばし．

(2) 指示のための表現　　例：「この」「こういう」「こちら」
(3) 「〜と思います」「〜てみます」「〜てみたいとおもいます」
(4) 口語特有の単語　　例：「ずうっと」「ちょっと」
(5) 丁寧表現　　例：「する→します」,「いる→います, おる, いらっしゃる」
(6) 文末の「ね」　　例：「〜ですね」
(7) 「〜ですけれども」　　例：「〜ですが→〜ですけれども」
(8) 撥音＋「です」　　例：「〜する→〜するんです」
(9) 文末の言い回しの付加　　例：「〜わけです」「〜ということになります」

(2) ニュース解説の音響的特徴[3]　　ニュース解説の，音響的特徴を調べるため，ニュース解説と原稿読み上げ音声のそれぞれに対して，音響モデルによるアラインメント*をとり，各音素ごとの継続時間長を調べた．調査には，ニュース解説として，2000年3月27日から4月28日までに「ニュース7」で放送されたニュース解説121文（2,512単語），原稿読み上げとして，2000年3月28日に「ニュース7」で放送された45文（1,717単語）を用いた．音響モデルとしては，局所的に話速が速くなっていることに対応するため，**図8.1**の状態スキップ付きHMMを利用した．これにより，音素HMMを通過するのに最低3フレーム要したものが，1フレームで通過できるようになり，3フレーム未満の短い音素に対してもアラインメントをとることが可能となる．

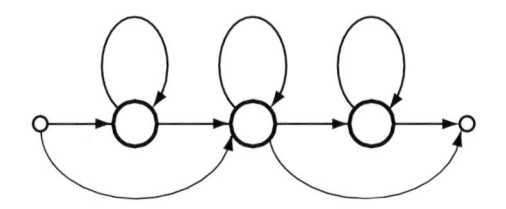

図8.1 状態スキップ付きHMMの例

---

*　入力音声の発話内容に従って音素HMMを接続し，得られたHMMと音声信号を照合して最適な状態列を求めた後，各音素が対応する入力部分を定めることを指す．

表7.1と同じ条件で音響分析した結果,母音と撥音の平均継続時間長はニュース解説で6.5フレーム,原稿読み上げで6.6フレームとなり,平均継続時間はほとんど差がなかった.一方,標準偏差は,解説が4.7フレームだったのに対し,読み上げが4.1フレームとなり,ニュース解説では,話速の変動が大きく,瞬間的には,速い話速で話されていることがわかった.

(3) ニュース解説部分の認識実験 以上で述べた,ニュース解説の言語的,音響的特徴を考慮し,以下の改善を試みた.

(i) ニュース音声データベース中の書き起こしを利用した言語モデルの学習
(ii) 状態スキップ付きHMMの利用+話者適応
(iii) クロスワードトライフォンの利用

(i) は,音声データベース中に過去の解説音声が含まれていたため,その書き起こしにより,解説音声の言語的特徴を学習しようというものである.長期間ニュース原稿約1.9 M文に,音声データベース中の読み上げ音声と解説音声の書き起こし約350 K文を加えて作成した言語モデルを,放送直前の原稿約700文で適応化し,時期依存言語モデルを作成した.(ii) では,図8.1のHMMと話者適応化により,入力音声に適した音響モデルの作成を試みた.話者適応化は,2000年3月27日〜4月28日に放送された「ニュース7」アンカーアナウンサーの音声9.2時間分,3,262文を適応化音声として,4.6.1項のMAP法により行った.(iii) は,今まで単語間はトライフォンを用いず認識を行っていたが,クロスワードトライフォンも利用することにより,認識性能の更なる改善を目指したものである.

評価用音声としては,2000年5月から7月に,「ニュース7」で放送された解説音声149文3,399単語を用いた.実験の結果,読み上げ音声用の音響モデル,言語モデルを用いた場合(ベースライン)の単語正解精度が,83.2%であったのに対し,(i) の書き起こしも利用した言語モデルを用いたところ,85.8%に上昇した.更に,(i) と (ii) との併用により,単語正解精度は,88.3%となった.(i), (ii), (iii) をすべて併用した場合の単語正解精度は,88.6%であった(**表8.3**).

読み上げ音声用の時期依存言語モデル(ベースラインモデル)と,(i) の書き起こしを利用した時期依存言語モデルとを比較するため,テストセット

第8章 今後の課題

表 8.3 解説音声の認識

	単語正解精度
（1）ベースライン	83.2%
（2）書き起こしを用いた言語モデルの適応化	85.8%
（3）（2）+状態スキップ付きHMM+話者適応化	88.3%
（4）（3）+クロスワードトライフォン	88.6%

パープレキシティ（トライグラムパープレキシティ）と，未知語率を求めた．テストセットパープレキシティは，前者が1689.2であったのに対し，後者は85.4と大幅に削減されていることがわかった．特に，前者では，放送日によって，パープレキシティの値が14772.9まで達していたが，後者では，同じ日の発声内容に対するパープレキシティは，253.0に抑えられていた．一方，未知語率は，前者が0.65%であったのに対し，後者は0.60%であった．時期依存言語モデルの利用により，もともと語彙（ユニグラム）は学習されていたが，書き起こしの原稿により，未学習であった解説特有の口調（2単語以上の連鎖）がある程度学習され，認識率が向上したものと思われる．

8.1.2　スポーツ音声の認識[4]

次に，ニュース番組中のスポーツ部分を対象とした検討結果を紹介する．スポーツ部分は，ニュース番組によって，スタイルが異なる．「ニュース7」の場合は，試合の途中経過などの他，スポーツを題材とした話題を，原稿読み上げで行う場合も少なくない．一方「おはよう日本」の場合，前日の試合の見どころをつなぎ合わせた画面が主であり，アナウンスは，自発的な発声になりがちである．

スポーツ音声の特徴を調べるため，1992年7月〜2000年5月のニュース原稿を，一般ニュースとスポーツニュースの原稿に分類した．得られた原稿は，一般原稿約1.9 M文，スポーツ原稿400 K文である．各文当りの平均単語数は，一般原稿40.6単語/文，スポーツ原稿19.6単語/文であり，スポーツでは，一般原稿に比べ，1文当りの単語数は，約半分であった．また，スポーツ原稿では，名詞の羅列（例：野茂/投手/好投）や，体言止めなど，一般原稿に比べて短い表現が多く見られた．次に，音響的特徴を調べるため，

表8.1のテストセット中のスポーツ（sports.clean, sports.noisy）の発話速度を，studio_newsの発話速度と比較した．その結果，studio_newsの平均発話速度が8.28 mora/sだったのに対し，スポーツでは8.91 mora/sであり，スポーツでは，発話速度が速くなっている．また，スポーツを，「ニュース7」の121文と，「おはよう日本」の272文に分けたところ，「ニュース7」の平均発話速度は8.82 mora/s，「おはよう日本」の発話速度は9.12 mora/sであり，「おはよう日本」のスポーツ部分の方が，更に発話速度が速いことがわかった．

これらの特徴を考慮し，以下の改善を試みた．
(i) 状態スキップ付きHMMの利用
(ii) スポーツ原稿を利用した言語モデルの作成
(iii) 言語モデルの線形補間（5.4節参照）
(iv) スポーツ用時期依存言語モデル

ここで，(i)は，図8.1のモデルの利用である．(ii)は，言語モデルをスポーツ原稿のみで学習したものである．(iii)は，テストセット2000のスポーツ部分が，語彙としては，一般ニュースの言語モデルでカバーされているのに，認識性能が上がらないことを考慮して行ったものである．(iv)は，時期依存言語モデルの利用である．

テストセットのsport.cleanに対する認識実験を行った．表8.2のsports.cleanに対する結果は，一般ニュース用のTDLMを利用した結果である．TDLMを利用しない場合をベースラインとした認識結果を**表8.4**に示す．読み上げ音声用の音響モデル，言語モデルを用いた場合の単語正解精度は，77.6%であったが，(i)の状態スキップ付きHMMの利用で，正解精度はわずかに上昇した．更に，(ii)のスポーツ言語モデルを利用したところ，単語正解精度は91.2%となった．これをニュース番組別で分けると，「ニュース7」で93.5%，「おはよう日本」で86.1%である．更に，(iii)の言語モデルの線形補間を行ったところ，単語正解精度は，「ニュース7」で93.7%，「おはよう日本」で86.2%となった．一方，(iv)のスポーツ用時期依存言語モデルを用いたところ，単語正解精度が，「ニュース7」で97.1%まで向上したのに対し，「おはよう日本」では，0.2%減少した．

表 8.4　スポーツ音声の認識

ニュース番組	「ニュース7」	「おはよう日本」	全体
(1) ベースライン	83.0%	65.8%	77.6%
(2) 状態スキップ付きHMM	83.2%	65.4%	77.7%
(3) (2)＋スポーツ言語モデル	93.5%	86.1%	91.2%
(4) (3)＋言語モデルスムージング	93.7%	86.2%	91.4%
(5) (3)＋TDLM	97.1%	86.0%	93.7%

(数字は，単語正解精度)

表 8.5　スポーツ用言語モデルの評価

ニュース番組		「ニュース7」	「おはよう日本」
トライグラムパープレキシティ	Baseline LM	68.3	143.5
	Sports LM	31.6	46.5
OOV rate (%)	Baseline LM	3.56	4.61
	Sports LM	1.23	0.89

表 8.4 より，スポーツ用の言語モデルから時期依存言語モデルを作成すれば，「ニュース7」での単語正解精度は95.0%を超えていることがわかる．一方，「おはよう日本」では，時期依存モデルよりも，スムージングの方がわずかに良い結果になっている．これらの理由を考察するため，ベースライン言語モデルと，スポーツ用言語モデルを用いた場合のテストセットパープレキシティを，それぞれの番組音声ごとに計算した．その結果を**表 8.5** に示す．スポーツ用の言語モデルでは，一般ニュース用の言語モデルに比べ，テストセットパープレキシティ，未知語率ともに小さくなっていることがわかる．一方，番組ごとの比較では，スポーツ用言語モデルを用いた場合，パープレキシティは「ニュース7」の方が小さいが，未知語率は「おはよう日本」の方が小さい．また，スポーツ言語モデルを利用した場合のトライグラムヒット率を求めたところ，「ニュース7」の場合には72.2%であったのに対し，「おはよう日本」では66.1%であった．これらのデータより，表 8.4 の結果は，

- 「ニュース7」のスポーツ部分は読み上げ音声に近いため，時期依存言

語モデルが効果的
- 「おはよう日本」のスポーツ部分の場合には，自発的な発話が含まれているため，語彙（unigram）は十分カバーされているが，学習データ不足のため，バイグラムやトライグラムの表現能力が十分でない

という理由により得られたものと考えられる．

8.1.3 ニュース番組全体に対する認識結果のまとめ

本項では，アナウンサーの読み上げ音声以外の部分に対する認識性能の調査結果と，ニュース解説，スポーツ部分に対する認識率改善の試みについて紹介した．その結果，「ニュース7」のスポーツ部分については，読み上げ口調のため，対応する言語モデルを用意すれば，目標性能である単語正解精度95%を達成できることがわかった．

ニュース解説の部分や，「おはよう日本」のスポーツ部分，現場リポートについては，90%前後の単語正解精度が得られており，目標性能の早期達成が期待される．ニュース解説，「おはよう日本」などのスポーツ部分については，音響・言語の両面で，解決すべき問題が残されている．これらの部分の認識性能向上のためには，まず，音響モデル，言語モデルともに，学習データ量を増やす必要がある．特に，やや自発的な発話であるため，音響的にも，言語的にも，読み上げ音声よりデータの分布は広がっており，統計的な推定精度を確保するためには，今まで以上のデータ量が必要になると思われる．現場リポート部分については，言語的にはテストセットパープレキシティ（トライグラム）が20程度であり，読み上げ音声と同じモデルでも対応可能であるが，発話者がアナウンサーでないことに起因する発声のあいまいさが問題となっており，音響モデルのいっそうの改善が必要である．また，雑音の取り扱いも工夫する必要がある．

8.2 今後に向けて

8.1節で示したように，ニュース番組における，アナウンサーの解説，スポーツ，そして記者の現場リポート音声の認識については，音響モデル・言語モデル学習用のデータの増強により，近いうちに実用化レベルに到達するものと思われる．一方，対談部分や，インタビューなどについては，自発的

第8章 今後の課題

な発話内容をより多く含んでおり，場合によっては，統計的な認識の枠組みでは解決できない可能性がある．特にインタビュー部分が認識できれば，音声認識の究極の目的である，自由自在に発声した音声の認識への足がかりができるものと期待される．

　音声認識の今後の課題としては，言語的には，自発的な発話内容の取り扱いを研究する必要があり，音響的には，不明瞭な発声や雑音への対策を研究する必要がある．これらのどの課題をとってみても，タスク（認識対象）の選び方によっては，いきなり難しい問題に直面する．まずは，難易度のあまり高くないタスクを設定して，研究を進めるのが肝要かと思われる．音声認識の研究は，現在，ディクテーションから，会話音声の認識に重点が移っている．会話音声の研究，特に米国のswitch boardコーパスなどのタスクは，ディクテーションとは技術的な難易度の格差があまりにも大きく，今取り組むべきテーマとしては難しすぎるように思われる．我が国でも，科学技術振興調整費開放的融合研究制度のもとで，話し言葉の認識を目指して，講演音声の認識をタスクとした研究が進められている[5]．講演の場合も，自発的な発話内容による問題のほかに，発声の仕方による問題も含まれており，研究を進めていく上では，問題をうまく整理していく必要がある．このような観点から考えると，ニュース番組の音声は，視聴者を意識して発声された音声であるため，ニュース解説，スポーツ，現場リポートの音声認識から，対談，インタビューに至る音声認識の研究は，問題の整理がしやすく，ディクテーションから話し言葉の認識への無理のない掛け橋として位置づけられるであろう．

　音声認識は，人間と機械とのインタフェースとして，今後の進展が期待されている技術である．2003年を迎えた現在でも，自由自在に話した音声を認識できる段階には到達しておらず，SF「2001年宇宙への旅」のHAL9000や2003年4月生まれとされる鉄腕アトムを実現する見通しは立っていない．しかしながら，大語彙音声認識は，20世紀の最後になって，音声ワープロソフトとしての製品化や，リアルタイム字幕放送の実用化という局面を迎えた．音声認識技術は，用途を制限すれば，実用化の域に到達しており，この制限を，どのように緩和していくかが，これからの音声認識の課題である．今後

の研究の進展に期待したい．

参　考　文　献

[1] 安藤彰男，"ニュース音声自動字幕化システム，"第2回音声言語シンポジウム招待論文，信学技報，SP2000-12, Dec. 2000.
[2] 本間真一，小林彰夫，佐藤庄衛，今井　亨，安藤彰男，"ニュース解説を対象にした音声認識の検討，"信学技報，SP2000-99, Dec. 2000.
[3] S. Homma, A. Kobayashi, S. Sato, T. Imai, and A. Ando, "Speech recognition of Japanese news commentary," Proc. Eurospeech 2001, vol. 2, pp. 859–862, Sept. 2001.
[4] 松井　淳，世木寛之，小林彰夫，今井　亨，安藤彰男，"スポーツニュースを対象とした音声認識の検討，"音響講論集，2-3-14, pp. 81–82, March 2001.
[5] 古井貞煕，前川喜久雄，伊佐原均，"科学技術振興調整費開放的融合研究推進制度―大規模コーパスに基づく「話し言葉工学」の構築，"音響誌，vol. 56, no. 11, pp. 752–755, Nov. 2000.

付　　録

本書で用いた重要語句対訳

A* search	A*探索
acoustic analysis	音響分析
acoustic model	音響モデル
admissibility	許容性
all pole model	全極モデル
auditory filter	聴覚フィルタ
autocorrelation method	自己相関法
autoregressive (AR) process	自己回帰過程
back-off smoothing	バックオフスムージング
backward algorithm	後ろ向きアルゴリズム
basilar membrane	基底膜
Bayes rule	ベイズの識別規則
beam search	ビームサーチ
beam width	ビーム幅
best-first search	最良優先探索
bigram	バイグラム
biphone model	バイフォンモデル
branch probability	分岐確率
bread-first search	横型探索（幅優先探索）
caption broadcasting	字幕放送
centroid	セントロイド
cepstrum	ケプストラム
cluster	クラスタ
clustering	クラスタリング
co-articulation	調音結合
code	コード
cofactor	余因子
complex cepstrum	複素ケプストラム
context free grammar	文脈自由言語
continuous HMM	連続型HMM
continuous mixture HMM	混合分布連続型HMM
continuous speech recognition	連続音声認識
corpus	コーパス
cross-word triphone	クロスワードトライフォン

cut-off	カットオフ
covariance matrix	共分散行列
covariance method	共分散法
critical bandwidth	臨界帯域幅
database	データベース
degree of freedom	自由度
deleted interpolation	削除補間法
depth-first search	縦型探索（深さ優先探索）
dictation	ディクテーション
directed graph	有向グラフ
Dirichlet distribution	ディリクレ分布
discrete HMM	離散型 HMM
distortion	ひずみ
dynamic programming	動的計画法
EM algorithm	EM アルゴリズム
empty string	空列
final state	最終状態
entropy	エントロピー
fast match	ファーストマッチ
finite state automaton	有限オートマトン
finite Markov chain	有限マルコフ連鎖
forward algorithm	前向きアルゴリズム
Fourier transform	フーリエ変換
Gaussian-Wishart distribution	正規−ウィシャート分布
glottis	声門
Good-Turing estimation	グッド・チューリング推定
heuristic	ヒューリスティック
homomorphic analysis	準同形分析
incomplete data	不完全データ
initial distribution	初期分布
inverse Wishart distribution	逆ウィシャート分布
isolated word speech recognition	単語音声認識
language model	言語モデル
large vocabulary continuous speech recognition	大語彙連続音声認識
linear interpolation	線形補間（法）
linear lexicon	線形辞書
linear prediction	線形予測
linear regression coefficient	線形回帰係数
log likelihood	対数尤度
Markov chain	マルコフ連鎖
masking	マスキング

maximum likelihood estimaitor	最尤推定量
maximum likelihood estimation	最尤推定
maximum posterior probability estimation	最大事後確率推定
mean vector	平均ベクトル
mel scale	メル尺度
monophone model	モノフォンモデル
morpheme	形態素
morpheme analysis	形態素解析
multinomial distribution	多項分布
natural conjugate prior distribution	自然共役事前分布
nonstationary signal	非定常信号
nonterminal symbol	非終端記号
normal distribution	正規分布
normal equation	正規方程式
order	次数
out-of-vocabulary rate	未知語率
output probability	出力確率
partial correlation coefficient (PARCOR)	偏相関係数
phonetic symbols	発音記号
phrase structure grammar	句構造文法
pole	極
posterior distribution	事後分布
prediction error	予測誤差
prior distribution	事前分布
pronunciation dictionary	発音辞書
pruning	枝刈り
quefrency	ケフレンシー
regression matrix	回帰行列
regular grammar	正規文法
re-speak	リスピーク
re-speaker	リスピーカー
search	サーチ（探索）
semi-continuous HMM	半連続型 HMM
short pause	短い無音
singular	特異
sparseness problem	スパースネスの問題
speaker adaptation	話者適応（化）
spectral envelope	スペクトル包絡
speech database	音声データベース
spontaneous speech	自発的な発話
state	状態
state space	状態空間

stationarity	定常性
temporally homogeneous Markov chain	一様なマルコフ連鎖
terminal symbol	終端記号
test-set perplexity	テストセットパープレキシティ
threshold of audibility	最小可聴値
time-synchronous search	時間同期探索
transition prpbability	遷移確率
transposed matrix	転置行列
tree lexicon	木構造辞書
trigram	トライグラム
triphone model	トライフォンモデル
tying	共有化
uniform distribution	一様分布
unigram	ユニグラム
unobservable data	観測できないデータ
vector quantization (VQ)	ベクトル量子化
Viterbi algorithm	ビタビアルゴリズム
Viterbi approximation	ビタビ近似
vocabulary	語彙
vocal cords	声帯
vocal tract	声道
window funtion	窓関数
Wishart distribution	ウィシャート分布
word accuracy	単語正解精度
zero	零点

索引

あ
アクティブ …………………… 168
アクティブノード ……………… 158
アラインメント ………………… 203
浅いノード …………………… 145
後戻り ………………………… 146
誤り修正 ………………… 193, 195
誤り発見 ……………………… 195

い
一様なHMM …………………… 43
一様なマルコフ連鎖 …………… 41
一様分布 ……………………… 53

う
ウィシャート分布 ………… 97, 120
後ろ向きアルゴリズム ………… 48
後ろ向き確率 …………… 53, 79, 86

え
エントロピー ………………… 141
枝刈り ………………… 147, 158

お
音韻性 ………………………… 10
音響ファーストマッチ ………… 156
音響分析 ……………………… 6
音響モデル ……… 4, 40, 143, 188, 201
音声サーバ …………………… 193
音声データベース ……………… 6

か
カットオフ …………………… 127
ガンマ関数 ……………………… 97
回帰行列 ……………………… 114
環境依存HMM ………………… 56, 88
観測できないデータ ………… 64, 72

き
木構造辞書 ………………… 161, 163
基底膜 ………………………… 28
逆ウィシャート分布 ………… 97, 122
許容性 …………………… 151, 157
許容的 ………………………… 147
許容的ヒューリスティック ……… 147
共役事前分布 ………………… 96
共分散行列 ……… 51, 83, 84, 100, 113, 118, 175
共分散法 …………… 17, 18, 19, 23
共有化 …………………… 54, 55
極 …………………………… 15

く
グッド・チューリング推定
 ………………… 128, 129, 176
クラスタ ………………… 33, 53
クラスタ分割 …… 33, 34, 35, 36, 37
クラスタリング …………… 33, 89
クロスワードトライフォン …… 169, 204
句構造文法 …………………… 138
空列 ………………………… 138

け

- ケプストラム ……………………… 14
- ケプストラム分析 ………………… 13
- ケフレンシー ……………………… 14
- 形態素 ………………………… 7, 125
- 形態素解析 …………………… 3, 7, 125
- 決定性有限オートマトン ………… 140
- 言語的規則 ………………………… 2
- 言語モデル …… 4, 40, 125, 143, 189, 201

こ

- コード ……………………………… 51
- コーパス ………………………… 126
- 語　彙 ……………………………… 8
- 混合数 …………………………… 89
- 混合分布連続型HMM
  ……………… 52, 55, 57, 76, 79, 85, 114

さ

- サーチ ……………………………… 4
- 再推定式 …………………… 84, 134
- 最終状態 …………………………… 44
- 最小可聴値 ………………………… 28
- 最大事後確率推定 ………………… 59
- 最尤推定 ……………………… 59, 61
- 最尤推定量 ……… 59, 60, 61, 64, 127
- 最良優先探索 ……………… 144, 146
- 削除補間法 ……………………… 132

し

- 自然共役事前分布 ………………… 95
- 自己回帰過程 ……………………… 15
- 自己相関法 …………………… 17, 19
- 自発的な発話 ……………… 186, 208
- 自由度 …………………………… 96
- 字幕放送 …………… 172, 184, 197
- 次　数 …………………………… 27
- 事後分布 ……………………… 61, 95

事前分布……………………………

- 事前分布 ……………… 61, 62, 95, 96
- 時間同期探索 …………………… 148
- 時間同期ビタビビームサーチ …… 158
- 時期依存言語モデル ………… 180, 206
- 修正サーバ ……………………… 194
- 修正サブシステム ……………… 194
- 終端記号 ………………………… 138
- 出力確率 …………… 40, 43, 51, 55, 97
- 準同形分析 ………………………… 14
- 初期確率 …………………… 96, 112
- 初期状態確率 ………………… 40, 43
- 初期分布 …………………………… 42
- 状　態 …………………………… 41
- 状態共有化 ……………………… 88
- 状態空間 ………………………… 41
- 状態遷移 ………………………… 76
- 状態遷移確率 …………………… 40

す

- スケーリング …………………… 86
- スコア …………………………… 4, 5
- スタックアルゴリズム ………… 150
- スタックデコーダ ……………… 148
- スパースネスの問題 …… 57, 128, 131
- スペクトル包絡 ……………… 11, 14
- スムージング …………………… 131

せ

- セントロイド ………………… 34, 53
- 正規-ウィシャート分布 ………… 97
- 正規化フォワード-バックワードサーチ
  ……………………………………… 169
- 正規分布 …………… 51, 53, 100, 175
- 正規文法 ………………………… 139
- 正規方程式 ……………… 17, 20, 23
- 声　帯 …………………………… 6, 10
- 声　道 …………………………… 6, 10
- 声　門 …………………………… 10
- 遷移確率 …………… 41, 43, 43, 96, 112

線形回帰 ……………………………… 114
線形回帰係数 ………………………… 30
線形辞書 ……………………………… 161
線形補間 ……………………… 131, 206
線形予測 ……………………………… 16
線形予測係数 ………………………… 26
線形予測分析 ………………………… 15
全極モデル …………………………… 15

そ
促音 …………………………… 135, 176

た
多項分布 ……………………………… 96
大語彙連続音声認識 …………………… 1
対数尤度 ………………………… 60, 72
代表点 ………………………………… 51
縦型探索 …………………………… 144
単語依存Nベストアルゴリズム
………………………………… 167, 176
単語音声認識 …………………………… 1
単語正解精度 ……………………… 184

ち
逐次2パスデコーダ ………… 178, 184
調音結合 ……………………………… 56
聴覚フィルタ ………………………… 29
直和分割 ……………………………… 35

つ
2パス ………………………………… 176
2パスサーチ ………………………… 167
2パスデコーダ ……………………… 167

て
データベース …………………………… 1
ディクテーション ………… 2, 3, 4, 200
ディスカウンティング …………… 129
ディスカウント係数 ……………… 129

ディリクレ分布 ……………………… 96
テストセットパープレキシティ
……………………… 141, 184, 204, 207
定常性 …………………………… 11, 19
定常的 ………………………………… 19
転置行列 ……………………………… 68

と
トップダウン処理 ……………………… 2
トライグラム ……………………… 126
トライフォン …………………… 88, 169
トライフォンモデル ………………… 56
同音異義語 …………………………… 8
動的計画法 ………………………… 161
動的特徴 ………………………… 30, 33
特異 ………………………………… 122
独自解説 …………………………… 197

に
認識パラメータ ……………………… 6

の
ノード
　親の—— …………………… 145, 164
　子の—— …………………………… 145

は
パープレキシティ ………………… 192
バイグラム ………………………… 126
バイフォン ……………………… 88, 169
バイフォンモデル …………………… 56
バックオフ係数 …………………… 131
バックオフスムージング
………………………… 128, 142, 176
パラメータ推定 …………………… 76
発音記号 ……………………………… 6
発音辞書 …………………… 4, 8, 134
半連続型HMM ……………… 50, 53, 55

ひ

ビームサーチ …………… 145, 147, 163
ビーム幅 ……………… 147, 163, 176
ビタビアルゴリズム ……… 46, 50, 88
ビタビ近似 ……………………… 160
ビタビサーチ ……………… 148, 166
ビタビビームサーチ ……………… 160
ヒューリスティック ……………… 146
ヒューリスティック関数 …… 149, 151
ひずみ ……………………………… 34
非決定性有限オートマトン ……… 140
非終端記号 ……………………… 138
非定常信号 ………………………… 11
非定常的 …………………………… 19

ふ

フーリエ変換 ……………………… 11
ファーストマッチ ………………… 155
ファクタリング …………………… 164
フィラー …………………………… 177
フォワードアルゴリズム ………… 166
フォワードーバックワードサーチアルゴリズム ……………………………… 168
不完全データ ……………………… 64
深いノード ………………………… 145
複素ケプストラム ………………… 14
文依存Nベストアルゴリズム …… 166
文脈自由文法 …………………… 139
分岐確率 ……………… 52, 96, 113

へ

ベイズの識別規則 ………… 39, 40, 143
ベクトル量子化 …………… 33, 50, 55
平均ベクトル
　　　………… 51, 83, 84, 100, 113, 114
偏相関係数 ………………………… 23

ま

マスキング ………………………… 28
マルコフ連鎖 ……………… 41, 43, 136
マルチスタックアルゴリズム …… 152
マルチパスサーチ ………………… 165
前向きアルゴリズム ………… 46, 88
前向き確率 ……………… 53, 79, 86
窓関数 ……………………………… 12

み

未知語率 ………………………… 184
短い無音 ………………………… 135

め

メル尺度 …………………………… 28

も

モノフォン ………………………… 88
モノフォンモデル ………………… 57

ゆ

ユニグラム ……………………… 126
有限オートマトン ………………… 140
有限マルコフ連鎖 ………………… 41
有向グラフ ………………………… 42

よ

予測誤差 …………………………… 16
余因子 ……………………………… 69
余因子行列 ………………………… 70
横型探索 ………………………… 144

り

リスピーカー …………………… 187
リスピーク …………… 186, 191, 197
離散型HMM ……………… 50, 55
臨界帯域幅 ………………………… 28

れ

零　点 …………………………………15
連続音声認識 ……………………………1
連続型HMM ……………………………50

わ

話者適応 ……………………………90, 204
話者適応化 …………………………188

A

A*探索 …………………………147, 149, 150
acoustic fast match …………………156
acoustic model …………………………4
active node……………………………158
admissibility …………………………151
admissible heuristic …………………147
all pole model …………………………15
auditory filter …………………………29
autocorrelation method ………………17
autoregressive (AR) process …………15

B

back-off coefficient …………………131
back-off smoothing …………………128
back-track ……………………………146
backward algorithm …………………48
basilar membrane ……………………28
Baum-Welch アルゴリズム ……………72
Bayes rule ……………………………39
beam search …………………………145
beam width …………………………147
best-first search ………………………144
bigram ………………………………126
biphone model ………………………56
branch probability ……………………52
breadth-first search …………………144

C

centroid ………………………………34
cepstrum ……………………………14
cluster ………………………………33
clustering ……………………………33
co-articulation ………………………56
code …………………………………51
cofactor ………………………………69
complex cepstrum ……………………14
context free grammar (CFG) ………139
continuous HMM ……………………50
continuous mixture HMM ……………52
continuous speech recognition ………1
corpus ………………………………126
covariance matrix ……………………51
covariance method ……………………17
critical bandwidth ……………………28
cross-word triphone …………………169
cut-off ………………………………127

D

database ………………………………1
defense advanced research projects
　agency (DARPA) …………………3, 174
degree of freedom ……………………96
deleted interpolation …………………132
depth-first search ……………………144
deterministic finite state automaton
　(DFSA) ……………………………140
dictation ………………………………2
directed graph ………………………42
Dirichlet distribution …………………96
discount coefficient …………………129
discounting …………………………129
discrete cosine transform (DCT)
　……………………………………30
discrete HMM ………………………50
distortion ……………………………34

D

dynamic programming ······ 161

E

EMアルゴリズム
······ 64, 66, 72, 99, 133, 136, 183
empty string ······ 138
entropy ······ 141

F

factoring ······ 164
fast match ······ 155
final state ······ 44
finite Markov chain ······ 41
finite state automaton ······ 140
forward algorithm ······ 46
forward-backward search algorithm（FBS）······ 168
Fourier transform ······ 11

G

Gaussian-Wishart distribution ······ 97
glottis ······ 10
Good-Turing estimation ······ 128

H

heuristic ······ 146
heuristic function ······ 149
hidden Markov model（HMM）
······ 3, 39, 40, 41, 43, 132, 136
HMMネットワーク ······ 159
homomorphic analysis ······ 14
Hub3 ······ 3
Hub4 ······ 3, 174

I

incomplete data ······ 64
initial distribution ······ 42
inverse Wishart distribution ······ 97
isolated word speech recognition ······ 1

K

Kalmanフィルタ ······ 24

L

language model ······ 4
large vocabulary continuous speech recognition ······ 1
LBGアルゴリズム ······ 35, 36, 37
left-to-right HMM ······ 56
left-to-rightモデル ······ 44
linear interpolation ······ 131
linear lexicon ······ 161
linear prediction ······ 16
linear regression ······ 114
linear regression coefficient ······ 30
log likelihood ······ 60
LPCケプストラム距離（LPC cepstrum distance）······ 26, 27
LPCケプストラム係数（LPC cepstrum coefficient）······ 24, 26, 27, 31, 33

M

MAP ······ 90, 189
MAP推定 ······ 59, 61, 62, 95
Markov chain ······ 41
masking ······ 28
maximum likelihood estimaitor ······ 59
maximum likelihood estimation ······ 59
maximum posterior probability estimation ······ 59
mean vector ······ 51
mel frequency cepstrum coefficient（MFCC）······ 29, 175, 187
mel scale ······ 28
MFCC係数 ······ 31, 33
MLLR ······ 90, 114, 189
MLLR基本式 ······ 116
monophone model ······ 57

morpheme	7
morpheme analysis	7
multinomial distribution	96
multi-pass search	165

N

Nベスト文	165
natural conjugate prior distribution	96
n-gram	127
n-gram 言語モデル	3, 125, 126
nondeterministic finite state automaton（NFSA）	140
nonstationary signal	11
normal distribution	51
normal equation	17
normalized forward-backward search algorithm	169
NULL遷移	132, , 159, 162, 163

O

order	27
out-of-vocabulary rate	184
output probability	43

P

Parsevalの等式	26
partial correlation coefficient（PARCOR）	23
phonetic symbols	6
phrase structure grammar	138
pole	15
posterior distribution	61
prediction error	16
prior distribution	61
pronunciation dictionary	4, 8
pruning	147

Q

Q-関数	72
quefrency	14

R

regression matrix	114
regular grammar	139
re-speak	186
re-speaker	187

S

search	4
semi-continuous HMM	50
sentence-dependent N-best algorithm	166
short pause	135, 176
singular	122
sparseness problem	57
spectral envelope	11
speech database	6
spontaneous speech	186
state	41
state space	41
stationarity	12

T

temporally homogeneous Markov chain	42
terminal	138
test-set perplexity	141
threshold of audibility	28
tied-mixture HMM	50, 53, 54, 55
time dependent language model（TDLM）	180
time-synchronous search	148
Toeplitz行列	20, 23
transition probability	41
transposed matrix	68

tree lexicon 161
trigram 126
triphone model 56
tying 54

U

uniform distribution 53
unigram 126
unobservable data 64

V

vector quantization (VQ) 33, 50
Viterbi algorithm 46
Viterbi approximation 160
Viterbi beam search 160
vocabulary 8
vocal cords 10
vocal tract 10

W

window funtion 12
Wishart distribution 97
word accuracy 184
word-dependent N-best algorithm
　......167

Z

zero 15
z-変換 14

$\Delta\Delta$ケプストラム 33
Δケプストラム 33
χ^2分布 121

著者略歴

安藤　彰男（あんどう　あきお）

1978年九州芸術工科大・音響設計卒．1980年同大学院修士課程了．同年，日本放送協会入局．1983年から，同放送技術研究所勤務．2002年まで，音声認識の研究に従事．音声認識を用いたリアルタイム字幕制作システムを開発．その後，音響信号処理及び収音システムの研究に従事．現在，同研究所音響情報部長．博士（工学）．電子情報通信学会論文賞，日本音響学会技術開発賞，映像情報メディア学会業績賞など受賞．日本オーボエ協会の理事も務める．

リアルタイム音声認識
Real-time Speech Recognition

平成15年9月 1日	初版第1刷発行	
平成18年7月25日	初版第2刷発行	

編　　者　　　（社）電子情報通信学会
発　行　者　　　家　田　信　明
印　刷　者　　　山　岡　景　仁
印　刷　所　　　三美印刷株式会社
　〒116-0013　東京都荒川区西日暮里5-9-8
制　　作　　　（有）編集室なるにあ
　〒113-0033　東京都文京区本郷3-3-11

© 社団法人 電子情報通信学会　2003

発行所　社団法人　電子情報通信学会
〒105-0011　東京都港区芝公園3丁目5番8号　機械振興会館内
電話 03-3433-6691（代）　振替口座 00120-0-35300
ホームページ　http://www.ieice.org/

取次販売所　株式会社コロナ社
〒112-0011　東京都文京区千石4丁目46番10号
電話 03-3941-3131（代）　振替口座 00140-8-14844
ホームページ　http://www.coronasha.co.jp

ISBN4-88552-195-5　　　　　　　　　　　　　Printed in Japan